大数据与人工智能技术丛书

# Java语言程序设计

### 第4版 从入门到大数据开发

◎ 张思民 康恺 编著

U0386582

清华大学出版社

北京

## 内 容 简 介

本书由四部分组成。第 1 部分(第 1～4 章)介绍 Java 语言基本概念、基本语法规则及面向对象基本思想；第 2 部分(第 5 章和第 6 章)介绍图形及用户界面设计；第 3 部分(第 7～10 章)介绍 Java 的应用,包括输入输出流、网络通信、数据库连接；第 4 部分(第 11 章和第 12 章)介绍 Java 的综合应用设计,包括游戏设计、远程控制程序、简易云计算系统、网络爬虫及数据分析等设计案例。

本书由浅入深、循序渐进地介绍 Java 语言基础知识和编程思想。本书讲解详细,示例丰富,每一个知识点都配备了大量实例和图示加以说明,并对典型示例进行详细的分析解释,对读者学习有很大的帮助,可以让读者轻松上手。

本书可作为高等学校程序设计语言教材,也可供从事软件开发的工程技术人员自学使用。

**图书在版编目(CIP)数据**

Java 语言程序设计:从入门到大数据开发/张思民,康恺编著. —4 版. —北京:清华大学出版社,2022.9
(2023.8重印)
(大数据与人工智能技术丛书)
ISBN 978-7-302-56757-8

Ⅰ. ①J…  Ⅱ. ①张… ②康…  Ⅲ. ①JAVA 语言－程序设计  Ⅳ. ①TP312.8

中国版本图书馆 CIP 数据核字(2020)第 211877 号

策划编辑:魏江江
责任编辑:王冰飞
封面设计:刘    键
责任校对:李建庄
责任印制:曹婉颖

出版发行:清华大学出版社
       网      址:http://www.tup.com.cn,http://www.wqbook.com
       地      址:北京清华大学学研大厦 A 座       邮    编:100084
       社 总 机:010-83470000       邮    购:010-62786544
       投稿与读者服务:010-62776969, c-service@tup.tsinghua.edu.cn
       质量反馈:010-62772015, zhiliang@tup.tsinghua.edu.cn
       课件下载:http://www.tup.com.cn,010-83470236
印 装 者:三河市天利华印刷装订有限公司
经    销:全国新华书店
开    本:185mm×260mm    印    张:23       字    数:563 千字
版    次:2007 年 2 月第 1 版  2022 年 9 月第 4 版    印    次:2023 年 8 月第 3 次印刷
印    数:60301～62300
定    价:59.80 元

产品编号:089224-01

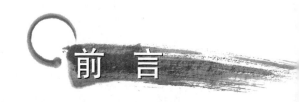

# 前　言

党的二十大报告中指出：教育、科技、人才是全面建设社会主义现代化国家的基础性、战略性支撑。必须坚持科技是第一生产力、人才是第一资源、创新是第一动力，深入实施科教兴国战略、人才强国战略、创新驱动发展战略，这三大战略共同服务于创新型国家的建设。高等教育与经济社会发展紧密相连，对促进就业创业、助力经济社会发展、增进人民福祉具有重要意义。

Java语言是目前应用广泛的编程语言之一。为了帮助初学者尽快掌握Java编程，感受Java语言的魅力，领会Java编程的快乐，笔者根据长期Java授课和项目开发经验，精心编写了本书。

本书第4版与第3版比较，除了继承第3版的特点，继续加强基本概念讲解，使之更适合把Java作为一门编程语言的课程使用外，还增加了综合应用设计的内容，能帮助读者完成课程设计任务。

本书由四部分组成。第1部分（第1～4章）是对Java语言的基本概念、基本语法规则、面向对象的基本概念的介绍。为了使初学者易于理解和接受，笔者力争把这些内容写得简单明了，一步步引领初学者进入Java世界。第2部分（第5章和第6章）为图形及用户界面设计部分，这一部分是本书的重点内容，也是最能让读者体验到程序设计乐趣的部分。第3部分（第7～10章）为Java的应用部分。在这一部分中，主要介绍多线程、输入输出流、网络通信、数据库连接等，有很大的实用价值。第4部分（第11章和第12章）为Java的综合应用设计部分，详细介绍了"推箱子"游戏设计、远程控制程序设计、简易云计算系统设计、网络爬虫及数据分析等案例。

本书有以下几个特点。

（1）浅显易懂。本书从人们认知规律出发，对每一个概念，由具体到抽象，用简单的示例或图示加以说明，并用短小的典型案例进行分析解释。

（2）内容新颖而实用。我们学习编程语言的目的是为了解决人们生活和生产实践中的问题，本书介绍了游戏设计、远程控制等基础知识及其应用。

（3）本书在体系结构的安排上将Java语言基础知识和一般的编程思想有机结合，对典型例题进行了详细的分析解释，除在每章后附有习题外，还配备了实验指导。

学习任何一种编程语言都有一定的难度，因此，要强调多动手实践，多编写、多练习，熟能生巧，使读者体验到程序设计中的乐趣和成功的喜悦，增强学习的信心。经常可以看到一些读者在Java课程设计阶段，编程的心窍突然打开，内心潜在的编程激情被引爆，没有任何人强迫，却能废寝忘食、通宵达旦。他们对程序设计的感觉不再是苦和累，而是一种享受，希望读者都能达到这种境界。

为便于教学，本书提供丰富的配套资源，包括教学大纲、教学课件、电子教案、程序源码、习题答案和教学进度表。

资源下载提示

**课件等资源**：扫描封底的"课件下载"二维码，在公众号"书圈"下载。

**素材(源码)等资源**：扫描目录上方的二维码下载。

康恺参加了本书第 6～8 章和第 12 章的编写，梁维娜、张静文、杨军民等参加了本书校对及程序测试工作，在此表示感谢。

编　者

2022 年 7 月

目　录

源码下载

# 第 1 章

# Java 语言概述

Java 是由 Sun 公司于 1995 年 5 月 23 日正式推出的面向对象的程序设计语言。在高级语言的发展已经非常丰富的今天,Java 以其非凡品质脱颖而出,成为当今较流行的编程语言之一。

## 1.1 Java 的起源

Java 的产生与过去 30 年来计算机语言的改进和不断发展密切相关。Java 和 C++ 语言有着千丝万缕的联系,而 C++ 语言又是从 C 语言派生而来的,因此 Java 语言继承了这两种语言的大部分特性。Java 的语法是从 C 语言继承的,Java 许多面向对象的特性受到 C++ 语言的影响。

在 20 世纪 80 年代末和 90 年代初,基于面向对象程序设计的 C++ 语言占据着主导地位。那时,大多数程序员似乎都认为已经找到了一种完美的语言。因为 C++ 语言既有面向对象的特征,又有 C 语言高效和格式上的优点,因此它是一种可以被广泛应用的编程语言。然而,就像任何科学发展的历程一样,推动计算机语言进化的力量正在悄然酝酿。

Java 是由 James Gosling 领导的一个项目开发小组于 1991 年在 Sun 公司设计出来的。该语言开始名叫 Oak。

开发 Oak 的最初推动力并不是因特网,而是源于对独立于平台(也就是体系结构中立)语言的需要,这种语言可创建能够嵌入微波炉、遥控器等各种家用电器设备的软件。用作控制器的 CPU 芯片是多种多样的,但 C 和 C++ 语言以及其他绝大多数语言的缺点是只能对特定目标进行编译。尽管为任何类型的 CPU 芯片编译 C++ 程序是可能的,但这样做需要一个完整的以该 CPU 为目标的 C++ 编译器,而创建编译器是一项既耗资巨大又耗时较长的工作。因此,需要一种简单且经济的解决方案。为了找到这样一种方案,Gosling 和他的同事们开始一起致力于开发一种可移植、跨平台的语言,该语言能够生成运行于不同环境、不同 CPU 芯片上的代码。他们的努力最终促成了 Oak(后来更名为 Java)的诞生。1994 年年末,Gosling 和项目小组成员发现他们的新型编程语言 Oak 比较适合于 Internet 程序的编写,于是他们结合网络应用的需要,对 Oak 进行改进和完善,并获得了极大的成功。1995 年 1 月,Oak 被更名为 Java。这个名字来自于印度尼西亚一个盛产咖啡的岛屿,中文名叫爪哇,意思是为世人端上一杯热咖啡。许多程序设计师从所钟爱的热腾腾的香浓咖啡中得到了灵感,因而热腾腾的香浓咖啡也就成为 Java 的标志。

2009 年 4 月,Sun 公司被 Oracle 公司收购,成为 Oracle 公司旗下的子公司。对于 Java 来说,Oracle 这家世界领先的商业软件公司能够确保对 Java 的创新与投入,这意味着 Java 能够带来更多的技术革新,并为整个技术市场创造出更多的价值。

Oracle 公司收购 Sun 公司之后,Java 历经了多个版本。Oracle 公司缩短了 Java 新版本的发布周期,以适应与其他快速发展的编程平台之间的竞争。近年来,Java 在语法特性、集成开发环境以及开发框架上都得到了巨大的改进。

## 1.2　Java 的特点

### 1. 面向对象

Java 是一种面向对象的语言。这里的对象是指应用程序的数据及其操作方法。Java 的程序设计集中于对象及其接口,Java 提供了简单的类机制以及动态的接口模型,实现了模块化和信息封装。Java 类提供了一类对象的原型,并且通过继承机制,实现了代码的重用。

### 2. 简单性

Java 是一种简单的语言。Java 的设计者尽量把语言的构造规模变小,通过提供最基本的方法来完成指定的任务。使用者只需理解一些基本概念,就可以编写合适的应用程序。Java 取消了许多语言中十分烦琐和难以理解的内容,如 C++ 的指针、运算符重载、类的多继承等。通过实现自动垃圾收集,Java 还大大简化了程序设计者的内存管理工作。Java 在外观上让大多数程序员感到很熟悉,便于学习。

### 3. 跨平台

跨平台是指 Java 能运行于不同的软件平台和硬件平台。一般来说,在 Windows 操作系统下编译的应用程序是不能直接在 UNIX 系统上运行的,因为程序的执行最终必须转换为计算机硬件的机器指令来执行。专门为某种计算机硬件和操作系统编写的程序是不能直接放到另一种类型的计算机硬件上执行的,至少要做移植工作。要想让程序能够在不同的计算机上运行,就要求程序设计语言能够跨越各种软件和硬件平台,而 Java 恰恰满足了这一需求。Java 引进虚拟机原理,实现了不同平台的 Java 接口。Java 编译器能够产生一种与计算机体系结构无关的字节码(byte code),只要安装了 Java 虚拟机,Java 就可以在相应的处理机上执行。

### 4. 健壮性

用 Java 编写的程序能够在多种情况下稳定执行,因为它在编译和运行时都要对可能出现的问题进行检查。Java 有一个专门的指针模型,它的作用是排除内存中的数据被覆盖和损毁的可能性。Java 还通过集成面向对象的异常处理机制,在编译时提示可能出现但未被处理的异常,以防止系统的崩溃。

### 5. 安全性

Java 是一种安全的网络编程语言,不支持指针类型,一切对内存的访问都必须通过对象的实例来实现。这样能够防止他人使用欺骗手段访问对象的私有成员,也能够避免在指针操作中易产生的错误。

此外,Java 的安全性体现在多个层次上:在编译层,有语法检查;在解释层,有字节码校验器,包括测试代码段格式和规则检查、访问权限和类型转换合法性检查、操作数堆栈的上溢和下溢、代码参数类型合法性等;在平台层上,通过配置策略,可设定访问资源域,无须区分本地或远程。

### 6. 可移植性

Java 具有很好的可移植性,这主要得益于它与平台无关的特性。同时,Java 的类库中也实现了与平台无关的接口,这使得这些类库也能移植。同时,Java 编译器主要由 Java 本身来实现,Java 的运行系统(解释器)由标准 C 实现,因而整个 Java 系统都具有可移植性。

由于许多不同类型的计算机和操作系统都连接 Internet,要使连接 Internet 的各种各样的平台都能动态下载同一个程序,就需要有能够生成可移植性执行代码的方法。Java 对这个问题的解决方案是完美而高效的。

### 7. 多线程机制

Java 具有多线程机制,使得应用程序能够并行地执行。它的同步机制也保证了对共享数据的共享操作,而且线程具有优先级机制,有助于分别使用不同线程完成特定行为,提高了交互的实时响应能力。Java 的多线程技术使其在网络上实时交互实现很容易,从而为解决网络上大数量的客户访问提供了技术基础。

### 8. 动态性

Java 比 C++语言更具有动态性,更能适应不断变化的环境。Java 不会因类库的更新而重新编译程序,所以,在类库中可以自由地加入新的方法和实例变量,而不会影响用户程序的执行。并且 Java 通过接口(interface)机制支持多重继承,比严格的类继承更具灵活性和扩展性。

### 9. 函数式编程

编程语言有多种范式,面向对象和函数式是其中最主流的两种,它们各有特点,并在特定的场合都具有独到的优势。目前,面向对象编程仍然是软件开发的主流,而函数式编程在并发和事件驱动编程中体现出很大的开发效率。在这种形势下,Java 顺应潮流,从 8.0 版本开始,增加了函数式编程的特性。这项改进和一系列相关的 API 变化备受万千程序员的期待,也使得 Java 这门应用广泛的编程语言如虎添翼。

## 1.3 Java 的运行机制

### 1. 字节码文件与 Java 虚拟机

Java 解决安全性和可移植性的关键在于 Java 编译器的输出并不是可执行的代码,而是采用了字节码形式。字节码是一套设计用来在 Java 运行时系统下执行的高度优化的指令集,该 Java 运行时系统称为 Java 虚拟机(Java Virtual Machine,JVM)。在其标准形式下,JVM 就是一个字节码解释器。正是通过 JVM 运行 Java 程序才解决了 Internet 上的安全性和可移植性问题。

可以说,Java 虚拟机是 Java 语言的基础,是 Java 技术的重要组成部分。Java 虚拟机是一个抽象的计算机,和实际的计算机一样,具有一个指令集并使用不同的存储区域。它负责执行指令,还要管理数据、内存和寄存器。Java 解释器负责将字节翻译成特定机器的机器代码。

对 Java 程序进行解释也有助于它的安全性。因为每个 Java 程序的运行都在 Java 虚拟机的控制之下,Java 虚拟机可以包含这个程序并且能阻止它在系统之外产生副作用。

### 2. Java 的运行机制

将 Java 源程序编译成字节码文件,然后由 Java 虚拟机执行这个字节码文件。利用 Java

虚拟机可以把 Java 字节码程序跟具体的操作系统及硬件平台分隔开。只要在各种平台上都实现 Java 虚拟机,任何 Java 程序就可以在该系统上运行了。Java 程序与虚拟机如图 1-1 所示。

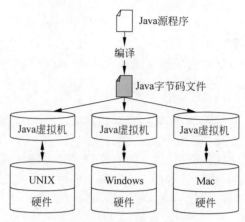

图 1-1　Java 程序与虚拟机

如果再深入一点探讨 Java 技术,它是由 Java 源程序、Java 字节码文件、Java 虚拟机和 Java 类库(Java API)四方面组成。Java 又可分为编译环境和平台运行期环境,它们的关系如图 1-2 所示。

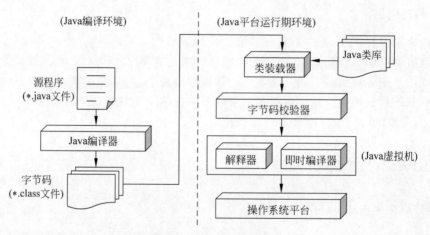

图 1-2　Java 技术的组成

在 Java 编译环境,将编写好的 Java 源程序( * . Java)经 Java 编译器编译成字节码文件( * . class)后,保存在磁盘。

在 Java 平台运行期环境,通过类装载器把编译好的字节码文件( * . class)及源程序中所引用的类库(Java API)的字节码文件一并装载到内存方法区。

尽管 Java 被设计为解释执行的程序,但是在技术上 Java 并不妨碍动态将字节码编译为本机代码。Sun 公司在 Java 发行版中提供了一个字节码即时编译器(Just In Time,JIT)。JIT 是 Java 虚拟机的一部分,可根据需要、一部分一部分地将字节码实时编译为可执行代码,而不是将整个 Java 程序一次性全部编译为可执行的代码,因为 Java 要执行各种检查,而这些检查只有在运行时才执行。这一特点很重要,因为 JIT 只编译运行所需要的代码。

# 1.4 程序设计算法及描述

一般说来,利用高级语言编程、解决具体问题时,要经过若干步骤,主要有分析具体问题、确定算法、编程、编辑、编译和运行。

程序设计是用计算机语言编制解决问题的方法和步骤的过程。在分析给定问题的基础上,确定所用的算法(即操作步骤)和数据结构(即数据的类型和组织形式),最后用高级语言加以实现。编制的程序必须送入计算机中,以文件的形式存放在磁盘上,这个过程称为编辑。

在编辑方式下建立起来的程序文件称为源程序文件,简称源文件,相应的程序叫作源程序。源程序是用高级语言编写的,不能直接在机器上运行。因为计算机不能识别源程序,它仅认识规定范围内的一系列二进制代码所组成的指令数据(即指令动作所涉及的对象),并按预定的含义执行一系列动作。通常把这些计算机能识别的二进制代码称为目标代码。为了把源程序变成目标代码,就需要有个"翻译"做这种转换工作。在计算机系统中实现这种转换功能的软件是编译程序,如 Java 语言编译程序。对应的过程称之为编译阶段。

如果在编译过程中发现源程序有语法错误,则系统就给出"错误信息",提示用户在哪一行中可能有什么样的错误。用户见到这类提示信息后,要重新进入编辑方式,对代码行中的错误进行修改,然后对修改过的源程序重新进行编译。

经过编译的目标代码尽管已经是机器指令,但还不能运行,因为程序中会用到库函数或其他函数,需要把它们连成一个统一的整体,才能形成可在操作系统下独立执行的程序。

程序设计首先要解决的是算法设计。

什么是算法呢？简单地说,程序设计算法就是用计算机解决问题的方法和步骤。

描述算法的方法有很多,主要有自然语言、流程图、盒图、伪代码、程序语言等。各种描述方法都有优点和缺点,实际使用时要根据问题的需要而选择。本书主要使用流程图来描述算法。

无论是面向对象程序设计语言,还是面向过程的程序设计语言,都是用三种基本结构(顺序结构、选择结构和循环结构)来控制算法流程的。使用流程图能比较简洁地表示算法的逻辑结构。

流程图的基本符号如图 1-3 所示。

| 开始或结束 | 过程 | 条件 | 控制流 |

图 1-3　流程图的基本符号

用流程图表示的 3 种基本控制结构如图 1-4 所示。

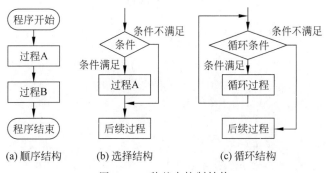

(a) 顺序结构　　(b) 选择结构　　(c) 循环结构

图 1-4　3 种基本控制结构

## 1.5 Java 程序的开发过程

### 1.5.1 JDK 的下载与安装

#### 1. JDK 的下载

学习 Java 需要有一个程序开发环境。可以登录 Sun 公司的官方网站找到 Java 软件开发工具集(Java SE Development Kit,JDK)的最新版本,免费下载。如果从其他镜像站点下载 JDK,则要注意这些镜像站点是否保存的是 JDK 的最新版本。

Sun 公司提供支持 Windows 操作系统的版本,也提供支持类似 Solaris 和 Linux 操作系统的版本。用户可以根据操作系统平台选取合适的 JDK 版本进行下载。Java JDK 的官方下载网址为 http://www.oracle.com/technetwork/java/javase/downloads/index.html,选择 Java SE 版本下载。

#### 2. Java 的安装

下载了必要的软件之后,就可以按文档 README.TXT 介绍的安装过程,安装和配置 Java 的开发环境了。

下面以 Windows 操作系统环境为背景,讲述 Java 的安装与环境配置。

在 Windows 环境下,直接双击所下载 JDK 压缩文件的图标,即可运行该文件,因为它是一个自解压的 EXE 文件。解压后,自动进入安装过程。此时可以按照提示过程,逐步完成安装。

安装时要选择一个目录,如果选择的安装目录为 C:\Java\JDK,则安装完毕后,查看该目录,可以看到该目录下的子目录有 bin、lib、include、jre 等,如图 1-5 所示。

图 1-5　Java JDK 安装后的
目录结构

其中,bin 目录中是一些执行文件,Java 的编译器、解释器和许多工具(服务器工具、package 工具、Java Applet 观察器、Java 文档生成器等)都在该目录下。

lib 目录保存库文件。

include 目录下是 Win32 子目录,都是本地方法文件。

jre 目录是 Java 程序运行环境的根目录。它下面还有 bin 子目录(主要是平台所用工具和库的可执行文件及 DLL 文件)、lib 子目录(包括 Java 运行环境的代码库、属性设置和资源文件、默认安装目录、安全管理)。

#### 3. Java 运行环境的配置

JDK 安装完毕后,还需配置 Java 的运行环境变量。Java 软件开发工具包(Java Standard Edition Development Kit,Java SDK)中有两个相关环境变量,即 CLASSPATH 和 PATH。它们分别指定了 Java 的类路径和 JDK 命令搜索路径。这里假设 JDK 安装在 C:\Java\JDK 目录下。

在 Windows 7 下,环境变量的配置方法:右击桌面上的"计算机"图标→选择"属性"菜单项→选择"高级系统设置"项→弹出"系统属性"对话框→选择"高级"选项卡→单击"环境变量"

按钮→打开"环境变量"对话框→单击"系统变量"下的"新建"按钮→弹出"新建系统变量"对话框,然后在"变量名"文本框中输入"CLASSPATH",在"变量值"文本框输入".；C:\Java\JDK\lib\dt.jar；C:\Java\JDK\lib\tools.jar",最后单击"确定"按钮,如图1-6(a)所示。

(a) 设置环境变量CLASSPATH

(b) 设置环境变量PATH

图 1-6　设置环境变量

再用相同的办法,建立变量PATH,其变量值为"C:\Java\JDK\bin；",如图1-6(b)所示。

如果熟悉DOS命令,也可直接编辑自动批处理文件Autoexec.bat,在该文件中添加如下设置语句。

```
set CLASSPATH = .；C:\Java\JDK\lib\dt.jar；C:\Java\JDK\lib\tools.jar；
set PATH = % PATH %；C:\Java\JDK\bin；
```

配置完成后,需重新启动计算机,环境变量方能生效。这样,不论当前目录是在何处,执行诸如javac、java等命令时,操作系统都会找到这些文件并执行它们。

## 1.5.2　Java 工具集与标准类库

### 1. Java 工具集

Java 提供了创建和运行Java程序的工具。安装了Java的JDK后,这些工具都存放在bin目录下。常用工具如表1-1所示。

表 1-1　Java SDK 常用工具

| 工 具 名 称 | 说　　　明 |
|---|---|
| javac | Java编译器,用于将Java源程序编译成字节码文件 |
| java | Java解释器,用于解释执行Java字节码文件 |
| appletviewer | Applet程序浏览器,用于测试和运行Applet程序 |
| javadoc | Java文档生成器 |

### 2. Java API

在安装了Java的JDK后,也就同时安装了Java所提供的标准类库。所谓标准类库,就是把程序设计所需要的常用的方法和接口分类封装成包。Java所提供的标准类库就是Java API。

在Java API中主要包括核心Java包、javax扩展包和org扩展包。

（1）核心Java包。

在核心Java包中封装了程序设计所需要的主要应用类,本书所用到的包如下。

- java.lang包：封装了所有应用所需的基本类。
- java.awt包：封装了提供图形用户界面功能的抽象窗口工具类。

- java.applet 包：封装了执行 Applet 应用程序所需的类。
- java.io 包：封装了提供输入输出功能的类。
- java.net 包：封装了提供网络通信功能的类。
- java.sql 包：封装了管理和处理数据库的类。
- java.math 包：封装了提供常用数学运算功能的类。

（2）javax 扩展包。

javax 扩展包封装了与图形、多媒体、事件处理相关的类，本书用到了其中的 javax.swing 包。

（3）org 扩展包主要提供有关国际组织的标准。

### 3. Java 帮助文档

Java 还提供了非常完善的 Java API 文档，这是进行程序设计的好工具，希望大家都能用好这个工具。在 Java 的官方网站上提供在线查阅，其网址为 http://docs.oracle.com/javase/15/docs/api/，如图 1-7 所示。

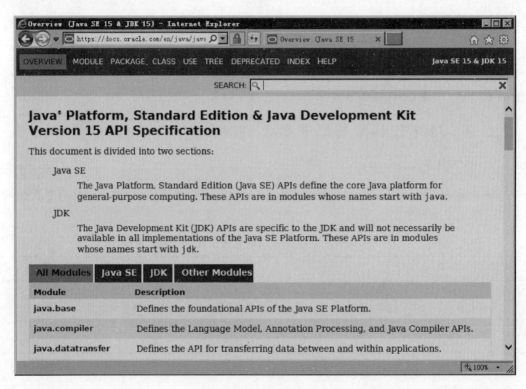

图 1-7　Java API 在线帮助文档

## 1.5.3　Java 程序的开发过程

Java 应用程序的开发过程如图 1-8 所示。

### 1. 建立 Java 源文件

要建立一个 Java 程序，首先创建 Java 的源代码，即建立一个文本文档，包括符合 Java 规范的语句。

开发一个 Java 程序必须遵循下述基本原则。

（1）Java 区别大小写，即 Public 和 public 是不同的标识符。

（2）用大括号{}将多个语句组合在一起，语句之间必须用分号(;)隔开。

（3）一个可执行的应用程序必须包含下述基本框架。

```
public class Test
{
    public static void main(String args[])
    {
        …;            //程序代码
    }
}
```

（4）用上述框架的程序必须用文件名 Test.java 保存，即文件名必须与 public class 后的类名相同（包括相同的大小写），并使用 java 作为扩展名。

下面着手编写一个最简单的 Java 程序。用记事本或其他纯文本编辑器输入下列语句（不能使用 Word 之类的文字处理软件），如图 1-9 所示。

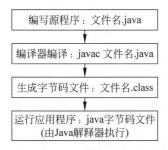

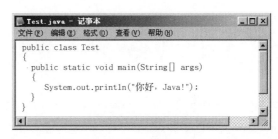

图 1-8　Java 程序的开发过程　　　　图 1-9　用记事本输入 Java 语句

将上述源代码保存到 D:\jtest 目录下，命名为 Test.java 文件，注意文件名要与源程序中的类名相同。

### 2．编译源文件

"编译"是将一个源代码文件翻译成计算机可以理解和处理的格式的过程。Java 源程序编译后会生成一个字节码文件，即带扩展名 class 的文件。Java 字节码文件中包含的是 Java 解释程序将要执行的指令码。

下面使用 JDK 编译器 javac 来编译前面编写好的源程序 Test.java。标准的 Java 编译器只能在命令控制台窗口中运行。

（1）单击桌面的"开始"菜单，选择"所有程序"→"附件"→"命令提示符"项，或在键盘上按 Win＋R 组合键，打开"运行"对话框，输入 cmd 命令，打开 Windows 系统的命令控制台窗口，如图 1-10 所示。

（2）在命令控制台窗口中，在提示符 D:\jtest＞后面输入编译命令：

```
javac Test.java
```

**注意**：如果当前目录不是 D:\jtest，则应使用 cd 命令进入该目录，如图 1-11 所示。

按 Enter 键确认编译。如果编译成功，编译器就会在 Test.java 文件所在的同一个目录下建立一个 Test.class 字节码文件。

图 1-10  在"运行"对话框中输入 cmd 命令

图 1-11  编译源程序 Test.java

### 3．执行字节码文件

Java 编译器并不直接产生执行代码，因而字节码文件不能直接在操作系统环境下执行，而是要通过 Java 虚拟机(JVM)运行。

通过 Java 解释器运行上述独立应用程序，可使用如下命令：

D:\jtest > java Test   (按 Enter 键)

**注意**：命令行中的 Test 后面没有带扩展名。运行后就会在执行结果窗口内看到如图 1-12 所示的显示。

### 4．编译时出错处理

如果编译如下这个程序(第 5 行的 System 故意写成 system)：

```
1   public class Test
2   {
3     public static void main(String args[])
4     {
5       system.out.println("这是一个 Java 程序");
6     }
7   }
```

编译时系统会提示程序在第 5 行有错误，如图 1-13 所示。

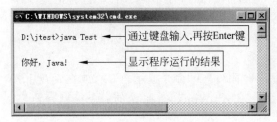

图 1-12  Test 程序运行结果

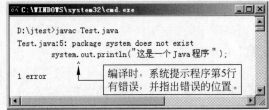

图 1-13  编译会提示程序在第 5 行有错误

因为在第 5 行 System.out.println()中的 System 第一个字母应该大写，而不是 system。回到编辑器，修改这个错误后重新编译程序，如果再没有错误的信息出现，则说明程序是正确的。

## 1.5.4　源文件命名规范与注释语句

### 1. 源文件命名规则

源文件的名字与文件中的类名有关系。

（1）如果源文件中只有一个类,那么源文件的名字必须与这个类的名字完全相同,扩展名为 java。

（2）如果源文件中有多个类,那么这些类中只能有一个类在其类名前加上 public,这时,源文件的名字与这个类的名字完全相同,扩展名为 java。

（3）如果源文件中没有 public 类,则源文件的名字可以与其中的任意一个类名相同,扩展名为 java。

（4）类名一般以大写英文字母开头,后面可以是字母、数字等符号。类名的第一个字符不能是数字。

### 2. 程序中的注释语句

注释是程序中的说明性文字,是程序的非执行部分。它的作用是为程序添加说明,增加程序的可读性。Java 语言使用以下三种方式对程序进行注释。

（1）//符号,表示从//符号开始到此行的末尾位置作为注释。

（2）/ * … * /符号,表示从/ * 开始到 * /结束的部分作为注释部分,可以是多行注释。

（3）/ ** … * /符号,表示从/ ** 开始到 * /结束的部分作为注释部分,可以是多行注释。

## 1.5.5　Java 程序示例

Java 程序分为可以独立运行的应用程序和必须嵌入在 Web 网页中运行的小应用程序两类。小应用程序的设计在第 9 章介绍,这里主要介绍应用程序的设计示例。

### 1. Java 应用程序示例

【例 1-1】　在命令窗口中显示输出内容的程序。

```
1  / * 在命令窗口中显示输出的内容 * /
2  class Example1_1
3  {
4    public static void main(String args[])
5    {
6      System.out.println("Java 语言入门很简单。\n 明白了吗?");
7    }
8  }
```

操作步骤如下。

（1）用编辑工具编写好上述程序,如图 1-14 所示。

将编写的源程序保存为 Example1_1.java。

（2）编译源程序。

```
javac Example1_1.java
```

编译后,系统自动生成一个 Example1_1.class 字节码文件。

```
class Example1_1
{
  public static void main(String args[])
    {
      System.out.println("Java 语言入门很简单。\n 明白了吗?");
    }
}
```

图 1-14   编辑工具编写好源程序

(3) 执行程序。

java Example1_1

其运行结果在命令窗口中显示,如图 1-15 所示。

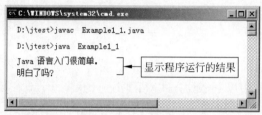

图 1-15   运行结果

(4) 程序说明如图 1-16 所示。

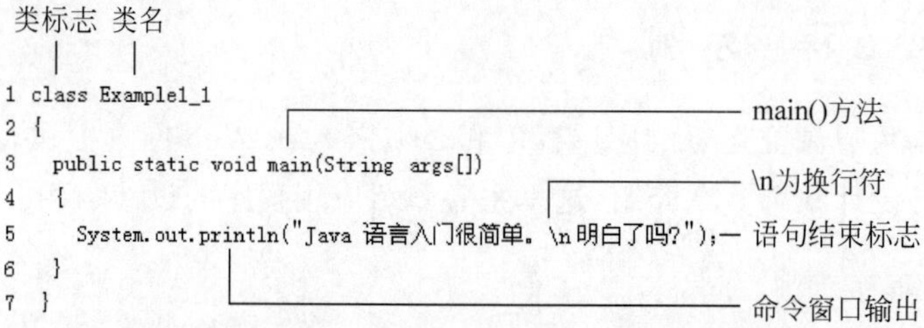

```
          类标志 类名
            |    |
1  class Example1_1
2  {                                                        ——— main()方法
3    public static void main(String args[])
4    {                                                      ——— \n为换行符
5      System.out.println("Java 语言入门很简单。\n 明白了吗?");— 语句结束标志
6    }
7  }                                                        ——— 命令窗口输出
```

图 1-16   程序说明

其中程序第 5 行 System.out.println()为命令窗口输出语句,输出语句中的\n 是换行符,换行符后面的字符将在下一行显示。

【例 1-2】   输出语句 System.out.println()有"原样照印"及简单计算功能。

```
1  /* 输出语句的"原样照印"及简单计算 */
2  class Example1_2
3  {
4    public static void main(String args[])
5    {
6      System.out.println("5 + 3 = " + (5 + 3));
7    }
8  }
```

> 用双引号括起来的"5+3="将按原样显示,称为"原样照印"。而没有用双引号括起来的(5+3)将进行加法计算。

将其保存为 Example1_2.java,编译程序:

javac Example1_2.java

运行程序：

java Example1_2

程序的运行结果如图 1-17 所示。

图 1-17　输出语句的"原样照印"及运算功能

【例 1-3】 应用输出语句的"原样照印"功能，输出一个用 * 号组成的三角形。

```
1   class Example1_3
2   {
3     public static void main(String args[])
4     {
5       System.out.println(" * ");
6       System.out.println(" *  * ");
7       System.out.println(" *  *  * ");
8       System.out.println(" *  *  *  * ");
9     }
10  }
```

将其保存为 Example1_3.java，编译程序：

javac Example1_3.java

运行程序：

java Example1_3

程序的运行结果如图 1-18 所示。

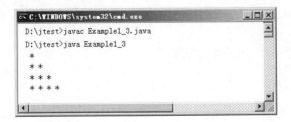

图 1-18　输出用 * 组成的三角形

【例 1-4】 在对话框窗体中显示输出内容。

```
1   /* 一个简单的 Java 对话框程序 */
2   import javax.swing.JOptionPane;
3   class Example1_4
4     {
5     public static void main(String[] args)
6       {
```

```
7          JOptionPane.showMessageDialog(null, "在对话框窗体中显示输出内容!");
8          System.exit(0);          //退出程序
9    }
10 }
```

图 1-19　Java 对话框程序的运行结果

将其保存为 Example1_4.java,编译程序:

```
javac Example1_4.java
```

运行程序:

```
java Example1_4
```

程序的运行结果如图 1-19 所示。

**【程序说明】**

(1) 程序的第 2 行

```
import javax.swing.JOptionPane;
```

是一条装载类库的 import 语句。import 语句为编译器指定路径找到程序要使用的类。

(2) 在 main 方法中,第 7 行表示从类库加载的 JOptionPane 类中调用 showMessageDialog 方法,这是一个显示对话框图形的方法。该方法需要两个参数,第 1 个参数为关键字 null,第 2 个参数为要显示的字符串,参数间用逗号隔开(JOptionPane 类的详细介绍参见第 5 章)。

(3) 程序的第 8 行

```
System.exit(0);          //退出程序
```

使用类 System 的 exit 方法结束程序。

(4) 第 8 行的//符号为注释符号。

 实验 1

**【实验目的】**

(1) 熟悉 JDK 开发环境。

(2) 掌握 Java Application 的程序结构和开发过程。

**【实验内容】**

(1) 运行下列程序,并写出其输出结果。

```
public class Hello
{
    public static void main (String args[])
    {
     System.out.println("你好,很高兴学习 Java");
    }
}
```

(2) 运行下列程序,并写出其输出结果。

```
import javax.swing.JOptionPane;
class Dia
{
    void show()
```

```
    {
        JOptionPane. showMessageDialog(null, "Java 是跨平台的语言,一次编译,到处运行.");
        JOptionPane. showMessageDialog(null, "我会很认真地学习 Java 语言!");
        System. exit(0);
    }
}
public class Ex1_2
{
    public static void main(String args[])
    {
        Dia d = new Dia();
        d. show();
    }
}
```

（3）编写 Java 程序,要求输出字符串"我喜欢学习 Java。"

# 习题 1

1. 为什么说 Java 的运行与计算机硬件平台无关?

2. Java 语言有什么特点?

3. 试述 Java 开发环境的建立过程。

4. 什么是 Java API? 它提供的核心包的主要功能是什么?

5. 如何编写和运行 Java 应用程序?

6. 为什么要为程序添加注释? 在 Java 程序中如何为程序添加注释?

7. Java 工具集中的 javac、java 各有什么作用?

8. 在自己的计算机中建立一个名为 jtest 的工作目录,并在其中保存例 1-1～例 1-4 的源程序。

9. 参照例 1-1,编写并运行 Java 应用程序,显示"多动手练习,才能学好 Java。"。

10. 参照例 1-2,编写并运行 Java 应用程序,计算并显示 $1*2*3*4*5$ 的运算结果。

11. 参照例 1-4,编写并运行 Java 应用程序,在对话框窗体中显示"我对 Java 很痴迷!"。

# 第2章

# Java 语言基础

本章主要介绍 Java 中的常量与变量、基本数据类型、运算符、语句和数组等基础知识。熟悉这些知识是正确编写程序的前提条件。程序语言(programming language)本质上就是一种语言,语言的目的在于让人们能与特定对象进行交流,只不过程序语言交流的对象是计算机。学习 Java 语言,就是要用 Java 编写程序告诉计算机,希望它做哪些事,完成哪些任务。Java 既然是语言,就有其规定的语法规则。本章就是要学习 Java 的基本语法和使用规则。

## 2.1 数据类型

### 2.1.1 Java 的数据类型

程序在执行的过程中,需要对数据进行运算,也需要存储数据。这些数据可能是由使用者输入的,也可能是从文件中取得的,甚至可能是由网络上得到的。在程序运行的过程中,这些数据通过变量(Variable)存储在内存中,以便程序随时取用。

数据存储在内存中的一个空间中,为了取得数据,必须知道这个内存空间的位置,然而若使用内存地址编号,则相当不方便,所以通常用一个变量名来表示。变量是一个数据存储空间的表示,将数据指定给变量,是将数据存储至对应的内存空间;调用变量,是将对应的内存空间的数据取出来使用。

一个变量代表一个内存空间,数据就存储在这个空间中,然而由于数据在存储时所需要的容量各不相同,不同的数据需要分配不同大小的内存空间来存储。在 Java 中,对不同的数据用不同的数据类型(data type)区分。

Java 的数据类型可以分为两类:基本数据类型和引用数据类型。基本数据类型是由程序设计语言系统所定义的、不可再划分的数据类型。基本数据类型的数据所占内存的大小固定,与软硬件环境无关。基本数据类型在内存中存入的是数据值本身。引用数据类型在内存中存入的是指向该数据的地址,不是数据本身,它往往由多个基本数据组成。因此,对引用数据类型的使用称为对象引用,引用数据类型也被称为复合数据类型,在有的程序设计语言中称之为指针。

Java 定义了 8 个基本数据类型:字节型、短整型、整型、长整型、字符型、浮点型、双精度型和布尔型,这些类型可分为如下 4 组。

- 整数类型：包括字节型(byte)、短整型(short)、整型(int)、长整型(long)，它们为有符号整数。
- 浮点类型：包括单精度型(float)、双精度型(double)，它们代表有小数精度要求的数字。
- 字符型：包括字符型(char)，它代表字符集的符号，如字母和数字。
- 布尔型：包括布尔型(boolean)，它是一种特殊的类型，表示真/假值。

图 2-1 显示了 Java 常用数据类型的分类。

每一种具体数据类型都对应着唯一的类型关键字、类型长度和值域范围，如表 2-1 所示。

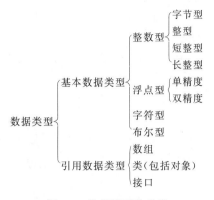

图 2-1　数据类型的分类

表 2-1　Java 的基本数据类型

| 类　　型 | 数据类型关键字 | 适　用　于 | 类型长度 | 值　域　范　围 |
|---|---|---|---|---|
| 字节 | byte | 非常小的整数 | 1 | $-128\sim127$ |
| 短整 | short | 较小的整数 | 2 | $-2^{15}\sim2^{15}-1$ |
| 整数 | int | 一般整数 | 4 | $-2^{31}\sim2^{31}-1$ |
| 长整 | long | 非常大的整数 | 8 | $-2^{63}\sim2^{63}-1$ |
| 单精度 | float | 一般实数 | 4 | $-3.402\,823\times10^{38}\sim3.402\,823\times10^{38}$ |
| 双精度 | double | 非常大的实数 | 8 | $-1.797\,7\times10^{308}\sim1.797\,7\times10^{308}$ |
| 字符 | char | 单个字符 | 2 | |
| 布尔 | boolean | 判断 | 1 | true 和 false |

## 2.1.2　常量与变量

在程序中，每一个数据都有一个名字，并且在内存中占据一定的存储单元。在程序运行过程中，数据值不能改变的量称为常量，数据值可以改变的量称为变量。

在 Java 中，所有常量及变量在使用前必须先声明其值的数据类型，也就是要遵守"先声明后使用"的原则。声明变量的作用有两点：一是确定该变量的标识符(变量名)，以便系统为它指定存储地址和识别它，这便是"按名访问"原则；二是为该变量指定数据类型，以便系统为它分配足够的存储单元。

声明变量的格式为：

```
数据类型　变量名 1,变量名 2,…;
```

例如：

```
int a;                   //a 的值在程序运行过程中可能发生变化,将其声明为变量
int x, y, sum;           //同时声明多个变量,变量之间用逗号分隔
```

在 Java 中，常量的声明与变量的声明非常类似。

例如：

```
final int DAY = 24;      //DAY 的值在整个程序中保持不变,将其声明为常量
final double PI = 3.14159;  //声明圆周率常数
```

从上面的示例中可以看出,常量声明的前面多了一个关键字 final,并且赋了一个固定值。

在习惯上,常量名用大写字母,变量名用小写字母,以示区别。

### 2.1.3　变量赋值

在程序中经常需要对变量赋值,在 Java 中用赋值号(＝)表示。所谓赋值,就是把赋值号右边的数据或运算结果赋给左边的变量,其一般格式为:

```
变量 = 表达式;
```

例如:

```
int x = 5;                    //指定 x 为整型变量,并赋初值 5
char c = 'a';                 //指定 a 为字符型变量,并赋初值'a'
```

如果同时对多个相同类型的变量赋值,可以用逗号分隔。例如:

```
int x = 5,y = 8,sum;
sum = x + y;                  //将 x + y 的运算结果赋值给变量 sum
```

在 Java 中,经常会用到形如 x＝x＋a 的赋值运算。例如:

```
int x = 5;
x = x + 2;
```

这里,右边 x 的值是 5,加 2 后,把运算结果 7 赋值给左边的变量 x,所以 x 的值是 7。

**注意**:x＝x＋a 常常简写成 x＋＝a。

### 2.1.4　关键字

所谓关键字,就是 Java 中已经规定了特定意义的单词,用来表示一种数据类型,或表示程序的结构等。不能把这些单词用作常量名或变量名。

Java 中规定的关键字有 abstract、boolean、break、byte、case、catch、char、class、continue、default、do、double、else、extends、false、final、finally、float、for、if、implements、import、instanceof、int、interface、long、native、new、null、package、private、protected、public、return、short、static、super、switch、synchronized、this、throw、throws、transient、true、try、void、volatile、while。

### 2.1.5　转义符

Java 还提供了一些特殊的字符常量,这些特殊字符称为转义符。通过转义符可以在字符串中插入一些无法直接输入的字符,如换行符、引号等。每个转义符都以反斜杠(\)为标志。例如,\n 代表一个换行符,这里的 n 不再代表字母 n 而作为换行符号。常用的以\开头的转义符如表 2-2 所示。

表 2-2　常用的转义符

| 转 义 符 | 含 义 | 转 义 符 | 含 义 |
| --- | --- | --- | --- |
| \b | 退格 | \t | 横向跳格(Ctrl＋I) |
| \f | 走纸换页 | \' | 单引号 |
| \n | 换行 | \" | 双引号 |
| \r | 回车 | \\ | 反斜杠 |

## 2.2 基本数据类型应用示例

### 2.2.1 整数类型与浮点类型

1. 整数类型

当用变量表示整数时,通常将变量声明为整数类型。

【例 2-1】 用整型变量计算两个数的和。

```
1   /* 计算两个数的和 */
2   import javax.swing.*;
3   class Example2_1
4   {
5     public static void main(String args[])
6     {
7       int x, y, sum;              声明3个整型变量
8       x = 3;                      给变量x、y赋值
9       y = 5;
10      sum = x + y;                //求和
11      JOptionPane.showMessageDialog(null,
12              "x = 3;" + "\n y = 5;" + "\n x + y = " + sum);   在对话框窗体中显示结果,\n为换行符
12      System.exit(0);
13    }
14  }
```

将程序保存为 Example2_1.java。编译程序:

javac Example2_1.java

运行程序:

java Example2_1

程序的运行结果如图 2-2 所示。

在程序的第 7 行声明了 3 个整型变量:x、y 和 sum,这 3 个变量与存储器相应类型的存储单元对应。当程序运行到第 8 行语句时,数值 3 存放到被编译器命名为 x 的内存单元中;当程序运行到第 9 行语句时,数值 5 存放到被编译器命名为 y 的内存单元中;当程序运行到第 10 行语句时,它将内存单元 x 和内存单元 y 中的值相加并将结果放到变量 sum 中,如图 2-3 所示。

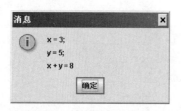

图 2-2　计算两个数的和

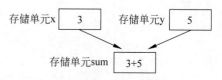

图 2-3　进行加法运算的内存单元

### 2. 浮点类型

浮点数也称为实数,当计算的表达式有精度要求时,就要使用浮点类型。

【例 2-2】　用双精度浮点型变量计算一个圆的面积。

```
1   /* 计算圆的面积 */
2   import javax.swing.*;
3   class Example2_2
4   {
5     public static void main(String args[])
6     {
7       double pi, r, s;                              由于要表示小数,故声明3个浮点类型变量
8       r = 10.8;              //圆的半径
9       pi = 3.14159;                                 变量赋值
10      s = pi * r * r;        //计算圆的面积
11      JOptionPane.showMessageDialog(null, "圆的面积为: " + s);    在对话框窗体中显示结果
12      System.exit(0);
13    }
14  }
```

图 2-4　计算圆的面积

将程序保存为 Example2_2.java。编译程序:

`javac Example2_2.java`

运行程序:

`java Example2_2`

程序的运行结果如图 2-4 所示。

## 2.2.2　字符型

### 1. 字符型变量

在 Java 中,存储字符的数据类型是 char。Java 使用 Unicode 字符集,一个字符在内存中占用 2 字节(16 位)的存储空间。

一个字符型变量只能存放一个字符。给字符型变量赋值时,字符需要用单引号括起来,例如:

`char ch = 'a';`

由于字符 a 在 Unicode 字符集中的编码是 97,因此,上面的语句也可以写成:

`char ch = 97;`

【例 2-3】 演示 char 类型变量的用法。

```
1   /* char 类型变量的用法 */
2   import javax.swing.*;
3   class Example2_3
4   {
5     public static void main(String args[])
6     {
7       char ch1,ch2,ch3;
8       ch1 = 88;              ←────  88在Unicode码中对应的是字母X
9       ch2 = 'Y'; ch3 = '汉';
10      JOptionPane.showMessageDialog(null,"ch1、ch2、ch3: "
11                           + ch1 + "、" + ch2 + "、" +ch3);
12      System.exit(0);
13    }
14  }
```

**注意**：在程序的第 8 行，变量 ch1 赋值为 88，它是字母 X 在 ASCII 码（Unicode 码也一样）中的值。

将程序保存为 Example2_3.java。编译程序：

javac Example2_3.java

运行程序：

java Example2_3

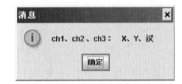

图 2-5　char 类型变量的用法

该程序的运行结果如图 2-5 所示。

**注意**：Java 的 char 与 C 或 C++ 中的 char 不同。在 C/C++ 中，char 的宽度是 8 位；而 Java 使用的是 Unicode 定义的国际化的字符集，能表示人类语言的所有字符集，如拉丁文、希腊语、阿拉伯语、古代斯拉夫语、希伯来语、日文片假名、匈牙利语等，因此它要求有 16 位。这样，Java 中的 char 类型是 16 位的。人们熟知的标准字符集 ASCII 码被视为 Unicode 码的子集，其在 Unicode 码中的范围是 0~127。

由于字符变量只能存放单字符，当要使用多个字符时，可以使用下面介绍的字符串变量。

**2. 字符串**

用双引号括起来的多个（也可以是一个或空）字符常量称为字符串。

例如，"我对 Java 很痴迷！\n"、"a + b ="等都是字符串。

字符串相比字符有如下区别：

字符是由单引号括起来的单个字符；字符串是由双引号括起来的，且可以是零个或多个字符。例如，'abc'是不合法的，""是合法的，表示空字符串。

## 2.2.3 布尔型

Java 表示逻辑值的基本类型称为布尔型，它只有两个值：true 和 false，且它们不对应于任何整数值。例如：

boolean b = true;

布尔类型是所有诸如 a < b 这样的关系运算的返回类型，对管理控制语句的条件表达式也是必需的。

【例 2-4】　布尔类型的用法。

```
1  /* 布尔类型的用法 */
2  class Example2_4
3  {
4     public static void main(String args[])
5      {
6        boolean b;
7        b = false;
8        System.out.println("b is " + b);
9        b = true;
10       System.out.println("b is " + b);
11       //关系运算操作的结果为 boolean 值
12       System.out.println("10 > 9 is " + (10 > 9));
13     }
14 }
```

将程序保存为 Example2_4.java。编译程序：

```
javac Example2_4.java
```

运行程序：

```
java Example2_4
```

这个程序的运行结果为：

```
b is false
b is true
10 > 9 is true
```

## 2.2.4　数据类型的转换

在 Java 中对已经定义了类型的变量,允许转换变量的类型。变量的数据类型转换分为自动类型转换和强制类型转换两种。

### 1. 自动类型转换

在程序中已经对变量定义了一种数据类型,若想以另外一种数据类型表示时,则要符合以下两个条件。

(1) 转换前的数据类型与转换后的数据类型兼容。

(2) 转换后的数据类型比转换前的数据类型表示的范围大。

基本数据类型按精度从“低”到“高”的顺序为：

$$byte \longrightarrow short \longrightarrow int \longrightarrow long \longrightarrow float \longrightarrow double$$
$$低 \longrightarrow\longrightarrow\longrightarrow\longrightarrow\longrightarrow 高$$

当把级别低的变量的值赋给级别高的变量时,系统自动进行数据类型转换。例如：

```
int  x = 10;
float y;
y = x;
```

这时,y 的值为 10.0。

### 2. 强制类型转换

强制类型转换是指,当把级别高的变量的值赋给级别低的变量时,必须使用类型的转换运算。转换的格式为:

```
(类型名)要转换的值或变量;
```

例如,设有:

```
int a;
double b = 3.14;
```

则:

```
a = (int)b;              //将 b 强制类型转换为 int 类型后,再赋值给 a
```

结果 a = 3,b 仍然是 double 类型,b 的值仍然是 3.14。

从该示例可以看到,采用强制类型转换时,可能会降低数据的精度。

## 2.3 表达式和运算符

### 2.3.1 表达式与运算符分类

#### 1. 表达式

表达式是由运算符、操作数和方法调用按照语言的语法构造而成的符号序列。表达式可用于计算一个公式、为变量赋值以及帮助控制程序执行流程。

例如,计算式 $\dfrac{x+y}{y(x-y)}$ 写成表达式为"(x+y)/(y*(x-y));"。

#### 2. 运算符及分类

Java 提供了丰富的运算符,一个运算符可以利用运算对象完成一次运算。

只有一个运算对象的运算符称为一元运算符。例如,++a 是一个一元运算符,它是对运算对象 a 加 1。

需要两个运算对象的运算符称为二元运算符。例如,赋值号(=)就是一个二元运算符,将右边的运算对象赋给左边的运算对象。

可以将运算符分为以下 5 类。

(1) 算术运算符。

(2) 关系和条件运算符。

(3) 逻辑运算符。

(4) 赋值运算符。

(5) 其他运算符。

赋值运算符在前面已经做了介绍,下面对其余 4 类运算符逐一进行介绍。

### 2.3.2 算术运算符

Java 支持对所有的浮点型和整型数进行各种算术运算。这些运算的运算符为+(加)、

—(减)、*(乘)、/(除)以及%(取模)。

算术运算符的使用基本上与数学中的加减乘除一样,也是先乘除后加减,必要时加上括号表示运算的先后顺序。例如,下面这行程序代码会在命令行模式下显示运算结果 7:

```
System.out.println(1 + 2 * 3);
```

编译器在读取程序代码时是从左向右读的,而由于在数学运算上习惯采用将分子写在上面而分母写在下面的方式,因此初学者往往容易犯书写错误。例如,对表达式(1+2+3)/4,初学者往往将之写成:

```
System.out.println(1 + 2 + 3 / 4);
```

这个程序事实上进行的是 1+2+(3/4)运算。为了避免这样的错误,必须给表达式加上括号,即采用如下形式。

```
System.out.println((double)(1 + 2 + 3) / 4);
```

**注意**:在上面的程序代码中使用了 double 限定类型转换。如果不加上这个限定,程序的输出会是 1 而不是 1.5,这是因为在这个 Java 语句中,1、2、3、4 这 4 个数值都是整数,程序运算(1+2+3)后的结果还是整数类型,若此时除以整数 4,会自动去除小数点之后的数字再进行输出,而加上 double 限定,表示要将(1+2+3)运算后的值转换为 double 数据类型,这样再除以 4,小数点之后的数字才会被保留下来。

同样地,看看下面这段程序会得出什么结果:

```
int testNumber = 10;
System.out.println(testNumber / 3);
```

答案不是 3.3333 而是 3,小数点之后的部分被自动消去了,因为 testNumber 是整数,而除数 3 也是整数,因此运算出来的结果被自动转换为整数了。为了解决这个问题,可以使用下面的方法。

```
int testNumber = 10;
System.out.println(testNumber/3.0);
System.out.println((double) testNumber/3);
```

上面这个程序片段示范了两种解决方式:如果表达式中有一个实数,则程序就会转换使用实数来运算,这是第一段语句所使用的方式;第二种方式称为"限定类型转换",即先将 testNumber 的值强制转换为 double 类型,然后再进行除法运算,所以得到的结果会是正确的 3.3333。

下面的程序定义了两个整型数和两个双精度的浮点数,并且使用 5 种算术运算符来完成不同的运算操作。

**【例 2-5】** 算术运算符示例。

```
1   public class Example2_5
2   {
3     public static void main(String agrs[])
4     {
5       //定义变量并赋值
6       int a = 41, b = 21;
7       double x = 6.4, y = 3.22;
8       System.out.println("变量数值:");
9       System.out.println("a = " + a + "\t b = " + b + "\t x = " + x + "\t y = "+ y);
10      //加法
```

```
11        System.out.println("加:");
12        System.out.println("a + b = " + (a+b) + "\t x + y = " + (x+y));
13        //减法
14        System.out.println("减:");
15        System.out.println("a - b = " + (a-b) + "\t x - y = " + (x-y));
16        //乘法
17        System.out.println("乘:");
18        System.out.println("a * b = " + (a*b) + "\t x * y = " + (x*y));
19        //除法
20        System.out.println("除:");
21        System.out.println("a / b = " +(a/b) + "\t x / y = " + (x/y));
22        //两数相除,取其余数
23        System.out.println("计算余数:");
24        System.out.println("a % b = " + (a%b) + "\t x % y = " + (x%y));
25        //混合类型
26        System.out.println("混合类型:");
27        System.out.println("b + y = " + (b+y) + "\t a * x = " + (a*x));
28    }
29 }
```

将程序保存为 Example2_5.java。编译程序：

```
javac Example2_5.java
```

运行程序：

```
java Example2_5
```

程序的运行结果为：

```
变量数值:
a = 41    b = 21    x = 6.4    y = 3.22
加:
a + b = 62    x + y = 9.62
减:
a - b = 20    x - y = 3.18
乘:
a * b = 861    x * y = 20.608
除:
a / b = 1    x / y = 1.988
计算余数:
a % b = 20    x % y = 3.18
混合类型:
b + y = 24.22    a * x = 262.400
```

**注意**：当一个整数和一个浮点数用运算符来执行单一算术操作时,结果为浮点型,整型数在操作之前会被自动转换为一个浮点型数。表 2-3 总结了根据运算对象的数据类型而得到运算结果的返回数据类型,它们在运算操作执行之前就自动进行数据类型转换。

表 2-3　根据运算对象的数据类型返回的数据类型

| 结果的数据类型 | 运算对象的数据类型 |
| --- | --- |
| long | 任何一个运算对象都不是 float 或 double,而且至少有一个运算对象为 long |
| int | 任何一个运算对象都不是 float 或 double,也不能为 long |
| double | 至少有一个运算对象为 double |
| float | 至少有一个运算对象为 float,但不能为 double |

另外,自增/自减运算符为++和——。++完成自加1;而——完成自减1。

不管是++还是——都可能出现在运算对象的前面(前缀形式)或后面(后缀形式),但是它们的作用是不一样的。前缀形式为"++操作数"或"——操作数",实现了在加/减之后才计算运算对象的数值;后缀形式为"操作数++"或"操作数——",实现了在加/减之前就计算运算对象的数值。例如:

(1) int x = 2;
    int y = (++x) * 5;

执行结果为:

x = 3, y = 15

(2) int x = 2;
    int y = (x++) * 5;

执行结果为:

x = 3, y = 10

**注意**:在书写运算表达式时,有时采用简写方式。
"x + = y;"等效于"x = x + y;";"x * = y;"等效于"x = x * y;"。
表 2-4 总结了自增/自减运算符。

表 2-4　自增/自减运算符

| 运　算　符 | 用　法 | 描　述 |
|---|---|---|
| ++ | 操作数++ | 自增1,在自增之前计算操作数的值 |
| ++ | ++操作数 | 自增1,在自增之后计算操作数的值 |
| —— | 操作数—— | 自减1,在自减之前计算操作数的值 |
| —— | ——操作数 | 自减1,在自减之后计算操作数的值 |

### 2.3.3　关系与逻辑运算符

关系运算符用于比较两个值并决定它们的关系,然后给出相应的取值。在 Java 中,关系运算的条件成立时以 true 表示,关系运算的条件不成立时以 false 表示,例如!=在两个运算对象不相等的情况下返回 true。表 2-5 列出了全部的关系运算符。

表 2-5　关系运算符

| 运　算　符 | 运　算 | 用　法 | 返回 true 的情况 |
|---|---|---|---|
| > | 大于 | x1>x2 | x1 大于 x2 |
| >= | 不小于 | x1>=x2 | x1 大于或等于 x2 |
| < | 小于 | x1<x2 | x1 小于 x2 |
| <= | 不大于 | x1<=x2 | x1 小于或等于 x2 |
| == | 等于 | x1==x2 | x1 等于 x2 |
| != | 不等于 | x1!=x2 | x1 不等于 x2 |

比较运算在使用时有一个即使是老程序员也可能犯的错误,且不容易发现,那就是等于运算符 ==。它由两个连续的等号(=)组成,而不是一个等号,一个等号是赋值运算。例如,若要比较两个变量 x 与 y 是否相等,应该写成 x == y,而不能写成 x = y,后者的作用是将 y 的值指定给 x,而不是比较 x 与 y 是否相等。

【例 2-6】 定义 3 个整型数并用关系运算符来比较。

```
1   public class Example2_6
2   {
3   public static void main(String args[ ])
4   {
5       //定义若干整型数
6       int i = 37;
7       int j = 42;
8       int k = 42;
9       System.out.println("变量数值:");
10      System.out.println("i = " + i );
11      System.out.println("j = " + j);
12      System.out.println("k = " + k);
13      //大于
14      System.out.println("大于:");
15      System.out.println("i > j = " + (i > j));          //false
16      System.out.println("j > i = " + (j > i));          //true        大于关系
17      System.out.println("k > j = " + (k > j));          //false
18      //大于或等于
19      System.out.println("大于或等于:");
20      System.out.println("i >= j = " + (i >= j));        //false
21      System.out.println("j >= i = " + (j >= i));        //true        大于或等于关系
22      System.out.println("k >= j = " + (k >= j));        //true
23      //小于
24      System.out.println("小于:");
25      System.out.println("i < j = " + (i < j));          //true
26      System.out.println("j < i = " + (j < i));          //false       小于关系
27      System.out.println("k < j = " + (k < j));          //false
28      //小于或等于
29      System.out.println("小于或等于:");
30      System.out.println("i <= j = " + (i <= j));        //true
31      System.out.println("j <= i = " + (j <= i));        //false       小于或等于关系
32      System.out.println("k <= j = " + (k <= j));        //false
33      //等于
34      System.out.println("等于:");
35      System.out.println("i == j = " + (i == j));        //false       等于关系
36      System.out.println("k == j = " + (k == j));        //true
37      //不等于
38      System.out.println("不等于:");
39      System.out.println("i != j = " + (i != j));        //true        不等于关系
40      System.out.println("k != j = " + (k != j));        //false
41  }
42  }
```

将程序保存为 Example2_6.java。编译程序:

```
javac Example2_6.java
```

运行程序：

java Example2_6

程序的运行结果为：

变量数值：
i = 37　　j = 42　　k = 42
大于：
i > j = false
j > i = true
k > j = false
大于或等于：
i >= j = false
j >= i = true
k >= j = true
小于：
i < j = true
j < i = false
k < j = false
小于或等于：
i <= j = true
j <= i = false
k <= j = true
等于：
i == j = false
k == j = true
不等于：
i != j = true
k != j = false

关系运算符经常用在条件表达式中，以构造更复杂的判断表达式。Java 语言支持 4 种条件运算符，其中有 3 个二元运算符和 1 个一元运算符，如表 2-6 所示。

表 2-6　条件运算符

| 运　算　符 | 运　算 | 用　法 | 返回 true 的情况 |
| --- | --- | --- | --- |
| && | 条件与 | x && y | x 和 y 都是 true |
| \|\| | 条件或 | x \|\| y | x 或 y 是 true |
| ! | 条件非 | !x | x 为 false |
| ^ | 条件异或 | x ^ y | x 和 y 逻辑值不相同 |

**注意**：进行 &&、|| 运算时，运算符左右两边的表达式要先运算，然后再对运算结果进行与、或等运算。

&& 运算符可以完成条件逻辑与的操作。可用 && 来判定两个关系式是否都为 true。下面的例子使用该技术来判定数组的下标是否处在两个边界之间。

0 <= index && index <= 100

例 2-6 中，如果第一个关系式是 false，则结果就是 false，故第二个关系式就不用计算了。

# 2.4　程序控制语句

## 2.4.1　语句

语句组成了一个执行程序的基本单元,它类似于自然语言的句子。Java 语句可分为以下几类。

### 1. 表达式语句

```
x = 3;
y = 5;
sum = x + y;
```

一个表达式的最后加上一个分号就构成了一个语句,分号是语句不可缺少的部分。

### 2. 复合语句

用大括号把一些语句括起来构成复合语句。

```
{
  x = 25 + x;
  System.out.println("x = " + x);
}
```

### 3. 控制语句

控制语句用于控制程序流程及执行的先后顺序,主要有顺序控制语句、条件控制语句和循环控制语句。

### 4. 包语句和引入语句

包语句和引入语句将在后面的章节详细介绍。

## 2.4.2　键盘输入语句

在 Java 中,使用简单文本扫描器 Scanner 类可以接收用户从键盘输入的数据。Scanner 可以从 System.in 中读取数据。Scanner 实现键盘输入数据的方法如下。

```
Scanner sc = new Scanner(System.in);
int    a = sc.nextInt();
double b = sc.nextDouble();
String str = sc.next();
```

整型变量 a 可以接收键盘输入的整型数值;实型变量 b 可以接收键盘输入的实型数值;字符串变量 str 可以接收键盘输入的一串字符数据。

【例 2-7】　从键盘输入数据。

```
1  import java.util.*;
2  public class Example2_7
3  {
```

```
4    public static void main(String args[])
5    {
6      Scanner sc = new Scanner(System.in);
7      System.out.print("输入一个整数: ");
8      int a = sc.nextInt();
9      System.out.print("输入一个实数: ");
10     double b = sc.nextDouble();
11     System.out.println(a + b);
12     System.out.print("输入一串字符: ");
13     String s = sc.next();
14     System.out.println(s);
15   }
16 }
```

（第8行）→ 将用户输入的整数赋值给变量a

（第10行）→ 将用户输入的实数赋值给变量b

（第13行）→ 将用户输入的字符赋值给变量s

将程序保存为 Example2_7.java。编译程序：

`javac Example2_7.java`

运行程序：

`java Example2_7`

程序的运行结果如下：

```
输入一个整数: 3 ↙
输入一个实数: 4.5 ↙
7.5
输入一串字符: book ↙
book
```

→ 下画线表示由用户输入的数据，↙ 表示按Enter键

### 2.4.3　顺序控制语句

顺序控制是指，计算机在执行这种结构的程序时，从第一条语句开始，按从上到下的顺序依次执行程序中的每一条语句。顺序控制是程序的最基本结构，包含选择控制语句和循环控制语句的程序，在总体执行上也是按顺序结构执行的。

**【例 2-8】** 交换两个变量的值。

在编写程序时，有时需要把两个变量的值互换，交换值的运算需要用到一个中间变量。例如，要将 a 与 b 的值互换，可用下面这样一段程序：

```
int a, b, temp;     → 设temp为中间变量
temp = a;           → 把a的值放到中间变量temp中
a = b;              → 把b的值放到变量a中，这时变量a中存放的是b的值
b = temp;           → 把temp中原a的值放到变量b中，这时变量b中得到的是原a的值
```

其中，temp 是中间变量，仅起过渡作用。交换过程如图 2-6 所示。

源程序如下。

```
1  /* 交换 a、b 两变量的值 */
2  import javax.swing.*;
3  public class Example2_8
4  {
5    public static void main(String args[])
```

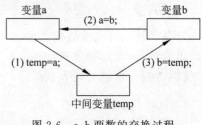

图 2-6　a、b 两数的交换过程

```
6    {
7        int a = 3, b = 5, temp;
8        temp = a;
9        a = b;                    ←── 交换a、b两变量的值
10       b = temp;
11       JOptionPane.showMessageDialog(null, "a = " + a + "\t  b = " + b);
12       System.exit(0);
13   }
14 }
```

将程序保存为 Example2_8.java。编译程序：

javac Example2_8.java

运行程序：

java Example2_8

程序的运行结果如图 2-7 所示。

图 2-7　交换两变量的值

## 2.4.4　if 选择语句

### 1. 单分支选择结构

if 语句用于实现选择结构。它判断给定的条件是否满足，并根据判断结果决定执行某个分支的程序段。对于单分支选择语句，其语法格式为：

```
if(条件表达式) ←── 条件表达式必须有括号
{
    若干语句;
}
```

这个语法的意思是，当条件表达式所给定的条件成立时(true)，就执行其中的语句块；当条件不成立(false)时，则跳过这部分语句，直接执行后续语句，其流程如图 2-8 所示。

【例 2-9】　从键盘任意输入两个整数，按从小到大的顺序依次输出这两个数。

从键盘上输入两个数 a、b，如果 a<b，本身就是从小到大排列的，可以直接输出；如果 a>b，则需要交换两个变量的值，其算法流程如图 2-9 所示。

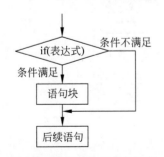

图 2-8　单分支的 if 条件语句

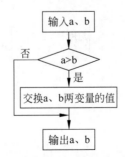

图 2-9　按从小到大排列的顺序输出两数

源程序如下。

```
1    /* 从键盘任意输入两个整数,按从小到大的顺序排序 */
```

```
2    import java.util. * ;
3    public class Example2_9
4    {
5    public static void main(String args[])
6    {
7      int a, b, temp;
8      Scanner reader = new Scanner(System.in);
9      System.out.print("输入一个整数: ");
10     a = reader.nextInt();
11     System.out.print("再输入一个整数: ");
12     b = reader.nextInt();
13     System.out.println( "排序前: " + a + "," + b);
14     if(a > b)
15     {
16       temp = a;
17       a = b;
18       b = temp;
19     }
20   System.out.println("排序后: " + a + "," + b);
21 }
```

第9~12行右侧注释：接收从键盘输入的数据

第14行右侧注释：判断条件，当a>b时，执行语句块；当a<=b时，跳过该语句块

第16~18行右侧注释：交换a、b两变量值的语句块

将程序保存为 Example2_9.java。程序运行结果如下。

```
输入一个整数: 8 ✓
再输入一个整数: 5 ✓
排序前: 8, 5
排序后: 5, 8
```

【例 2-10】 对给定的 3 个数，求最大数的平方。

设一变量 max 存放最大数，首先将第一个数 a 放入变量 max 中，再将 max 与其他数逐一比较，较大数存放到 max 中，当所有数都比较结束之后，max 中存放的一定是最大数，其算法流程如图 2-10 所示。

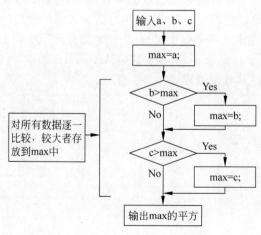

图 2-10　求 3 个数中最大数的平方

源程序如下。

```
1    /* 求 3 个数中最大数的平方 */
2    import javax.swing. * ;
3    public class Example2_10
```

```
4    {
5      public static void main(String args[])
6      {
7        int a = 5, b = 9, c = 7, max;
8        max = a;
9        if (b > max) { max = b; }
10       if (c > max) { max = c; }
11       JOptionPane.showMessageDialog(null," 最大数的平方为: " + max * max);
12       System.exit(0);
13     }
14   }
```

（第8行）将第一个数a赋值给变量max

（第9行）第二个数b与变量max比较，若b>max，则b放到max中

（第10行）第三个数c与变量max比较，若c>max，则c放到max中

将程序保存为 Example2_10.java。程序运行结果如图 2-11 所示。

图 2-11　求 3 个数中最大数的平方
的运行结果

### 2. 双分支选择结构

有时，需要在条件表达式不成立时执行不同的语句，为此可以使用双分支选择结构的条件语句，即 if…else 语句。双分支选择结构语句的语法格式为：

```
if(表达式)
   { 语句块 1; }
else
   { 语句块 2; }
```

这个语法的意思是，当条件式成立时，执行语句块 1；否则，执行语句块 2。对于双分支选择类型的条件语句，其流程如图 2-12 所示。

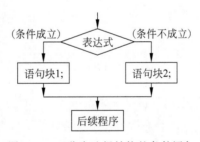

图 2-12　双分支选择结构的条件语句

if…else 语句的扩充格式是 if…else if。一个 if 语句可以有任意个 else if 部分，但只能有一个 else。

【例 2-11】　计算 $y = \begin{cases} \sqrt{x^2 - 25} & x \leqslant -5 \text{ 或 } x \geqslant 5 \\ \sqrt{25 - x^2} & -5 < x < 5 \end{cases}$

其算法流程如图 2-13 所示。

源程序如下。

```
1    /* if…else 应用示例 */
2    import java.util. * ;
3    public class Example2_11
4    {
5      public static void main(String args[])
```

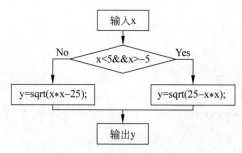

图 2-13    双分支选择结构示例

```
6    {
7        double x, y;
8        Scanner sc = new Scanner(System.in);        ← 接收从键盘输入的数据
9        x = sc.nextDouble();
10       if(x < 5 && x > -5)
11           y = Math.sqrt(25 - x * x);               ← 计算平方根函数
12       else
13           y = Math.sqrt(x * x - 25);
14       System.out.println("y = " + y);
15   }
16 }
```

将程序保存为 Example2_11.java。编译程序：

javac Example2_11.java

运行程序：

java Example2_11

程序的运行结果如下。

$\dfrac{4\swarrow}{y = 3.0}$    ← 从键盘输入4，并按Enter键

【例 2-12】    编写一个程序，根据月份判断季节。

```
1    /* if…else…if 结构 */
2    import javax.swing.*;
3    class Example2_12 {
4        public static void main(String args[])
5        {
6            int month = 4;        //4 月份
7            String season;
8            if(month == 12 || month == 1 || month == 2)
9                {season = "冬天";}
10           else if(month == 3 || month == 4 || month == 5)
11               {season = "春天"; }
12           else if(month == 6 || month == 7 || month == 8)
13               {season = "夏天"; }
14           else if(month == 9 || month == 10 || month == 11)
15               {season = "秋天"; }
16           else
17               { season = "不合法的月份"; }
18           JOptionPane.showMessageDialog(null,"4 月是 " + season + "。");
```

```
19        System.exit(0);
20    }
21  }
```

将程序保存为 Example2_12.java。编译程序：

```
javac Example2_12.java
```

运行程序：

```
java Example2_12
```

程序的运行结果如图 2-14 所示。

图 2-14　根据月份判断季节

## 2.4.5　switch 语句

switch 语句是一个多分支选择语句，也称为开关语句。它可以根据一个整型表达式有条件地选择一个语句执行。if 语句只有两个分支可选择，而实际问题中常常需要用到多分支的选择，当然可以用嵌套 if 语句来处理，但如果分支较多，则嵌套的 if 语句层数太多，会造成程序冗长且执行效率降低。

switch 语句的语法结构形式如下。

```
switch(变量名称或表达式)                   ←── 若变量或表达式的值与case后面的常量
  {                                              相等,则满足条件,执行相应程序段
    case 判断常量 1:   {程序段 1; break; }
    case 判断常量 2:   {程序段 2; break; }       ←── 其中的break必不可少
        ⋮
    case 判断常量 n:   {程序段 n; break; }
    [default:  {程序段 n + 1; }  ]           ←── 如果判断常量中没有一个符合
                                                  条件,则执行该程序段
  }
```

switch 语句首先计算表达式的值，如果表达式的值和某个 case 后面的判断常量相同，就执行该 case 里的若干语句，直到 break 语句为止。若没有一个判断常量与表达式的值相同，则执行 default 后面的若干语句。default 语句块可以省略。在 case 语句块中，break 是必不可少的，break 表示终止 switch，跳转到 switch 的后续语句继续运行。

switch 语句的流程图如图 2-15 所示。

【例 2-13】　将百分制转换为五级记分制。

```
1  /* switch 开关语句 */
2  import javax.swing * ;
3  public class Example2_13
4  {
5    public static void main(String args[])
6      {
```

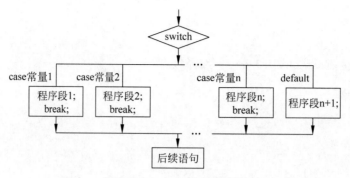

图 2-15　switch 语句流程图

```
7        int 分数 = 82;
8        String grade;
9       switch(分数/10)
10       {
11         case 10 :
12         case 9:          ←── case后面为常数
13            grade = "优";
14            break;
15         case 8:
16            grade = "良";
17            break;
18         case 7:
19            grade = "中";
20            break;
21         case 6:
22            grade = "及格";
23            break;
24         default:
25            grade = "不及格";
26       }
27       JOptionPane.showMessageDialog(null, "成绩等级: " + grade);
28       System.exit(0);
29   }
30 }
```

将程序保存为 Example2_13.java。编译程序:

```
javac Example2_13.java
```

运行程序:

```
java Example2_13
```

程序的运行结果如图 2-16 所示。

图 2-16　switch 开关语句示例

**注意**：这里不能使用如下的程序段。

```
switch(分数)
  {
    case 分数> = 90 : grade = "优";
        break;
    case 分数> = 80 : grade = "良";
        break;
    case 分数> = 70 : grade = "中";
        break;
    case 分数> = 60 : grade = "及格";
        break;
    default:
        grade = "不及格";
  }
```

错误,case分支的数据类型与switch表达式的类型不一致

因为 case 分支的值必须与 switch(分数)中的分数数据类型一致,而"分数≥90"为关系运算,其值为 true 或 false,是布尔型,不是整型。

## 2.4.6 循环语句

在程序设计过程中,经常需要将一些功能按一定的要求重复执行多次,将这一过程称为循环。

循环结构是程序设计中一种很重要的结构。其特点是,在给定条件成立时,反复执行某程序段,直到条件不成立为止。给定的条件称为循环条件,反复执行的程序段称为循环体。

### 1. for 循环语句

for 循环语句的语法结构如下。

```
for(循环变量赋初值; 循环条件; 增量表达式)
{
    循环体语句块;        ◄—— 循环体
}
```

for 语句的语法结构说明如下。

(1) 循环变量赋初值是初始循环的表达式,在循环开始时执行一次。

(2) 循环条件决定什么时候终止循环,这个表达式在每次循环的过程计算一次。当表达式计算结果为 false 时,这个循环结束。

(3) 增量表达式是每循环一次循环变量增加多少(即步长)的表达式。

(4) 循环体是被重复执行的程序段。

for 语句的执行过程是：首先执行循环变量赋初值,完成必要的初始化；再判断循环条件,若循环条件能满足,则进入循环体中执行语句；执行完循环体之后,紧接着执行 for 语句中的增量表达式,以便改变循环条件,这一轮循环就结束了。第二轮循环又从判断循环条件开始,若循环条件仍能满足,则继续循环,否则跳出整个 for 语句,执行后续语句,如图 2-17 所示。

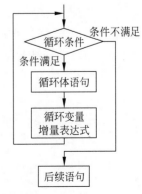

图 2-17　循环语句的执行过程

【例 2-14】 求从 1 加到 100 的整数和。

```
1   /* 累加器 */
2   import javax.swing.JOptionPane;
3   public class Example2_14
4   {
5       public static void main(String args[])
6       {
7           int sum = 0;        ← 变量sum存放累加值，初始值为0
8           for(int i = 1; i <= 100; i++)   ← i为循环变量，每循环一次，i自加1
9           {                                  (步长为i++)，循环终止条件为i>100
10              sum = sum + i;   ← 循环体内，每循环一次，累加一次循环变量的值
11          }
12          JOptionPane.showMessageDialog(null,"1+2+3+…+100 = " + sum);
13          System.exit(0);     //退出程序
14      }
15  }
```

在程序中，i 是循环变量。开始循环之初，循环变量 i=1，sum=0，这时，i<100，满足循环条件，因此可以进入循环体，执行第 10 行累加语句 sum+i=1+0=1，将结果再放回到变量 sum 中，完成第一次循环。接着，循环变量自加 1(i++)，此时，i=2，再和循环条件比较，以此类推，sum = sum + i 一直累加，直到运行了 100 次，i=101，循环条件 i<=100 不再满足，循环结束。

将程序保存为 Example2_14.java。编译程序：

图 2-18　利用循环求和

javac Example2_14.java

运行程序：

java Example2_14

程序的运行结果如图 2-18 所示。

【例 2-15】 求 10!。

计算 n!，由 $p_n=n!=n*(n-1)*(n-2)*…*2*1=n*(n-1)!$，可以得到递推公式：

$$p_n = n * p_{n-1},$$
$$p_{n-1} = (n-1) * p_{n-2}$$
$$\vdots$$
$$p_1 = 1$$

因此，可以用一个变量 p 来存放推算出来的值，当循环变量 i 从 1 递增到 n 时，用循环执行 p=p * i，每一次 p 的新值都是原 p 值的 i 倍，最后递推求到 n!。

源程序如下。

```
1   /* 阶乘器 */
2   import javax.swing.JOptionPane;
3   public class Example2_15
4   {
5     public static void main(String args[])
6     {
7         int i;
```

```
8          long p = 1;
```
变量p存放累乘的值，取初值为1

```
9          for (i = 1; i < = 10; i++)
10             p = p * i;
11         JOptionPane.showMessageDialog(null, "1 * 2 * 3 * … * 10 =  " + p);
12         System.exit(0);          //退出程序
13      }
14 }
```
循环体内，每循环一次，累乘一次循环
变量的值，到i=11时终止循环

将程序保存为 Example2_15.java。编译程序：

javac Example2_15.java

运行程序：

java Example2_15

图 2-19　利用循环累乘

程序的运行结果如图 2-19 所示。

for 语句条件中的 3 个表达式可省略，但表达式之间的分号不能省略。若 for 语句条件中的 3 个表达式都省略，则为无限循环：

```
for( ; ; )
 {
     ⋮       //无限循环
 }
```
循环条件等均省略,则为无限循环

一般，为避免无限循环，上述语句的循环体中应包含能够退出的语句。可以使用 break 语句强行退出循环，忽略循环体中的任何其他语句和循环的条件测试。在循环中遇到 break 语句时，循环被中止，程序跳到循环后面的语句继续运行。

【例 2-16】　无限循环需安排退出循环的语句。

```
1  /*应用 break 语句,中断无限循环*/
2  public class Example2_16
3  {
4    public static void main(String args[])
5    {
6      int i = 1;
7      for( ; ; )
8      {
9        System.out.println(i);
10       i++;
11       if( i > 5 ) break;
12     }
13     System.out.println("循环已经结束!");
14   }
15 }
```
无限循环

if语句设置跳出循环条件,
应用break中断循环

将程序保存为 Example2_16.java。程序运行结果如下。

```
1
2
3
4
5
循环已经结束!
```

## 2．while 循环语句

Java 语言提供了两种 while 循环结构：while 语句和 do…while 语句。这两种循环结构的流程图如图 2-20 所示。

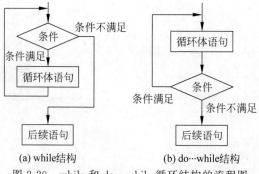

　　　　(a) while 结构　　　　　　　　(b) do…while 结构

图 2-20　while 和 do…while 循环结构的流程图

1) while 语句

while 语句的基本语法结构为：

```
while(循环条件表达式)
  {
      循环体;
  }
```

首先，while 语句执行条件表达式，它返回一个 boolean 值(true 或 false)。如果条件表达式返回 true，则执行大括号中的循环体语句。然后，继续测试条件表达式并执行循环体代码，直到条件表达式返回 false。

【例 2-17】 老汉卖西瓜，第一天卖西瓜总数的一半多一个，第二天卖剩下的一半多一个，以后每天都是卖前一天剩下的一半多一个，到第 10 天只剩下一个。求西瓜总数是多少？

算法分析：设共有 x 个西瓜，卖一半多一个后，还剩下 x/2−1 个，所以，每天的西瓜数可以用迭代表示为 $x_n = (x_{n+1} + 1) * 2$。在卖了 9 天之后(第 10 天)，x = 1。这是可以用循环来处理的迭代问题。

源程序如下。

```
1   /* while 循环示例 */
2   import javax.swing.JOptionPane;
3
4   public class Example2_17
5   {
6     public static void main(String args[])
7      {
5        int i = 1, x = 1;
6        while(i <= 9)      ← 循环条件
7        {
8          x = (x + 1) * 2;
9          i++;      ← while循环必须要有改变循环变量的语句         ← while循环体
10       }
11         JOptionPane.showMessageDialog(null,"西瓜总数: x = " + x);
```

```
12       System.exit(0);          //退出程序
13     }
14 }
```

将程序保存为 Example2_17.java。编译程序:

```
javac Example2_17.java
```

运行程序:

```
java Example2_17
```

图 2-21  while 循环示例

程序的运行结果如图 2-21 所示。

2) do…while 语句

do…while 语句的语法结构为:

```
do
  {
    …循环体;
  } while(循环条件表达式);
```

do…while 语句与 while 语句的区别在于,语句先执行循环体再计算条件表达式,所以 do…while 语句的循环体至少被执行一次。

【例 2-18】 计算 1!+2!+3!+…+10!。

算法分析:这是一个多项式求和问题。每一项都是计算阶乘,可以利用循环结构来处理。源程序如下。

```
1  /* do…while 循环   */
2  import javax.swing.JOptionPane;
3
4  public class Example2_18
5  {
6    public static void main(String args[])
7    {
8      int sum = 0, i = 1, p = 1;
9      do
10     {
11       p = p * i;          计算阶乘
12       sum = sum + p;      累加              do…while结构的循环体
13       i++;                循环变量自增
14     } while(i <= 10) ;    循环条件
15     JOptionPane.showMessageDialog(null," 1! + 2! + 3! + … + 10! = " + sum);
16     System.exit(0);        //退出程序
17   }
18 }
```

将程序保存为 Example2_18.java。编译程序:

```
javac Example2_18.java
```

运行程序:

```
java Example2_18
```

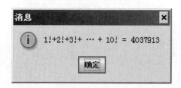

图 2-22　多项式求和的运行结果

程序的运行结果如图 2-22 所示。

### 3．循环嵌套

循环可以嵌套。在一个循环体内包含另一个完整的循环，叫作循环嵌套。循环嵌套运行时，外循环每执行一次，内层循环要执行一个周期。

**【例 2-19】**　应用循环嵌套，编写一个按 9 行 9 列排列输出的乘法九九表程序。

算法分析：用双重循环控制乘法九九表按 9 行 9 列排列输出，用外循环变量 i 控制行数，i 从 1～9 取值。内循环变量 j 控制列数，由于 i＊j＝j＊i，故内循环变量 j 没有必要从 1～9 取值，只需从 1～i 取值就够了。外循环变量 i 每执行一次，内循环变量 j 执行 i 次。

```
1   /* 循环嵌套应用 */
2   public class Example2_19
3   {
4     public static void main(String args[])
5     {
6       int i,j;
7       for(i = 1; i <= 9; i++)
8       {
9         for(j = 1; j <= i; j++)
10        {
11          System.out.print(i + "x" + j + " = " + i * j + "\t");
12        }
13        System.out.println();
14      }
15    }
16  }
```

内循环控制列数　外循环控制行数

换行，外循环控制行数

将程序保存为 Example2_19.java。编译程序：

javac Example2_19.java

运行程序：

java Example2_19

程序运行结果如下。

```
1x1 = 1
2x1 = 2   2x2 = 4
3x1 = 3   3x2 = 6    3x3 = 9
4x1 = 4   4x2 = 8    4x3 = 12   4x4 = 16
5x1 = 5   5x2 = 10   5x3 = 15   5x4 = 20   5x5 = 25
6x1 = 6   6x2 = 12   6x3 = 18   6x4 = 24   6x5 = 30   6x6 = 36
7x1 = 7   7x2 = 14   7x3 = 21   7x4 = 28   7x5 = 35   7x6 = 42   7x7 = 49
8x1 = 8   8x2 = 16   8x3 = 24   8x4 = 32   8x5 = 40   8x6 = 48   8x7 = 56   8x8 = 64
9x1 = 9   9x2 = 18   9x3 = 27   9x4 = 36   9x5 = 45   9x6 = 54   9x7 = 63   9x8 = 72   9x9 = 81
```

循环可以嵌套，可以是 ，但不能交叉，即 是不允许的。

## 2.4.7 跳转语句

Java 语言主要有两种跳转语句：break 语句和 continue 语句。

### 1. break 语句

break 语句有两种作用。其一，break 语句用来退出 switch 结构，跳出 switch 结构继续执行后续语句。在例 2-13 中，已经看到了它的这种用法。其二，break 语句用来中止循环。

在循环体中使用 break 语句强行退出循环时，忽略循环体中的任何其他语句和循环的条件测试，终止整个循环，程序跳到循环后面的语句继续运行。

【例 2-20】 使用 break 语句退出循环。

```
1   /* 使用 break 语句跳出循环 */
2   import javax.swing.JOptionPane;
3
4   class Example2_20
5   {
6      public static void main(String args[])
7      {
8        for(int i = 0; i < 100; i++)
9          {
10            if(i == 10) break;    ◀── i=10时，跳出循环
11            System.out.println("i = " + i);
12          }
13        System.out.println("循环 10 次后,跳出循环!");
14      }
15 }
```

### 【程序说明】

循环变量 i 的取值从 0 开始，当 i＝10 时，满足第 10 行 if 语句的条件，运行 break 语句，跳出循环，转向执行第 13 行的语句。

**注意**：最后一次执行循环体时，第 11 行的语句没被执行。

将程序保存为 Example2_20.java。编译程序：

```
javac Example2_20.java
```

运行程序：

```
java Example2_20
```

程序的运行结果如下。

```
i = 0
i = 1
i = 2
i = 3
i = 4
i = 5
i = 6
i = 7
```

```
i = 8
i = 9
循环 10 次后,跳出循环!
```

### 2．continue 语句

continue 语句用来中止本次循环。其功能是中止当前正在进行的本轮循环,即跳过后面剩余的语句,转而执行循环的第一条语句,计算和判断循环条件,决定是否进入下一轮循环。

【例 2-21】　应用 continue 语句来打印三角形。

```
1    /* 应用 continue 语句打印三角形 */
2    import javax. swing. JOptionPane;
3    class Example2_21 {
4      public static void main(String args[]) {
5        String output = "";
6      for(int i = 0; i < 5; i++) {
7          for(int j = 0; j < 5; j++) {
8            if(j > i) {
9                continue ;    //中止内循环
10            }
11          output = output  + " * " + "   ";
12        }
13      output = output + "\n";
14      }
15      JOptionPane. showMessageDialog(null, output);    //对话框显示输出内容
16      System. exit(0);    //退出系统
17    }
18 }
```

内循环控制
行 * 号个数

外循环控制
行数

【程序说明】

在本例中第 9 行的 continue 语句(在不满足条件语句时)中止了内循环,而跳转到第 6 行继续执行外循环的下一次循环。

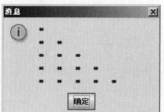

图 2-23　打印三角形图形

将程序保存为 Example2_21.java。编译程序:

```
javac Example2_21.java
```

运行程序:

```
java Example2_21
```

程序的运行结果如图 2-23 所示。

【例 2-22】　应用循环语句和 switch 选择开关语句,设计一个学生成绩管理系统的菜单选择程序。程序运行后的菜单界面如图 2-24 所示。

算法设计如下。

(1) 显示菜单。

使用 System. out. println 语句将菜单项一项一项在屏幕上显示,界面的边框可以通过多个—和 * 拼接起来。

(2) 菜单项的选择。

菜单应根据用户的选择做出不同的反应,因此需要使用分支结构实现选择选项的功能。

根据题意,主菜单含有 3 个菜单项,属于多分支条件判断,故使用带 break 的 switch 语句最为合适。

（3）重复显示主菜单。

为了能够使程序具有重复选择菜单选项的功能,因此需要使用 while 循环结构。算法设计如图 2-25 所示。

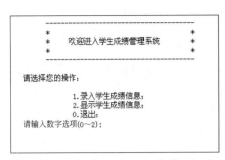

图 2-24　学生成绩管理系统的菜单选择界面

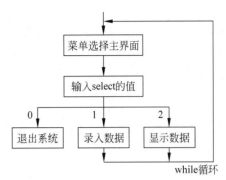

图 2-25　重复选择菜单选项的算法设计

源程序如下。

```
1   /* 管理系统菜单选项 */
2   import java.util.*;
3   class  Example2_22
4   {
5     public static void main(String args[])
6     {
7       int select = 1;
8       String  xuehao;
9       String name;
10      int chengji;
11      Scanner sc = new Scanner(System.in);        建立接收键盘输入数据的对象sc
12      System.out.println();
13      System.out.println(" ------------------------------ ");
14      System.out.println(" *                            * ");
15      System.out.println(" * 欢迎进入学生成绩管理系统 * ");        显示系统标题
16      System.out.println(" *                            * ");
17      System.out.println(" ------------------------------ ");
18      while(true)        循环结构,使得菜单选项总能保持在窗体界面显示
19      {
20        System.out.println();
21        System.out.println("   请选择您的操作: ");
22        System.out.println("          1.录入学生成绩信息; ");
23        System.out.println("          2.显示学生成绩信息; ");        显示菜单选项
24        System.out.println("          0.退出; ");
25        System.out.println("   请输入数字选项(0-2): ");
26        select = sc.nextInt();
27        System.out.println();
28        //判断输入,0退出
29        if(select >= 0 && select <= 2)
30        {
31          switch(select)
32          {
33            case 1:
```

```
34              System.out.println("  请输人学号:");
35              xuehao = sc.next();
36              System.out.println();
37              System.out.println("  请输人学生姓名:");
38              name = sc.next();
39              System.out.println();
40              System.out.println("  请输人成绩:");
41              chengji = sc.nextInt();
42              System.out.println();
43              break;
44          case 2:
45              System.out.println("所有学生成绩信息如下:");
46              System.out.println("您选择了显示所有学生成绩信息。");
47              break;
48          case 0:
49              System.exit(0);
50          }
51        }
52      else
53        {
54          System.out.println("输人错误,请重新输人!");
55          continue;
56        }
57      }
58    }
59 }
```

选择录入项

选择显示项

选择退出项

没按规定选择

# 实验 2

## 【实验目的】

(1) 掌握标识符的定义规则。

(2) 掌握各种基本数据类型及其相互转换。

(3) 掌握各种运算符的使用及其优先级控制。

(4) 掌握表达式的组成。

(5) 掌握 Java 语言的控制语句和循环语句。

## 【实验内容】

(1) 上机运行下列程序,并写出其输出结果。

```
public class Ex2_1
{
   public static void main(String args[])
    {
    char chinaWord = '你', japanWord = 'ぁ';
    int   p1 = 204152,p2 = 12358;
    System.out.println("汉字\'你\'字在 unicode 表中的顺序位置:"
        + (int)chinaWord);
    System.out.println("日语\'ぁ\'字在 unicode 表中的顺序位置:"
        + (int)japanWord);
    System.out.println("unicode 表中第 204152 位置上的字符是:" + (char)p1);
```

```
        System.out.println("unicode 表中第 12358 位置上的字符是:" + (char)p2);
    }
}
```

（2）上机运行下列程序，并写出其输出结果。

```
public class Ex2_2
{ public static void main(String args[])
    { byte   a = 120;    short b = 255;
      int c = 2200;     long d = 8000;
      float f;
      double g = 123456789.123456789;
      b = a;
      c = (int)d;
      f = (float)g;        //导致精度的损失
      System.out.print("a =    " + a);    System.out.println("   b =    " + b);
      System.out.print("c =    " + c);    System.out.println("   d =    " + d);
      System.out.println("f =    " + f);  System.out.println("g =    " + g);
    }
}
```

（3）运行下列程序，并写出其输出结果。

```
class Ex2_3
{   public static void main(String args[])
    { int x, y = 10;
      if(((x = 0) == 0) || ((y = 20) == 20))
      { System.out.println("现在 y 的值是:" + y);
      }
      int a, b = 10;
      if(((a = 0) == 0) | ((b = 20) == 20))
      { System.out.println("现在 b 的值是:" + b);
      }
    }
}
```

（4）运行下列程序，并写出其输出结果。

```
import javax.swing.JOptionPane;
class JiSuan
{
    void jc()
    {
      long jiecheng = 1;
      for(int i = 10; i > = 1; i -- )
      {
        jiecheng = jiecheng * i;
      }
      JOptionPane.showMessageDialog(null, "10 的阶乘是 " + jiecheng);
      System.exit(0);
    }
}
```

```
public class Ex2_4
{
    public static void main(String args[])
    {
      JiSuan jisuan = new JiSuan();
      jisuan.jc();
    }
}
```

(5) 一个数如果恰好是它的因子之和,这个数就称为"完数",编写一个程序,求 1000 之内的所有完数。

# 习题 2

1. 什么是数据类型? 为什么要将数据划分为不同的数据类型?

2. Java 语言中有哪些数据类型?

3. 声明变量的作用是什么?

4. 求出下列算术表达式的值。

① x + a % 3 * (int)(x + y) % 2 / 4        设 x = 2.5, y = 4.7, a = 7

② (float)(a + b) / 2 - (int)x % (int)y     设 a = 2, b = 3, x = 3.5, y = 2.5

③ 'a' + x % 3 + 5 / 2-'\24'                设 x = 8

5. 假设 x = 10, y = 20, z = 30,求下列布尔表达式的值。

① x < 10 ‖ x < 10

② x > y && y > x

③ (x < y + z) && (x + 10 <= 20)

④ z−y == x && (y−z) == x

⑤ x < 10 && x > 10

⑥ x > y ‖ y > x

⑦ !(x < y + z) ‖ !(x + 10 <= 20)

⑧ (!(x == y)) && (x != y) && (x < y ‖ y < x)

6. 什么是表达式? 什么是语句?

7. Java 有哪些数据类型? 请描述其分类情况。

8. 将下列数学表达式写成 Java 中的算术表达式。

① $\dfrac{a+b}{x-y}$        ② $\sqrt{p(p-a)(p-b)(p-c)}$

③ $\dfrac{\sin x}{2m}$        ④ $\dfrac{a+b}{2}h$

9. 说明 break 与 continue 语句的区别。

10. 有一函数:

$$y = \begin{cases} x & (x<1) \\ 3x-2 & (1 \leqslant x < 10) \\ 4x & (x \geqslant 10) \end{cases}$$

编写一个程序,给定 x 值,输出 y 值。

11. 说明 while 与 do…while 语句的差异。

12. 写出下列语句执行后的结果。

```
for (k = 1; k < = 5; k++)
{
    if (k > 4) break;
    System.out.println("k = " + k);
}
```

13. 编写程序,求 $\sum_{k=1}^{10} k^2$ 的值。

14. 编写一个程序,任意输入 3 个数,能按大小顺序输出。

15. 编写一个 Java 程序,查找 1~100 的素数并将其输出。

16. 运行下面程序,并分析其执行过程。

```
public class multiplication{
  public static void main(String arts[]){
    int i, j;
    for(i = 1;i < 10;i++){
      for(j = 1;j < = i;j++){
        System.out.print(i + " * " + j + " = " + i * j + "");
      }
      System.out.println();
    }
  }
}
```

17. 编写打印下列图形的程序。

```
①                  ②                      ③
                                                   $
#                  * * * * * *            $ $ $
# #                * * * *            $ $ $ $ $
# # #              * *                    $ $ $
# # # #              *                      $
```

18. 仿照例 2-22,设计一个图书资料管理系统的菜单选择程序。

# 第3章
# 面向对象程序设计基础

## 3.1 面向对象的基本概念

面向对象是一种程序设计方法,或者说它是一种程序设计规范,其基本思想是使用对象、类、继承、封装、消息等基本概念来进行程序设计。所谓"面向对象"就是以对象及其行为为中心,来考虑处理问题的思想体系和方法。采用面向对象方法设计的软件,不仅易于理解,而且易于维护和修改,从而提高了软件的可靠性和可维护性,同时也提高了软件模块化和可重用化的程度。

Java 是一种纯粹的面向对象的程序设计语言。用 Java 进行程序设计必须将自己的思想转入面向对象的世界,以面向对象世界的思维方式来思考问题,因为 Java 程序乃至 Java 程序内的一切都是对象。

### 1. 对象的基本概念

对象是系统中用来描述客观事物的一个实体,是构成系统的一个基本单位。一个对象由一组属性和对这组属性进行操作的一组服务组成。从更抽象的角度来说,对象是问题域或实现域中某些事物的一个抽象,它反映该事物在系统中需要保存的信息和发挥的作用;它是一组属性和有权对这些属性进行操作的一组服务的封装体。客观世界是由对象和对象之间的联系组成的。

在面向对象的程序设计方法中,对象是一些相关的变量和方法的软件集,是可以保存状态(信息)和一组操作(行为)的整体。软件对象经常用于模仿现实世界中的一些对象,如桌子、电视、自行车等。

现实世界中的对象有两个共同特征:形态和行为。

例如,把汽车作为对象,汽车的形态有车的类型、款式、挂挡方式、排量大小等,其行为有刹车、加速、减速、改变挡位等,如图 3-1 所示。

图 3-1 汽车对象的形态和行为

软件对象实际上是现实世界对象的模拟和抽象,同样也有形态和行为。一个软件对象利用一个或多个变量来体现它的形态。变量是由用户标识符来命名的数据项。软件对象用方法来实现它的行为,它是跟对象有关联的函数。在面向对象设计的过程中,可以利用软件对象来代表现实世界中的对象,也可以用软件对象来模拟抽象的概念。例如,事件是一个 GUI(图形用户界面)窗口系统的对象,可以代表用户按下鼠标按键或键盘上的按键所产生的反应。

例如,用软件对象模拟汽车对象,汽车的形态就是汽车对象的变量,汽车的行为就是汽车对象的方法,如图 3-2(a)所示。

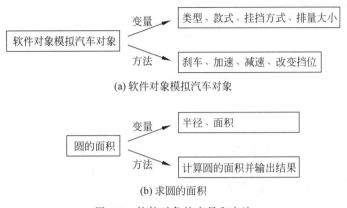

(a) 软件对象模拟汽车对象

(b) 求圆的面积

图 3-2　软件对象的变量和方法

再如,用软件计算圆的面积,描述圆面积的形态是圆的半径和圆的面积,计算圆面积的行为是圆的面积公式,因此,圆面积对象的变量是圆的半径和圆的面积,圆面积对象的方法是计算圆面积的公式及输出结果,如图 3-2(b)所示。

## 2. 类的基本概念

对象是指具体的事物,而类是指一类事物。

把众多的事物进行归纳、分类是人类在认识客观世界时经常采用的思维方法。分类的原则是按某种共性进行划分。例如,客车、卡车、小轿车等具体机车都有相同的属性,有内燃发动机、车身、橡胶车轮、方向盘等,把它们的共性抽象出来,就形成了"汽车"的概念。但说到某辆车时,仅有汽车这个概念是不够的,还需说明究竟是小轿车还是大卡车。因此,汽车是抽象、不具体一个类的概念。具体的某辆汽车则是"汽车"这个类的对象,也称它是汽车类的一个实例。

由类来确定具体对象的过程称为实例化,即类的实例化结果就是对象,而对一类对象的抽象就是类。

类用 class 作为它的关键字。例如,要创建一个汽车类,则可表示为:

$$\text{class 汽车} \begin{cases} \text{变量:类型、款式、挂挡方式、排量大小} \\ \text{方法:刹车、加速、减速、改变挡位} \end{cases}$$

当要通过汽车类创建一个轿车对象,并使用它的刹车行为方法时,则要用下面的格式进行实例化:

```
汽车　轿车 = new　汽车();        //实例化汽车类,即创建轿车对象
轿车.刹车();                     //引用汽车对象的刹车方法
```

这里,只是粗略地介绍了类和对象的概念,在后面的内容中将详细介绍类和对象的设计方法。

# 3.2 类

类和对象是 Java 的核心和本质。它们是 Java 语言的基础,编写一个 Java 程序,在某种程度上来说就是定义类和创建对象。定义类和建立对象是 Java 编程的主要任务。

## 3.2.1 类的定义

从本节开始就接触到类了。当然,这都是一些非常简单的类。类是组成 Java 程序的基本要素,本节将介绍如何创建一个类。

### 1. 类的一般形式

类由类声明和类体组成,而类体又由成员变量和成员方法组成。

```
public  class 类名          ← 类声明
  {
      成员变量;              ← 类体
      成员方法;
  }
```

图 3-3 所示为一个具体类的形式。

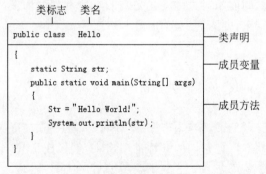

图 3-3　类的形式

### 2. 类声明

类声明由 4 部分组成:类修饰符、类关键字 class、声明父类和实现接口。其一般形式如下。

```
[public][abstract|final]class 类名[extends 父类名][implements 接口列表]
  {
     ⋮
  }
```

各组成部分的具体说明如下。

1) 类修饰符

可选项 public、abstract、final 是类修饰符。类修饰符说明这个类是一个什么样的类。如果没有声明这些可选项的类修饰符,Java 编译器将给出缺省值,即指定该类为非 public、非 abstract、非 final 类。类修饰符的含义分别如下。

- public：这个 public 关键字声明了类可以在其他类中使用。其缺省时,该类只能被同一个包中的其他类使用。
- abstract：声明这个类为抽象类,即这个类不能被实例化。一个抽象类可以包含抽象方法,而抽象方法是没有实现空的方法,所以抽象类不具备实际功能,只用于衍生子类。
- final：声明该类不能被继承,不能有子类。也就是说,不能用它通过扩展的办法来创建新类。

2) 类的关键字 class

在类声明中,class 是声明类的关键字,表示类声明的开始,类声明后面跟着类名。通常,类名要用大写字母开头,并且类名不能用阿拉伯数字开头。给类名命名时,最好取一个容易识别且有意义的名字,避免 A、B、C 之类的类名。

3) 声明父类

extends 为声明该类的父类,表明该类是其父类的子类。一个子类可以从它的父类继承变量和方法。值得注意的是,Java 和 C++ 不一样,在 extends 之后只能有一个父类,即 extends 只能实现单继承。

创建子类格式如下。

```
class SubClass extends 父类名
  {
      ⋮
  }
```

4) 实现接口

为了在类声明中实现接口,要使用关键字 implements,并且在其后面给出接口名。当实现多接口时,各接口名以逗号分隔,其形式为：

```
implements 接口 1,接口 2, …
```

接口是一种特殊的抽象类,这种抽象类中只包含常量和方法的定义,而没有变量和方法的实现。一个类可以实现多个接口,以某种程度实现“多继承”。

## 3.2.2　成员变量和局部变量

在 Java 语言中,变量按在程序中所处不同位置分为两类：成员变量和局部变量。如果类体中的一个变量在所有方法外部声明,该变量称为成员变量。如果一个变量在方法内部声明,该变量称为局部变量。成员变量从定义位置起至该类体结束均有效,而局部变量只在定义它的方法内有效。

$$变量 \begin{cases} 成员变量(在类体中定义,在整个类中都有效) \\ 局部变量(在方法中定义,只在本方法中有效) \end{cases}$$

### 1. 成员变量

最简单的变量声明的形式为：

```
数据类型　变量名;
```

这里,声明的变量类型可以是基本数据类型,也可以是引用数据类型。

$$数据类型\begin{cases}基本数据类型(整型、浮点型、逻辑型、字符型)\\引用数据类型(数组、类对象)\end{cases}$$

声明成员变量的更一般的形式为:

```
[可访问性修饰符][static][final][transient][volatile]类型　变量名
```

上述属性用方括号括起来,表示它们都是可选项,其含义分别如下。

- [可访问性修饰符]:说明该变量的可访问属性,即定义哪些类可以访问该变量。该修饰符可分为 public、protected、package 和 private,它们的含义在后面将会详细地介绍。
- [static]:说明该成员变量是一个静态变量(类变量),以区别一般的实例变量。类变量的所有实例使用的是同一个副本。
- [final]:说明一个常量。
- [transient]:声明瞬态变量,瞬态变量不是对象的持久部分。
- [volatile]:声明一个可能同时被并存运行中的几个线程所控制和修改的变量,即这个变量不仅被当前程序所控制,而且在运行过程中可能存在其他未知程序的操作来影响和改变该变量的值,volatile 关键字把这个信息传送给 Java 的运行系统。

成员变量还可以进一步分为实例变量和类变量,这些内容在后面章节讲述关键字 static 时再介绍。

### 2. 局部变量

在方法中声明的变量以及方法中的参数称为局部变量。局部变量除了作用范围仅适用于本方法之外,其余均与上面讨论的成员变量是一致。

```
class Data
{
  int x = 12, y = 5;
  public void sum()
  {
    int s;
    s = x + y;                    //使用成员变量 x = 12, y = 5
  }
}
```

在类 Data 中,x、y 是成员变量,s 是局部变量。成员变量 x、y 在整个类中有效,类中所有方法都可以使用它们,但局部变量 s 仅限于在 sum 方法内部使用。

局部变量和成员变量的作用范围如图 3-4 所示。其中,x、y 是成员变量;a、b 是局部变量。

### 3. 屏蔽成员变量

如果局部变量名与成员变量名相同,则成员变量被屏蔽。例如:

```
class Data
```

```
{
  int x = 12, y = 5;
  public void sum()
  {
    int x = 3;                    //局部变量 x 屏蔽了成员变量
    int s;
    s = x + y;
  }
}
```

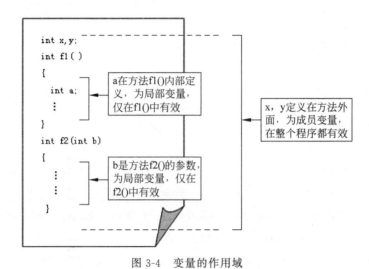

图 3-4　变量的作用域

由于在 sum 方法内部也定义了变量 x＝3,这时成员变量 x＝12 被屏蔽,变量 x 的值为 3。y 的值仍是 5,因此 s＝3＋5＝8。

如果在 sum 方法内部还需要使用成员变量 x,则要用关键字 this 来引用当前对象,它的值是调用该方法的对象。

```
class Data
{
  int x = 12, y = 5;
  public void sum()
  {
    int x = 3;                    //局部变量 x
    int s;
    s = this.x + y;               //在 sum()方法使用成员变量,则用 this 来说明
  }
}
```

由于 this.x 是成员变量,因此 s＝12＋5＝17。

## 3.3　成员方法

在 Java 中,必须通过方法才能完成对类和对象的属性操作。成员方法只能在类的内部声明并加以实现。一般在类体中声明成员变量之后再声明方法。

### 3.3.1  方法的定义

**1. 方法的一般形式**

已知,一个类由类声明和类体两部分组成,方法的定义也由方法声明和方法体两个部分组成。方法定义的一般形式为:

```
返回类型   方法名(数据类型 1   参数 1,数据类型 2   参数 2,…)  ◄——  方法声明
 {
     …     (局部变量定义);
     …     (方法功能实现);                            ◄——  方法体
     return(返回值);
 }
```

在方法声明中,返回类型可以是基本数据类型或引用数据类型,它是方法体中通过 return 语句返回值的数据类型,也称为该方法的类型。当该方法为无返回值时,需要用 void 作为方法的类型。

方法名是由用户定义的标识符。方法名后面有一对小括号,如果括号里面是空的,这样的方法就称为无参方法;如果括号里面至少有一个参数(称为形式参数,简称形参),则称该方法为有参方法。方法的形参是方法与外界关联的接口,形参在定义时是没有值的,外界在调用一个方法时会将相应的实际参数值传递给形参。

用一对大括号括起来的语句构成方法体,完成方法功能的具体实现。方法体一般由三部分组成:第一部分为定义方法所需的变量,方法内部定义的变量称为局部变量;第二部分完成方法功能的具体实现;第三部分由 return 语句返回方法的结果。

方法不允许嵌套定义,即不允许一个方法的定义放在另一个方法的定义中。

图 3-5 给出了一个简单 main 方法的代码。在本方法中实现在命令窗口中显示字符串 str 的内容。

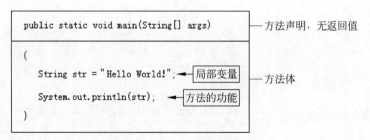

图 3-5   一个 main 方法的代码

方法还可以有许多其他的属性,如参数、访问控制等。

**2. 方法的返回值**

在方法定义中,方法的类型是该方法返回值的数据类型。方法返回值是方法向外界输出的信息。根据方法功能的要求,一个方法可以有返回值,也可以无返回值(此时方法的类型为 void 型)。方法的返回值一般在方法体中通过 return 语句返回。

return 语句的一般形式为：

> return 表达式；

该语句的功能是将方法要输出的信息反馈给主调方法。

【例 3-1】　有参方法实例。编写一个方法模块，实现计算 1＋2＋3＋…＋n 的 n 项和的功能。

源程序如下。

```
1   int   mysum( int n )  ◄────  方法声明,声明名为mysum,有int类型返回值,有参数
2   {
3      int i, s = 0;        ◄────  声明局部变量
4      for( i = 1; i <= n; i++ )  ◄──  实现方法功能        ◄──  方法体
5         s = s + i;
6      return s;           ◄────  将计算的结果s
7   }                            返回出去
```

方法说明：

(1) 第 1 行 int mysum(int n)是方法声明，其中 mysum 是方法名；方法类型为 int 类型，表明该方法计算的结果为整型；括号中的 int n 表示 n 是形式参数，简称形参，其类型为 int，形参 n 此时并没有值。

(2) 第 2~7 行是方法体部分，用以实现求和的功能。

(3) 第 6 行是通过"return s；"将求得的和值 s 返回作为 mysum 方法的值。

在一个方法中允许有多个 return 语句，但每次调用只能有一个 return 语句被执行，即只能返回一个方法值。

【例 3-2】　方法中有多个 return 的示例，求两个数中的较大数。

源程序如下。

```
1   int max( int x, int y )  ◄──  定义max方法，该方法有两个形参
2   {
3      if( x > y )   return x;  ◄──  若x大于y，返回值为x，否则返回值为y
4      else    return y;
5   }
```

## 3.3.2　方法的调用

### 1. 方法调用的语法形式

为实现操作功能而编写的方法必须被其他方法调用才能运行。通常把调用其他方法的方法称为主调方法，被其他方法调用的方法称为被调方法。

方法调用的语句形式如下。

> 函数名(实际参数 1,实际参数 2, …,实际参数 n)；

也就是说，一个方法在被调用语句中，其参数称为实际参数。实际参数简称为实参，方法调用中的实参不需要加数据类型，实参的个数、类型、顺序要和方法定义时的形参一一对应。

对有参方法的调用，实际参数可以是常数、变量或其他构造类型数据及表达式，各实参之

间用逗号分隔。对无参方法调用时则无实际参数。

定义有参方法时,形式参数并没有具体数据值,在被主调方法调用时,主调方法必须给出具体数据(实参),将实参值依次传递给相应的形参。

Java 程序的运行总是从 main()开始,main 方法又称为主方法,它可以调用任何其他的方法,但不允许被其他方法调用。除了 main 方法以外,其他任何方法的关系都是平等的,可以相互调用。

【例 3-3】 方法调用示例,计算 $1+2+3+\cdots+100$ 的和。

算法设计:

在主函数中调用例 3-1 中计算前 n 项和的方法模块,将调用函数时,将函数的参数(实参)设置为 100。这时,函数 mysum 的形参 n 得到具体值 100。从而计算 $1+2+3+\cdots+100$ 的和。

源程序如下。

```
1   import javax.swing. * ;
2   public class   Example3_3
3   {
4     public static void main(String[] args)
5     {
6       int sum = mysum(100);          调用mysum方法,实参100,函数将返回值赋值给sum
7       JOptionPane.showMessageDialog(null, "1 + 2 + 3 + … + 100 = " + sum);
8       System.exit(0);
9     }
10
11    static int   mysum(int n)         定义mysum方法,将实参100传值给形参n
12    {
13      int i, s = 0;
14      for(i = 1; i <= n; i++)          形参n以具体值100进行运算
15        s = s + i;
16      return s;                         将计算的结果s返回给被调函数
17  }
```

【例 3-4】 具有多个参数的方法示例。已知三角形的底和高,计算三角形面积。

源程序如下。

```
1   import javax.swing. * ;
2   public class   Example3_4
3   {
4     public static void main(String[] args)
5     {
6       float s = area(3, 4);           调用area方法,两个实参
7       JOptionPane.showMessageDialog(null, "三角形面积 = " + s);    main( )
8       System.exit(0);
9     }
10                                        将实参的值传给形参
11    static float area(int x, int h)
12    {
13      float s;
14      s = (x * h) / 2;                  定义area方法,被调用时形参x、h分别以3和4参加运算
15      return s;        返回值s
16  }
17  }
```

**【程序说明】**

（1）在程序的第 11 行定义了一个 area 方法，该方法有两个 int 类型的参数，分别代表三角形的底和高。在程序的第 15 行，返回 float 类型数值 s，故方法 area 的返回类型为 float 类型。

（2）在程序的 6 行，调用 area 方法，原方法中的形参就用具体整型数值替换（称为实参）：

```
area(3, 4);
```

方法中的第一个实参 3 赋值给形参 x，第二个实参 4 赋值给形参 h，经 area 方法运算后，得到返回值 6.0。

实参与形参的传递关系如图 3-6 所示。

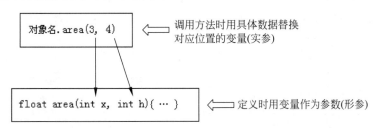

图 3-6　实参与形参的传递关系

程序运行结果如图 3-7 所示。

图 3-7　方法声明与调用的运行结果

**2．方法调用的过程**

在 Java 语言中，程序运行总是从 main()开始，按方法体中语句的逻辑顺序依次执行。如遇到方法调用时，就转去执行被调用的方法。当被调用的方法执行完毕，又返回主调方法中继续向下执行。

以例 3-4 为例，当调用一个方法时，整个调用过程分为 4 步进行，如图 3-8 所示。

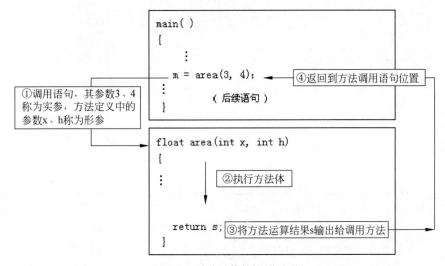

图 3-8　所示函数的调用过程

（1）方法调用，并把实参的值传递给形参。

（2）执行被调用方法 area 的方法体，形参用所获得的数值进行运算。

（3）通过 return 语句将被调用方法的运算结果输出给主调方法。

（4）返回到主调方法的方法调用表达式位置，继续后续语句的执行。

### 3．方法调用的传值过程

在 Java 语言中，调用有参方法时，是通过实参向形参传值的。

形参只能在被调方法中使用，实参则只能在主调方法中使用。形参是没有值的变量，发生方法调用时，主调方法把实参的值传送给被调方法的形参，从而实现主调方法向被调方法的数据传送。方法的调用过程也称为值的单向传递，是实参到形参的传递。因此在传递时，实参必须已经有值，并且实参的个数与类型必须与形参的个数及类型完全一致。

方法调用时实参数值按顺序依次传递给相应的形参，传递过程如图 3-9 所示。

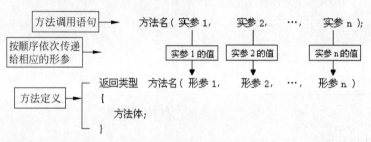

图 3-9　方法参数按值依次传递

下面，进一步考察数据值从实参到形参的传递过程，如图 3-10 所示。

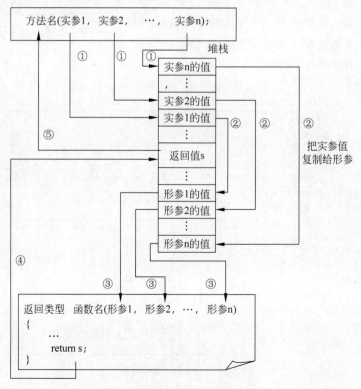

图 3-10　实参到形参的传递过程

（1）主调方法为实参赋值，将实参值存放到内存中专门存放临时变量（又称动态局部变量）的区域中。这块存储区域称为堆栈。

（2）当参数传递时，主调方法把堆栈中的实参值复制一个备份给被调方法的形参。

（3）被调方法使用形参进行功能运算。

（4）被调方法把运算结果（方法返回值）存放到堆栈中，由主调方法取回。此时，形参所占用的存储空间被系统收回。注意，此时实参值占用的存储单元被继续使用。

需要特别注意的是，当调用带有参数的方法时，由于实参的值会被复制一份传递给形参，因而在方法中对形参进行简单的重新赋值并不会改变实参。

【例 3-5】　观察实参在调用方法前后是否变化。

```
1   public class Example3_5
2   {
3     public static void test(int a)
4     {
5       a++;
6       System.out.println("a = " + a);
7     }
8
9     public static void main(String[] args)
10    {
11      int a = 1;
12      test(a);
13      System.out.println("a = " + a);
14    }
15  }
```

程序运行结果为：

```
a = 2
a = 1
```

【程序说明】

形参在方法中的值变为 2，但方法调用结束后，实参的值并未改变，仍然是 1。

### 3.3.3　方法重载

方法重载是指多个方法享有相同的名字，但是这些方法的参数必须不同，或者是参数的个数不同，或者是参数类型不同。返回类型不能用来区分重载的方法。

注意：在设计重载方法时，参数类型的区分度一定要足够，不能是同一简单类型的参数，如 int 型和 long 型。

【例 3-6】　计算平面空间距离的计算公式分别是 $\sqrt{x^2+y^2}$ 和 $\sqrt{x^2+y^2+z^2}$，使用一个方法名用方法重载实现的程序如下。

```
1  /* 方法重载示例 */
2  import javax.swing.*;
3  public class Example3_6
4  {
5    static double distance(double x , double y)    ← 该方法有两个参数
6    {
```

```
7          double d = Math.sqrt(x * x + y * y);
8          return d;
9       }
10   static double distance(double x , double y ,double z )    ← 该方法有三个参数
11      {
12          double d = Math.sqrt(x * x + y * y + z * z);
13          return d;
14      }
15     public static void main(String args[])
16      {
17          double d1 = distance(2,3);    ← 调用两个参数的方法
18          double d2 = distance(3,4,5);  ← 调用三个参数的方法
19          JOptionPane.showMessageDialog(null,
20                  "接收两个参数：平面距离 d = " + d1 + "\n" +
21                  "接收三个参数：空间距离 d = " + d2);
22          System.exit(0);
23      }
24  }
```

**【程序说明】**

（1）程序的第5行和第10行定义了两个方法名都是 distance 的方法，第一个 distance 方法有两个参数，第二个 distance 方法有三个参数。

（2）程序的第17行调用了有两个参数的 distance 方法，第18行调用了有三个参数的 receive 方法。编译器会根据参数的个数和类型来决定当前所使用的方法。

（3）从这个例子可以看出，重载显然表面上没有减少编写程序的工作量，但实际上重载使得程序的实现方式变得很简单，只需要使用一个方法名，就可以根据不同的参数个数选择该方法不同的版本。方法的重载与调用关系如图 3-11 所示。

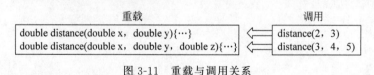

图 3-11　重载与调用关系

程序运行结果如图 3-12 所示。

图 3-12　计算平面距离和空间距离

### 3.3.4　构造方法

构造方法是一个特殊的方法，主要用于初始化新创建的对象。构造方法的方法名要求与类名相同，而且无返回值。在创建对象时，Java 系统会自动调用构造方法为新对象初始化。另外，构造方法只能通过 new 运算符调用，用户不能直接调用。需要注意的是，在这里说构造方法无返回值，并不是要在构造方法名前加上 void，构造方法名是不能有 void 的，如果在构造方法名前加了 void，系统就不会自动调用该方法了。

　　一个类可以创建多个构造方法,当类中包含有多个构造方法时,将根据参数的不同的来决定要用哪个构造方法来初始化新创建对象的状态,达到方法重载的目的。

【例 3-7】　计算长方体的体积。

源程序如下。

```
1   /* 构造长方体 */
2   class Box
3   {
4     double width, height, depth;
5     Box()
6      {
7          width = 10;                    Box类的构造方法, 与类同名
8          height = 10;
9          depth = 10;
10     }
11    double volume()
12     {                                 普通方法,计算长方体体积
13         return width * height * depth;
14     }
15  }
16  public class Example3_7
17  {
18      public static void main(String args[])
19       {
20          Box box = new Box();          应用构造方法创建实例对象
21          double v;
22          v = box.volume();             调用普通方法
23          System.out.println("长方体体积为: " + v);
24       }
25  }
```

【程序说明】

　　程序的第 5 行定义了构造方法,在第 20 行使用构造方法创建实例对象。

　　在一个类的程序中,也可以没有定义构造方法,Java 系统会认为是定义了一个默认构造方法,默认构造方法是无任何内容的空方法。当编写类时,只有在需要进行一些特别初始化的场合,才需要定义构造方法。

【例 3-8】　使用默认构造方法设计一个计算长方体体积的程序。

源程序如下。

```
1   /* 默认构造方法构造长方体类 */
2     class Box              该类没有定义构造方法
3     {
4       double width, height, depth;
5       double volume()          //计算长方体体积
6        {
7           width = 10;
8           height = 10;
9           depth = 10;
10           return width * height * depth;
11       }
12     }
13     public class Example3_8
14      {
```

```
15        public static void main(String args[])
16        {
17            Box box = new Box();      ◀——  应用默认构造方法创建实例对象
18            double v;
19            v = box.volume();
20            System.out.println("长方体体积为: " + v);
21        }
22    }
```

**【程序说明】**

本程序与例 3-7 比较,它们都没有定义构造方法。在程序的第 17 行创建实例对象时,使用系统默认的默认构造方法。

# 3.4　对象

在本章的一开始就介绍了类与对象的概念,已知,类是一个抽象的概念,而对象是类的具体化。类与对象的关系相当于普通数据类型与其变量的关系。声明一个类只是定义了一种新的数据类型,类通过实例化创建了对象,才真正创建了这种数据类型的物理实体。

一个对象的生命周期包括创建、使用和释放三个阶段。

**1. 对象的创建**

创建对象的一般格式为:

```
类名 对象名 = new 类名([参数列表]);
```

该表达式隐含了对象声明、实例化和初始化三部分。

1) 对象声明

声明对象的一般形式为:

```
类名 对象名;
```

对象声明并不为对象分配内存空间,而只是分配一个引用空间;对象的引用类似于指针,是 32 位的地址空间,它的值指向一个中间的数据结构,它存储有关数据类型的信息以及当前对象所在的堆的地址,而对于对象所在的实际的内存地址是不可操作的,这就保证了安全性。

2) 实例化

实例化是为对象分配内存空间和进行初始化的过程,其一般形式为:

```
对象名 = new 构造方法();
```

运算符 new 为对象分配内存空间,调用对象的构造方法,返回引用;一个类的不同对象分别占据不同的内存空间。在执行类的构造方法进行初始化时,可以根据参数类型或个数不同调用相应的构造方法,进行不同的初始化,实现方法重构。

**2. 对象的使用**

对象要通过访问对象变量或调用对象方法来使用。

通过运算符“.”可以实现对对象自己的变量访问和方法的调用。变量和方法可以通过设定访问权限来限制其他对象对它的访问。

1）访问对象的变量

对象创建之后，对象就有了自己的变量。对象通过使用运算符"."实现对自己的变量访问。

访问对象成员变量的格式为：

```
对象名.成员变量;
```

例如，设有一个 A 类其结构如下。

```
class A
  { int x; }
```

想对其变量 x 赋值，则先创建并实例化类 A 的对象 a，然后再通过对象给变量 x 赋值：

```
A a = new A();
a. x = 5;
```

2）调用对象的方法

对象通过使用运算符"."实现对自己的方法调用。

调用对象成员方法的格式为：

```
对象名.方法名([参数列表]);
```

例如，在例 3-8 中，定义了 Box 类。在 Box 类中定义了 3 个 double 类型的成员变量和一个 volume 方法，将来每个具体对象的内存空间中都保存有自己的 3 个变量和一个方法的引用，并由它的 volume 方法来操纵自己的变量，这就是面向对象的封装特性的体现。要访问或调用一个对象的变量或方法需要首先创建这个对象，然后用算符"."调用该对象的某个变量或方法。

【例 3-9】 用带参数的成员方法计算长方体的体积。

```
1   /* 用带参数的成员方法计算长方体体积 */
2   import javax.swing.*;
3   class Box          ←── 定义Box类
4   {
5     double volume(double width, double height, double depth )  ←── 定义有3个形参的方法
6     {
7         return width * height * depth;
8     }
9   }
10  public class Example3_9
11  {
12    public static void main(String args[])
13    {
14        double v;
15        Box box = new Box();          ←── 建立Box类对象box
16        v = box.volume(3, 4, 5);      ←── 调用对象box的方法，将3个实参传值给形参
17        JOptionPane.showMessageDialog(null, "长方体体积 = " + v);
18          System.exit(0);
19    }
20  }
```

**【程序说明】**

（1）程序的第 5 行在 Box 类定义了一个带有 3 个参数、返回类型为 double 的 volume 方法。

（2）程序的第 15 行在 Example3_8 类建立并实例化了 Box 类的对象 box，在第 16 行，对象 box 调用自己的 volume 方法，这里必须对方法中的形参赋确定的数据值（实参）。

程序运行结果如图 3-13 所示。

图 3-13　计算长方体体积

**【例 3-10】** 用对象作为方法的参数计算圆柱体的体积。

```
1  /* 对象作为方法的参数使用 */
2  class Circle
3  {
4    double r;
5    Circle(double r)
6    {
7        this.r = r;
8    }
9    double area()
10    {
11      return 3.14 * r * r;
12    }
13 }
14 class Cylinder
15 {
16    Cylinder(Circle a, double h)
17    {
18     double v = a.area() * h;
19     System.out.println("圆柱体的体积 = " + v);
20    }
21 }
22 class Example3_9
23 {
24    public static void main(String args[])
25    {
26        Circle A = new Circle(5);
27        Cylinder c = new Cylinder(A, 10);
28    }
29 }
```

在this.r=r中，右边的变量r为形参(局部变量)，左边的变量this.r为成员变量，即在第4行声明的变量。通过本赋值语句，将外部形参r的值传到对象方法area，从而计算圆的面积

形参a为圆类的对象，为引用类型

调用圆类的对象a的area()方法与形参h相乘

在main方法中，实例化类对象

**【程序说明】**

通过本例可以看到，类对象和变量一样，可以作为参数使用。

（1）程序的第 2～13 行定义了一个圆类 Circle，类中有一个计算圆面积的 area()方法。

（2）程序的第 14～21 行定义了一个圆柱体类 Cylinder，其构造方法以圆类的对象 a 为参数，在方法内第 18 行调用对象 a 的 area 方法。

用类对象作为参数使用，即用引用型变量作参数，需要说明的是，引用型变量名不是表示变量本身，而是变量的存储地址。理解这一点很重要，因为如果改变了引用型变量的值，那它就会指向不同的内存地址。在 C 语言中，称其为指针。

**3. 释放对象**

当不存在对一个对象的引用时,该对象成为一个无用对象。Java 的垃圾收集器自动扫描对象的动态内存区,把没有被引用的对象作为垃圾收集起来并释放。由于垃圾收集器自动收集垃圾操作的优先级较低,因此也可以用其他办法释放对象所占用的内存。

例如,使用系统的

```
System.gc();
```

要求垃圾回收,这时垃圾回收线程将优先得到运行。

另外,还可以使用 finalize 方法将对象从内存中清除。finalize 方法可以完成包括关闭已打开的文件、确保在内存不遗留任何信息等功能。finalize 方法是 Object 类的一个成员方法,Object 类处于 Java 类分级结构的顶部,所有类都是它的子类。其他子类可以重载 finalize 方法来完成对象的最后处理工作。

# 3.5 面向对象的特性

Java 语言中有 3 个典型的面向对象的特性:封装性、继承性和多态性。下面将详细阐述。

## 3.5.1 封装性

封装性就是把对象的属性和服务结合成一个独立的相同单位,并尽可能隐蔽对象的内部细节。例如,在银行日常业务模拟系统中,账户这个抽象数据类型把账户的金额和交易情况封装在类的内部,系统的其他部分没有办法直接获取或改变这些关键数据,只有通过调用类中的适当方法才能做到这一点。如调用查看余额的方法了解账户的金额,调用存取款的方法改变金额等。只要给这些方法设置严格的访问权限,就可以保证只有被授权的其他抽象数据类型才可以执行这些操作和改变当前类的状态。这样,就保证了数据安全和系统的严密。

在面向对象的程序设计中,抽象数据类型是用"类"这种面向对象的结构来实现的,每个类里都封装了相关的数据和操作。在实际的开发过程中,类在很多情况下用来构建系统内部的模块,由于封装性把类的内部数据保护得很严密,模块与模块间仅通过严格控制的界面进行交互,使模块之间耦合和交叉大大减少。从软件工程的角度看,大大降低了开发过程的复杂性,提高了开发的效率和质量,也减少了出错的可能性,同时还保证了程序中数据的完整性和安全性。

在 Java 语言中,对象就是对一组变量和相关方法的封装。其中,变量表明了对象的状态,方法表明了对象具有的行为。通过对象的封装,实现了模块化和信息隐藏。

**1. 修饰符**

为了对类对象封装,通过对类成员修饰符施以一定的访问权限,从而实现类中成员的信息隐藏。

类体定义中的一般格式为：

```
class 类名
{
  [变量修饰符]  类型  成员变量名;
  [方法修饰符]  返回类型  方法名(参数){…}
}
```

变量修饰符有[public 或 protected 或 private]、[static]、[final]、[transient]和[volatile]。
方法修饰符有[public 或 protected 或 private]、[static]、[final 或 abstract]、[native]和
[synchronized]。

**2. 访问权限的限定**

在类体成员定义的修饰符可选项中，提供了 4 种不同的访问权限。它们是 private、
default、protected 和 public。

1) private

在一个类中被限定为 private 的成员，只能被这个类本身访问，其他类无法访问。如果一
个类的构造方法声明为 private，则其他类不能生成该类的一个实例。

2) default

在一个类中不加任何访问权限限定的成员属于默认的(default)访问状态，可以被这个类
本身和同一个包中的类所访问。

3) protected

在一个类中被限定为 protected 的成员，可以被这个类本身、它的子类(包括同一个包中以
及不同包中的子类)和同一个包中的所有其他的类访问。

4) public

在一个类中限定为 public 的成员，可以被所有的类访问。

表 3-1 列出了这些限定词的作用范围。

表 3-1　Java 中类的限定词的作用范围

| 限 定 词 | 同 一 个 类 | 同 一 个 包 | 不同包的子类 | 不同包非子类 |
|---|---|---|---|---|
| private | √ | | | |
| default | √ | √ | | |
| protected | √ | √ | √ | |
| public | √ | √ | √ | √ |

## 3.5.2　继承性

继承性是面向对象程序中两个类之间的一种关系，即一个类可以从另一个类即他的父类
继承状态和行为。被继承的类(父类)也可以称为超类，继承父类的类称为子类。继承为组织
和构造程序提供了一个强大而自然的机理。

一般来说，对象是以类的形式来定义的。面向对象系统允许一个类建立在其他类之上。
例如，山地自行车、赛车以及双人自行车都是自行车，那么在面向对象技术中，山地自行车、赛

车以及双人自行车就是自行车类的子类,自行车类是山地自行车、赛车以及双人自行车的父类。

Java 不支持多重继承。

### 1. 子类的定义

子类定义的一般形式为:

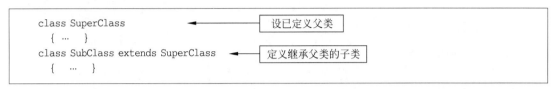

通过继承可以实现代码复用。Java 中所有的类都是通过直接或间接地继承 java. lang. Object 类得到的。继承而得到的类称为子类,被继承的类称为父类(又称超类)。子类不能继承父类中访问权限为 private 的成员变量和方法。子类可以重写父类的方法,及命名与父类同名的成员变量。

【例 3-11】　类的继承性示例,创建一个 A 类和它的子类 B 类,通过子类 B 的实例对象调用从父类 A 继承的方法。

```
1  /* 类的继承 */
2  class  A                //A类为父类
3  {
4    void  print(int x, int y)
5    {
6      int z = x + y;
7      String  s = "x + y = ";
8      System. out. println(s + z);
9    }
10 }
11 class  B  extends  A        ← B类是A的子类,B类拥有自己定义的
12 {                           bb方法,还拥有继承于父类A的print方法
13   String  str;
14   void  bb()
15   {
16     System. out. println(str);
17   }
18 }
19 public  class  Example3_11
20 {
21   public  static  void  main(String args[])
22   {
23     B b = new B();    ← 创建B类的实例对象b
24     b. str = "Java 学习";
25     b. bb();          ← bb()是实例对象b的方法
26     b. print(3, 5);   ← prnt()是实例对象b父类A的方法,b继承了该方法
27   }
28 }
```

【程序说明】

(1) 本程序创建了 3 个类:A、B 和 Example3_11。其中,A 是超类;B 是 A 的子类;而 Example3_11 是运行程序的主类。

（2）在程序的第 26 行,类 B 的对象 b 调用了 prnt 方法,但在类 B 中并没有定义这个方法,由于 B 的父类有这个方法,所以 B 的对象 b 可以调用 prnt 方法。

**【例 3-12】**　创建子类对象时,Java 虚拟机首先执行父类的构造方法,然后再执行子类的构造方法。

```
1   class A
2   {
3     A()
4     { System.out.println("上层父类 A 的构造方法");  }
5   }
6   class B   extends A
7    {
8      B()
9      { System.out.println("父类 B 的构造方法");  }
10  }
11  class C   extends B
12  {
13    C()
14    { System.out.println("子类 C 的构造方法"); }
15  }
16  public   class   Example3_12
17  {
18    public static void main(String[ ] args)
19    {
20        C   c = new C();
21    }
22  }
```

图中标注：
- `class A`...`}` → C的上层父类
- `class B extends A`...`}` → C的父类
- `class C extends B`...`}` → 子类
- `C   c = new C();` → 实例化子类对象时,父类的构造方法也会执行

程序运行结果为:

上层父类 A 的构造方法
父类 B 的构造方法
子类 C 的构造方法

**【程序说明】**

从本程序的运行结果可以看出:

（1）父类的构造方法也会被子类继承,且 Java 虚拟机首先执行父类的构造方法。

（2）在多继承的情况下,创建子对象时,将从继承的最上层父类开始,依次执行各个类的构造方法。

**2. 成员变量的隐藏和方法的重写**

子类通过隐藏父类的成员变量和重写父类的方法,可以把父类的状态和行为改变为自身的状态和行为。例如:

```
class SuperClass
{
    int x; …
    void setX(){ x = 0; } …
}
class SubClass extends SuperClass
{
```

```
    int x;                     //隐藏了父类的变量 x
     ⋮
    void setX()                //重写了父类的方法 setX()
     {
        x = 5;
     }
   ⋮
  }
```

**注意**：子类中重写的方法和父类中被重写的方法要具有相同的名字,相同的参数表和相同的返回类型,只是方法体不同。

如果子类重写了父类的方法,则运行时系统调用子类的方法；如果子类继承了父类的方法(未重写),则运行时系统调用父类的方法。

**【例 3-13】** 子类重写了父类的方法,则在运行时,系统调用子类的方法。

```
1   /* 子类重写了父类的方法 */
2   import java.io. * ;
3   class A
4   {
5     void callme()
6      {
7        System.out.println("调用的是 A 类中的 callme 方法");
8      }
9    }
10    class B extends A
11   {
12      void callme()
13      {
14          System.out.println("调用的是 B 类中的 callme 方法");
15      }
16   }
17   public class Example3_13
18   {
19      public static void main(String args[])
20      {
21         A a = new B();
22         a.callme();
23      }
24   }
```

**【程序说明】**

在程序的第 22 行,父类对象 a 引用的是子类的实例,所以 Java 运行时调用子类 B 的 callme 方法。

程序运行结果为：

调用的是 B 类中的 callme 方法

### 3. super 关键字

Java 中通过关键字 super 来实现对父类成员的访问, super 用来引用当前对象的父类。Super 的使用有以下 3 种情况。

(1) 访问父类被隐藏的成员变量或方法。例如:

```
super.variable;
```

(2) 调用父类中被重写的方法。例如:

```
super.Method([paramlist]);
```

(3) 调用父类的构造方法。由于子类不继承父类的构造方法, 当要在子类中使用父类的构造方法时, 则可以使用 super 来表示, 并且 super 必须是子类构造方法中的第一条语句。例如:

```
super([paramlist]);
```

再如,设有一个类 A:

```
1  class A{
2      A(){ System.out.println("I am A class!");  }
3      A(String str){ System.out.println(str);  }
4  }
```

设 B 是 A 的子类,且 B 调用 A 的构造方法,则有

```
1  class  B extends A  {
2    B()
3    {  super("Hello!");  }        ◄──── 调用父类的构造方法
4    public static void main(String[] args)
5    {  new B();  }
6  }
```

运行上述程序,看到 B 调用了 A 的构造方法,运行结果为:

```
Hello!
```

### 4. this 关键字

this 是 Java 的一个关键字,表示某个对象。this 可以用于构造方法和实例方法,但不能用于类方法。

(1) this 用于构造方法时,代表调用该构造方法所创建的对象。

(2) this 用于实例方法时,代表调用该方法的当前对象。

this 的使用格式为:

```
this.当前类的成员方法();
```

或

```
this.当前类的成员变量;
```

下面是一个使用关键字 this 的例子。由于成员变量与函数的局部变量同名,在函数中为

了分辨成员变量,则在成员变量前面用关键字 this 加以说明。

```
1   class B
2   {
3     int s, i;              定义成员变量s
4     int  mysum(int s)       函数中的形参s(局部变量)与成员变量s同名
5     {
6       for(i = 1; i<= s; i++)
7           this.s = this.s + i;   为了分辨成员变量s, 使用this.s,
8       return this.s;              表示当前类的成员变量
9     }
10  }
```

## 3.5.3　多态性

在面向对象程序中,多态是一个非常重要的概念。多态是指一个程序中同名的方法共存的情况,有时需要利用这种"重名"现象来提供程序的抽象性和简洁性。如前所述,一个实例由类生成,将实例以某种方式连接起来,就为模块提供了所需要的动态行为。模块的动态行为是由对象间相互通信达成的,多态的含义是一个消息可以与不同的对象结合,而且这些对象属于不同类。同一消息可以用不同方法解释,方法的解释依赖于接收消息的类,而不依赖发送消息的实例。多态通常是一个消息在不同的类中用不同方法实现的。

多态的实现是由消息的接收者确定一个消息应如何解释,而不是由消息的发送者确定的。消息的发送者只需要指导另外的实例可以执行一种特定操作即可,这一特性对于扩充系统的开发是特别有效的。按这种方法可开发易于维护、可塑性好的系统。例如,如果希望加一个对象到类中,这种维护只涉及新对象,而不涉及给它发送消息的对象。

在 Java 语言中,多态性体现在两方面:由方法重载实现的静态多态性(编译时多态)和方法重写实现的动态多态性(运行时多态)。

### 1．编译时多态

在编译阶段,具体调用哪个被重载的方法,编译器会根据参数的不同来静态确定调用相应的方法。

### 2．运行时多态

由于子类继承了父类所有的属性(私有的除外),所以子类对象可以作为父类对象使用。程序中凡是使用父类对象的地方,都可以用子类对象代替。一个对象可以通过引用子类的实例调用子类的方法。

## 3.5.4　其他修饰符的用法

### 1．final 关键字

final 关键字可以修饰类、类的成员变量和成员方法,但对其作用各不相同。

1) final 修饰成员变量

可以用 final 修饰变量,目的是为了防止变量的内容被修改,经 final 修饰后,变量就成为

了常量,其形式为:

```
final 类型 变量名;
```

用 final 修饰成员变量时,在定义变量的同时就要给出初始值。

2) final 修饰成员方法

当一个方法被 final 修饰后,则该方法不能被子类重写,其形式为:

```
final 返回类型 方法名(参数)
{
    ⋮
}
```

3) final 修饰类

一个类用 final 修饰后,则该类不能被继承,即不能成为超类,其形式为:

```
final class 类名
{
    ⋮
}
```

### 2. static 关键字

在 Java 语言中,成员变量和成员方法可以进一步分为两种:类成员和实例成员。用关键字 static 修饰的变量或方法称为类变量和类方法;没有用关键字 static 修饰的变量或方法称为实例变量或实例方法。

用 static 关键字声明类变量和类方法的格式如下。

```
static 类型 变量名;
static 返回类型 方法名(参数)
{
    ⋮
}
```

如果在声明时用 static 关键字修饰,则声明为静态变量和静态方法。调用静态方法时,不要进行实例化而直接调用。

【例 3-14】 说明静态方法的调用。

```
1  /* 静态方法的调用  */
2  class B
3  {
4    public static void p()
5      {
6        System.out.println("I am B!");
7      }
8  }
9  class  Example3_14
10  {
11    public static void main(String[] args)
12      {
13        B.p();
```

```
14          }
15      }
16   /* 如果类 B 中的 p() 没有声明为 static,则必须在 Example3_14 中对 B 进行实例化,否则编译不能
17   通过
18   class B{
19        public   void p(){
20            System.out.println("I am B!");
21        }
22   }
23   class  Example3_14  {
24        public static void main(String[] args) {
25            B b = new B();
26            b.p();
27        }
28   }
29   */
```

**【程序说明】**

(1) 在程序的第 2～8 行定义了 B 类,其方法 p() 是用 static 修饰的静态方法,所以类 Example3_14 在第 13 行可以直接调用 p 方法,而没有对 B 进行实例化。

(2) 在程序的第 19～28 行,说明了由于类 B 中的 p 方法没有声明为 static,所以它是实例方法,因此在 Example3_14 调用时,必须先对 B 进行实例化(第 25 行和第 26 行)。

**3. 类成员与实例成员的区别**

类成员与实例成员的区别如下。

1) 实例变量和类变量

每个对象的实例变量都分配内存,通过该对象来访问这些实例变量,不同的实例变量是不同的。

类变量仅在生成第一个对象时分配内存,所有实例对象共享同一个类变量,每个实例对象对类变量的改变都会影响其他的实例对象。类变量可通过类名直接访问,无须先生成一个实例对象,也可以通过实例对象访问类变量。

2) 实例方法和类方法

实例方法可以对当前对象的实例变量进行操作,也可以对类变量进行操作,实例方法由实例对象调用。

但类方法不能访问实例变量,只能访问类变量。类方法可以由类名直接调用,也可由实例对象进行调用。类方法中不能使用 this 或 super 关键字。

**【例 3-15】** 实例成员和类成员的区别。

```
1    class Member
2      {
3          static int classVar;
4          int instanceVar;
5          static void setClassVar(int i)
6            {
7                classVar = i;
8                //instanceVar = i;          //该语句错误,因为类方法不能访问实例变量
9            }
10         static int getClassVar()
11           {
```

```
12                return classVar;
13              }
14          void setInstanceVar(int i)
15            {
16              classVar = i;              //实例方法不但可以访问类变量,也可以访问实例变量
17              instanceVar = i;
18            }
19          int getInstanceVar()
20            {
21              return instanceVar;
22          }
23      }
24  public class Example3_15
25  {
26      public static void main(String args[])
27        {
28          Member m1 = new Member();
29          Member m2 = new Member();
30          m1.setClassVar(1);
31          m2.setClassVar(2);
32          System.out.println("m1.classVar = " + m1.getClassVar()
33                            + "m2.ClassVar = " + m2.getClassVar());
34          m1.setInstanceVar(11);
35          m2.setInstanceVar(22);
36          System.out.println("m1.InstanceVar = " + m1.getInstanceVar()
37                            + "m2.InstanceVar = " + m2.getInstanceVar());
38        }
39  }
```

### 4. abstract 关键字(抽象类)

Java 语言中,用关键字 abstract 修饰一个类时,这个类叫作抽象类。

抽象类用来描述对问题领域进行分析、设计中得出的抽象概念,是对一系列看上去不同,但本质上相同的具体概念的抽象。例如,如果进行一个图形编辑软件的开发,就会发现问题领域存在着圆、三角形这样一些具体概念。从外形上看它们是不同的,但从概念方面来看,它们都属于形状这样一个概念。形状这个概念在问题领域是不存在的,是一个抽象概念。正是因为抽象的概念在问题领域没有对应的具体概念,所以用以表征抽象概念的抽象类是不能实例化的。

抽象类的式如下。

```
abstract class 类名              //定义抽象类
{
    成员变量;
    方法();                      //定义普通方法
    abstract 方法();             //定义抽象方法
}
```

抽象类是专门设计用来让子类继承的类。用 abstract 关键字修饰一个方法时,这个方法叫作抽象方法。抽象类具有以下特点。

(1)抽象类中可以包含普通方法,也可以包含抽象方法;可以只有普通方法,没有抽象方法。

（2）抽象类中的抽象方法是只有方法声明，没有代码实现的空方法。

（3）抽象类不能被实例化。

（4）若某个类包含了抽象方法，则该类必须被定义为抽象类。

（5）由于抽象方法是没有完成代码实现的空方法，因此抽象类的子类必须重写父类定义的每一个抽象方法。

【例3-16】 抽象类应用示例。

```
1  /* 抽象类 */
2  abstract  class  生物              ← 生物类为抽象类，定义抽象方法
3  {
4      public  abstract String 特征();
5  }
6
7  class  植物  extends  生物          //植物是生物的子类
8  {
9      String leaf;
10     植物(String _leaf)
11         {this.leaf = _leaf;}
12     public String 特征()            ← 子类重写父类定义的抽象方法
13         {  return leaf;  }
14 }
15
16 class  动物  extends  生物          //动物是生物的子类
17 {
18     String mouth;
19     动物(String _mouth)
20         {  this.mouth = _mouth;  }
21     public String 特征()            ← 子类重写父类定义的抽象方法
22         {  return mouth;         }
23 }
24
25 public  class  Example3_16
26 {
27     public  static  void  main(String args[])
28     {
29         植物 A = new 植物("叶");
30         System.out.println("植物的特征：" + A.特征());
31         动物 B = new 动物("嘴巴");
32         System.out.println("动物的特征：" + B.特征());
33     }
34 }
```

程序运行结果为：

植物的特征：叶
动物的特征：嘴巴

## 3.6 接口

### 3.6.1 接口的定义

接口是抽象类的一种，只包含常量和方法的定义，而没有变量和具体方法的实现，且其方

法都是抽象方法。它的用处体现在以下方面。

(1) 通过接口实现不相关类的相同行为,而无须考虑这些类之间的关系。

(2) 通过接口指明多个类需要实现的方法。

(3) 通过接口了解对象的交互界面,而无须了解对象所对应的类。

### 1. 接口定义的一般形式

接口的定义包括接口声明和接口体。接口定义的一般形式如下。

```
[public] interface 接口名[extends 父接口名]
{
    ⋮      //接口体
}
```

extends 子句与类声明的 extends 子句基本相同;不同的是一个接口可有多个父接口,用逗号隔开,而一个类只能有一个父类。

### 2. 接口的实现

在类的声明中用 implements 子句表示一个类使用某个接口,在类体中可以使用接口中定义的常量,而且必须实现接口中定义的所有方法。一个类可以实现多个接口,在 implements 子句中用逗号分开。

【例 3-17】 设原来拟编写一个超类 Prnting,其中定义了一个 prnt 方法供子类继承,现将其改成接口,由子类实现该接口。

```
1  /* 接口的使用
2  //设拟编写一个超类 Prnting,其中定义了一个 prnt 方法
3  class  Prnting
4  {
5    void  prnt()
6      {
7        System.out.println("蔬菜和水果都重要");
8      }
9  }  */
10   //下面要将其改成接口
11   //将一个类改成接口,只要把 class 换成 interface,再把其所有方法的内容都抽掉
12   interface Prnting
13   {
14     void  prnt();
15   }
16   public class Example3_17 implements Prnting          //实现接口,重写 prnt 方法
17   {
18     public void prnt()                                //注意,public 不能缺少
19       {
20         System.out.println("蔬菜重要。");
21       }
22   }
```

## 3.6.2  接口的应用

接口的定义及语法规则很简单,但真正要理解接口不那么容易。从例 3-16 可以看到,可以用一个类完成同样的事情。那么,为什么要用接口呢?

　　例如,项目开发部需要帮助一个用户单位编写管理程序,项目主管根据用户需求,把应用程序需要实现的各个功能都做成接口形式,然后分配给项目组其他成员编写具体的功能。

【例 3-18】　管理程序具有查询数据、添加数据、删除数据等功能接口的应用示例。

```
1   interface DataOption          ◀── 定义接口
2   {
3     public void dataSelect();                    //查询数据
4     public void dataAdd();                       //添加数据
5     public void dataDel();                       //删除数据
6   }
7   class DataManagement implements DataOption     ◀── 实现接口的类
8   {
9      public void dataSelect()      ◀── 编写接口dataSelect()方法的具体代码
10     {
11       System.out.println("查询数据");
12     }
13     public void dataAdd()         ◀── 编写接口dataAdd()方法的具体代码
14     {
15       System.out.println("添加数据");
16     }
17     public void dataDel()         ◀── 编写接口dataDel()方法的具体代码
18     {
19       System.out.println("删除数据");
20     }
21  }
22  public class Example3_18
23  {
24    public static void main(String args[])
25    {
26      DataManagement data = new DataManagement();
27      data.dataSelect();
28      data.dataAdd();
29      data.dataDel();
30    }
31  }
```

【例 3-19】　首先,编写一个接口程序,并在其中定义一个计算面积的方法;再设计应用程序实现这个接口,分别计算矩形面积和圆的面积。

```
1   interface Area        ◀── 定义接口
2   {
3     public double area();
4   }
5   class A implements Area   ◀── 定义实现接口的A类
6   {
7     int x, y;
8     void set_xy(int x, int y)
9     {
10      this.x = x;
11      this.y = y;
12    }
13    public double area()      ◀── 编写接口area()方法的具体代码
14    {
```

```
15        double s;
16        s = x * y;
17        return s;
18      }
19    }
20    class B implements Area        ← 定义实现接口的B类
21    {
22      int r;
23      void set_r(int r)
24      {
25          this.r = r;
26      }
27      public double area()          ← 编写接口area()方法的具体代码
28      {
29          double s;
30          s = 3.14 * r * r;
31          return s;
32      }
33    }
34
35    class ex3_19
36    {
37      public static void main(String args[])
38      {
39        int x = 10, y = 5;
40        double ss1, ss2;
41        A aa = new A();
42        aa.set_xy(x, y);
43        ss1 = aa.area();
44        System.out.println("矩形面积 = " + ss1);
45        int r = 5;
46        B bb = new B();
47        bb.set_r(r);
48        ss2 = bb.area();
49        System.out.println("圆面积 = " + ss2);
50      }
51    }
```

## 3.7　包

在 Java 语言中,每个类都会生成一个字节码文件,该字节码文件名与类名相同。这样,可能会发生同名类的冲突。为了解决这个问题,Java 采用包来管理类名空间。包不仅提供了一种类名管理机制,也提供了一种面向对象方法的封装机制。包将类和接口封装在一起,方便了类和接口的管理与调用。例如,Java 的基础类都封装在 java.lang 包中,所有与网络相关的类都封装在 java.net 包中。程序设计人员也可以将自己编写的类和接口封装到一个包中。

### 3.7.1　创建自己的包

#### 1. 包的定义

为了更好地组织类,Java 提供了包机制。包是类的容器,用于分隔类名空间。把一个源程序归入某个包的方法用 package 来实现。

package 语句的一般形式为:

---
package 包名;

---

包名有层次关系,包名的层次必须与 Java 开发系统的文件系统目录结构相同。简言之,包名就是类所在的目录路径,各层目录之间以. 符号分隔。通常包名用小写字母表示,这与类名以大写字母开头的命名约定有所不同。

在源文件中,package 是源程序的第一条语句。

例如,要编写一个 MyTest.java 源文件,并且文件存放在当前运行目录的子目录 abc\test 下,则:

```
package abc.test;
public class MyTest
{
    ⋮
}
```

在源文件中,package 是源程序的第一条语句。包名一定是当前运行目录的子目录。一个包内的 Java 代码可以访问该包的所有类及类中的非私有变量和方法。

### 2. 包的引用

要使用包中的类,必须用关键字 import 导入这些类所在的包。

import 语句的一般形式为:

---
import 包名.类名;

---

当要引用包中所有的类或接口时,类名可以用通配符 * 代替。

【例 3-20】 创建一个自己的包。

本例所创建包的文件目录结构如图 3-14 所示。

(1) 在当前运行目录下创建一个子目录结构 abc\test,在子目录下存放已经编译成字节码文件的 MyTest.class 类,其 MyTest.class 类的源程序为:

图 3-14 包的文件目录结构

```
1  package abc.test;    ← 定义包
2  public class MyTest
3  {
4      public void prn()
5      {
6          System.out.println("包的功能测试");
7      }
8  }
```

(2) 在当前目录的 PackageTest.java 中,要使用子目录 abc\test 下有 MyTest.class 类中的 prn 方法,则其源程序为:

```
1  import abc.test.MyTest;    ← 引用包
```

```
2   public class PackageTest
3   {
4     public static void main(String args[])
5     {
6         MyTest mt = new Mytest();    ◀──┤调用包中的类│
7         mt.prn();
8     }
9   }
```

## 3.7.2　压缩文件 jar

### 1．将类压缩为 jar 文件

在 Java 提供的工具集 bin 目录下有一个 jar.exe 文件,它可以把多个类的字节码文件打包压缩成一个 jar 文件,将这个 jar 文件存放到 Java 运行环境的扩展框架中,即将该 jar 文件存放在 JDK 安装目录的 jre\lib\ext 下,这样,其他的程序就可以使用这个 jar 文件中的类来创建对象了。

设有两个字节码文件 Test1.class 和 Test2.class,要将它们压缩成一个 jar 文件 Test.jar。
(1) 编写 Manifest.mf 清单文件。

```
Manifest – Version: 1.0
Main – Class:   Test1   Test2
```

**注意**:Main-Class 与后面的类名之间要有一个空格,且最后一行要按 Enter 键换行。将其保存为 Manifest.mf。
(2) 生成 jar 文件。

```
Jar   cfm   Test.jar   Manifest.mf   Test1.class   Test2.class
```

其中,参数 c 表示要生成一个新的 jar 文件;f 表示要生成 jar 文件的文件名;m 表示清单文件的文件名。

### 2．将应用程序压缩为 jar 文件

可以用 jar.exe 将应用程序生成可执行文件。在 Windows 环境下,双击该文件,就可以运行该应用程序。

其生成 jar 文件的步骤与前面生成类的 jar 文件相同。要压缩多个类时,在清单文件中只写出主类的类名,设有主类 A.class,则:

```
Manifest – Version: 1.0
Main – Class: A
```

生成 jar 文件时,也可以使用通配 *.class。

```
jar   cfm   Test.jar   Manifest.mf   *.class
```

需要注意的是,如果计算机上安装了 WinRAR 解压软件,则无法通过双击该文件的办法执行程序,可以编写一个批处理文件:

```
javaw   – jar Test.jar
```

将其保存为 test.bat,双击这个批处理文件就可以运行应用程序。

# 实验 3

## 【实验目的】

（1）掌握类的声明，对象的创建以及方法的定义和调用。

（2）掌握打包机制。

（3）掌握类的继承。

（4）掌握类接口的使用。

## 【实验内容】

（1）运行下列程序，并写出其输出结果。

```java
//Father.java:
package tom.jiafei;
public class  Father
{   int    height;
    protected int money;
    public     int weight;
    public Father(int m)
    {   money = m;
    }
    protected int getMoney()
    {   return money;
    }
    void setMoney(int newMoney)
    {   money = newMoney;
    }
}
```

```java
//Jerry.java:
import tom.jiafei.Father;
public class Jerry extends Father                    //Jerry 和 Father 在不同的包中
{   public Jerry()
    {     super(20);
    }
    public static void main(String args[])
    {   Jerry   jerry = new Jerry();
        jerry.height = 12;                           //非法的
        jerry.weight = 200;
        jerry.money = 800;
        int m = jerry.getMoney();
        jerry.setMoney(300);                         //非法的
        System.out.println("m = " + m);
    }
}
```

（2）运行下列程序，并写出其输出结果。

```java
interface   ShowMessage
{    void 显示商标(String s);
}
class TV implements ShowMessage
{   public void 显示商标(String s)
```

```
    {   System.out.println(s);
    }
}
class PC implements ShowMessage
{   public void 显示商标(String s)
    {   System.out.println(s);
    }
}
public class Ex3_2
{   public static void main(String args[])
    {   ShowMessage sm;                              //声明接口变量
        sm = new TV();                              //接口变量中存放对象的引用
        sm.显示商标("长城牌电视机");                    //接口回调
        sm = new PC();                              //接口变量中存放对象的引用
        sm.显示商标("联想奔月 5008PC 机");            //接口回调
    }
}
```

(3) 编写一个应用程序,求 50 以内的素数,并将其打包;另写一个应用程序调用该包,在以下 3 种情况下,实现类之间的调用。

① 在同一目录下。

② 在不同目录下。

③ 在不同盘符下。

# 习题 3

1. 什么是 Java 程序使用的类? 什么是类库?

2. 如何定义方法? 在面向对象程序设计中方法有什么作用?

3. 简述构造方法的功能和特点。下面的程序片断是某学生为 student 类编写的构造方法,请指出其中的错误。

```
void Student(int no, String name)
  {
    studentNo = no;
    studentName = name;
    return no;
  }
```

4. 定义一个表示学生的类 student,包括的成员变量有学号、姓名、性别、年龄,包括的成员方法有获得学号、姓名、性别、年龄和修改年龄。书写 Java 程序创建 student 类的对象及测试其方法的功能。

5. 扩充、修改程序。为第(4)题的 student 类定义构造方法初始化所有的成员,增加一个方法 public String printInfo(),该方法将 student 类对象的所有成员信息组合形成一个字符串,并在主类中创建学生对象及各方法的功能。

6. 什么是修饰符? 修饰符的种类有哪些? 它们各有什么作用?

7. 什么是抽象类,为什么要引入抽象类的概念?

8. 什么是抽象方法? 如何定义、使用抽象方法?

9. 包的作用是什么? 如何在程序中引入已定义的类? 使用已定义的用户类、系统类有哪些主要方式？

10. 什么是继承？如何定义继承关系？

11. 什么是多态？如何实现多态？

12. 解释 this 和 super 的意义和作用。

13. 什么是接口？为什么要定义接口？接口和类有什么异同？

14. 将一个抽象类改写成接口，并实现这个接口。

15. 编写一个程序实现包的功能。

16. 填空。

① 如果类 A 继承了类 B，则类 A 被称为_____类，类 B 被称为_____类。

② 继承使_____成为可能，它节省了开发时间。

③ 如果一个类包含一个或多个 abstract 方法，它就是一个_____类。

④ 一个子类一般比其超类封装的功能要_____。

⑤ 标记成_____类的成员不能由该类的方法访问。

⑥ Java 用_____关键字指明继承关系。

⑦ this 代表了_____的引用。

⑧ super 表示的是当前对象的_____对象。

⑨ 抽象类的修饰符是_____。

⑩ 接口中定义的数据成员是_____。

⑪ 接口中没有什么_____方法，所有的成员方法都是_____方法。

17. 编写一个接口程序，并在其中定义一个计算体积的方法；再设计应用程序实现这个接口，分别计算矩形柱面体积和圆形柱面体积。

18. 编写一个 Plus 类，计算 $2+4+6+8+\cdots+100$ 的和，并将其打包，另写一个应用程序调用该包，在以下两种情况下，实现类之间的调用。

① Plus 类与应用程序在同一目录下。

② Plus 类在应用程序所在目录下的子目录 com/examp/plus/ 下。

19. 编写一个应用程序，用 jar.exe 将类压缩为 jar 可执行文件。

# 第4章

# 数组与字符串

## 4.1 数组

### 4.1.1 一维数组

数组是具有相同类型变量的集合。在数组中,各个变量称为元素。其中,同一数组中的所有元素都有相同的名字,只是下标不同。只有一个下标的数组称为一维数组,有多个下标的数组称为多维数组。

**1. 一维数组的定义**

一维数组定义的一般形式为:

```
数据类型  数组名[] = new  数据类型[数组容量];
```

说明:

(1) 数据类型表示数组元素的类型。

(2) 数组名的命名规则跟变量名一样。

(3) 方括号中的数组容量,即数组所包含元素的个数。

例如,定义数组:

```
int a[] = new int[10];
```

表示定义了一个整型的数组 a,含有 10 个元素(每个元素都是整型)。数组一旦定义,各数组元素名就确定了。

表示数组元素的一般形式为:

```
数组名[下标]
```

数组的第一个元素的下标从 0 开始,对于上面所定义的数组 a[ ],其元素依次为 a[0], a[1], a[2], a[3], a[4], a[5], a[6], a[7], a[8], a[9]。

数组名代表的是数组的首地址,下标则是数组元素到数组开始的偏移量。系统为数组在内存分配的是一片连续的存储的单元,例如,定义了 int a[ ]有 10 个元素,则它的 10 个元素在内存中的排列情况如图 4-1 所示。

### 2. 一维数组的初始化

数组初始化是指在数组定义时给数组元素赋予初值。数组初始化是在编译阶段进行的,这样将减少运行时间,提高效率。

数组初始化赋值的一般形式为:

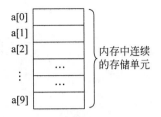

图 4-1　一维数组元素在内存中的排列情况

```
数据类型　数组名[ ] = {值1,值2,…,值n};
```

其中,在{ }中的各数据值依次为各元素的初值,各值之间用逗号间隔。例如:

```
int a[ ] = {1, 2, 3, 4, 5, 6, 7, 8, 9, 10};
```

相当于

```
a[0] = 1; a[1] = 2;…; a[9] = 10;
```

**注意**:Java 数组元素以 0 开头而不是以 1 开头,经常会有初学者搞错。

对于规律分布、能用表达式表示元素的数组,通常采用循环结构来给数组元素进行初始化,先声明一个数组,然后在循环中使用赋值语句逐个初始化数组元素。例如:

```
int a[ ] = new int[10];
for(i = 0; i < 10; i++)
{
    a[i] = i + 1;
}
```

通过循环,数组下标 i 值为 0~9(因为当 i = 10 时,条件 i < 10 为假,不能进入循环体)。

### 3. 确定数组的容量

为了获得数组的容量,可以使用数组的 length 属性,即

```
数组名.length
```

**注意**:不能在 length 后面加括号(),否则造成错误,因为 length 不是一个方法。length 是由 Java 平台为所有数组提供的一个属性。

**【例 4-1】**　随机产生 10 个 100 以内的整数,并找出其中的最大数。

在 Java 中,Math 类的 random 方法可以产生随机数,但其产生的随机数是 0.0~1.0 的 double 类型的数。为了能产生 100 以内的随机整数,可以采用下列办法:

```
(int)(Math.random() * N);
```

其中,N = 100,并对其进行强制数据类型转换,则得到 100 以内的随机整数。

源程序如下。

```
1  /* 产生随机数,并找出最大数 */
2    public class Example4_1
3    {
```

```
4    public static void main(String[] args)
5    {
6      int i, max;
7      int a[ ] = new int[10];          ← 声明数组a[ ]有10个元素
8      int N = 100;                      循环变量i的取值为0~9,与数组a[ ]的下标值相同
9      for(i = 0; i < a.length; i++)
10     {          每循环一次,数组a[ ]的下标值都会变化
                                              采用循环,产生10个100以内的
11       a[i] = (int)(Math.random() * N);    随机整数, 为数组赋值, 并输
12       System.out.println("a[" + i + "] = " + a[i]);    出这10个数
13     }
14     max = a[0];
15     for(i = 1; i < a.length; i++)          从a[1]~a[9]逐个与max比较,较大
16        if(a[i] > max) max = a[i];          者就赋值给max,使max总是元素值
17     System.out.println("最大值 max = " + max );    中的最大数
18    }
19 }
```

**【程序说明】**

(1) 在程序的第 9 行的 for 循环结构中,a.length 为获得数组中元素的个数。由于 a.length = 10,故产生 10 个 100 以内的整数,并逐个赋值给数组 a 的每个元素,完成对数组 a 的初始化。

(2) 在程序的第 14 行对数组的第一个元素 a[0] 进行操作,把 a[0] 赋值给 max。

(3) 在程序的第 15 行的 for 结构中,从 a[1]~a[9] 逐个与 max 中的内容比较,若比 max 的值大,则把该元素的值充当 max,因此 max 是在已比较的元素中值最大者。比较结束,输出 max 的值。该循环使用 a.length 来决定什么时候终止循环。

(4) 由于是产生随机数,每次运行程序的结果是不一样的。下面是程序某次运行结果:

```
a[0] = 32
a[1] = 15
a[2] = 12
a[3] = 78
a[4] = 87
a[5] = 58
a[6] = 32
a[7] = 40
a[8] = 96
a[9] = 15
最大值 max = 96
```

#### 4. 增强的 for 循环

增强的 for 循环又称 foreach 循环,是操作数组的一种简便语法。采用这种语法可以不使用下标变量即完成对数组的遍历。

**【例 4-2】** 使用增强的 for 循环遍历数组。

```
1    public class Example4_2
2    {
3      public static void main(String[] args)
4      {
5        int[] a = {1, 2, 3, 4};
6
7        for(int i : a)
8        {
9          System.out.println(i);
10       }
```

```
11    }
12  }
```

**【程序说明】**

（1）第 7 行代码的含义为"对数组 a 中的每个 int 类型的元素 i"。注意，i 并不是数组的下标，而是在每一重循环中存储了具体的元素值。

（2）这种语法并不能完全取代 for 循环，当需要改变数组元素时，还是需要使用下标变量进行访问。

## 4.1.2 多维数组

在 Java 中，多维数组是由若干行和若干列组成的数组。在人们工作生活与学习中，要使用二维表格、矩阵、行列式等，都可以表示成多维数组。例如：

```
int D[ ][ ] = new int[3][4];
```

该语句声明并创建了一个 3 行 4 列的数组 D。这个数组在逻辑上可以表示成一个 int 类型的矩阵。

$$D = \begin{bmatrix} 25 & 53 & 67 & 19 \\ 38 & 65 & 90 & 77 \\ 12 & 83 & 44 & 92 \end{bmatrix}$$

也就是说，这个数组在逻辑上可以表示为：

```
D[0][0]   D[0][1]   D[0][2]   D[0][3]
D[1][0]   D[1][1]   D[1][2]   D[1][3]
D[2][0]   D[2][1]   D[2][2]   D[2][3]
```

上述表示只是逻辑上的表示，是因为在 Java 中只有一维数组，不存在"二维数组"的明确结构。其中的根本原因是计算机存储器的编址是一维的，即存储单元的编号从 0 开始一直到连续编到一个最大的编号。

**【例 4-3】** 声明一个二维数组，为数组的每个元素赋值，并输出数组的值。

```
1   /* 二维数组赋值 */
2   class Example4_3{
3     public static void main(String args[]) {
4       int   D[][] = new int[4][5];
5       int i, j, k = 0;
6
7       for(i = 0; i < 4; i++)
8         for(j = 0; j < 5; j++) {        ┐
9           D[i][j] = k;                   ├── 给二维数组元素赋值
10          k++;
11        }                                ┘
12
13      for(i = 0; i < 4; i++) {           ┐
14        for(j = 0; j < 5; j++)           │  输出二维数组元素，外循环
15          System.out.print(D[i][j] + "  ");  ├  控制行，内循环控制列
16        System.out.println();            │
17      }                                  ┘
18    }
19  }
```

将程序保存为 Example3_3.java,编译后,程序运行的结果如下。

```
0   1   2   3   4
5   6   7   8   9
10  11  12  13  14
15  16  17  18  19
```

# 4.2  字符串

## 4.2.1  字符串的表示

字符串是由字符组成的序列,是程序设计中最常用的一种引用数据类型。Java 使用 java .lang 包中的 String 类来创建一个字符串变量。因此,字符串变量是引用型变量,是一个对象。

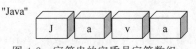

图 4-2  字符串的实质是字符数组

其实,一个字符串就是一个字符(char)类型的数组。例如,"Java"这个字符串就是由 J、a、v、a 这 4 个字符所组成的,如图 4-2 所示。

### 1. 字符串变量声明

使用字符串前,必须先声明该字符串变量,声明和创建字符串对象的方法示例如下。设要声明和创建一个字符串"this is a String.",其方法如下。

```
String str = new String("this is a String. ");
```

由于字符串是经常使用的一个类,因此,在 Java 语言中可将其简写为:

```
String str = "this is a String. ";
```

这里,str 是字符串(String)类型的一个对象,被分配给字符串"this is a String."。字符串可以由 println 方法输出:

```
System.out.println(str);
```

### 2. 字符串的构造方法

字符串 String 类还有两个常用的构造方法。
(1) 用字符型数组创建一个字符串。

```
String(char a[ ]):
```

例如:

```
char data[] = {'a','b','c'};
String str = new String(data);
```

等效于

```
String str = "abc";
```

(2) 用字节型数组创建一个字符串。

```
String(byte[] bytes, int offset, int length)
```

这里,bytes 为字节型数组；offset 为数据的开始位置；length 为所取数据的长度。

用字节型数组构造字符串的方法,在处理输入输出流时经常使用(参见第 8 章)。

## 4.2.2　字符串的常用方法

在 Java 中是通过 String 类来使用字符串的,String 类中定义了很多成员方法,可以通过这些成员方法实现对字符串的操作。String 类的常用成员方法如表 4-1 所示。

表 4-1　String 类的常用成员方法

| 方　　法 | 说　　明 |
| --- | --- |
| length() | 取得字符串的字符长度 |
| equals() | 判断两个字符串中的字符是否相等 |
| toLowerCase() | 转换字符串中的英文字符为小写 |
| toUpperCase() | 转换字符串中的英文字符为大写 |

### 1．求字符串的长度

具体方法如下。

```
public int length();
```

用它可以获得当前字符串对象中字符的个数(也称字符串的长度)。例如：

```
String str1 = "Hello! ";
String str2 = "你身体好吗?";
System.out.println(str1.length());
System.out.println(str2.length());
```

屏幕将显示两个 6,因为字符串"Hello!"的长度为 6(6 个字符),而"你身体好吗?"也是 6 个字符。在 Java 中,每个字符都是占用 16 位的 Unicode 字符,所以汉字与英文或其他符号只要其字符个数相同,则计算的长度也都是相同的。

### 2．比较两个字符串

在 Java 中,字符是按 Unicode 编码方式存储的,所以比较两个字符串实际上就是比较字符串相对应的 Unicode 编码。两个字符串比较时,从首字符开始,逐个向后比较对应位置的字符,一旦发现不同,则结束比较过程。只有两个字符串的个数相同,且对应位置的字符也相同,这两个字符串才相等。

String 类中有 3 个方法可以比较两个字符串是否相同。

```
public int compareTo(String str);
public boolean equals(Object obj);
public boolean equalsIgnoreCase(String str);
```

方法 compareTo(String str)将当前字符串与 str 表示的参数字符串进行比较,并返回一个整型数值。如果这两个字符串完全相同,则 compareTo 方法返回 0；如果当前字符串按字典顺序大于 str 参数字符串,则 compareTo 方法返回大于 0 的整数；反之,如果当前字符串按字典顺序小于 str 参数字符串,则 compareTo 方法返回小于 0 的整数。例如：

```
String   s = "abc", s1 = "aab", s2 = "abc", s3 = "abd";
int i,j,k;
i = s.compareTo(s1);
j = s.compareTo(s2);
k = s.compareTo(s3);
```

语句执行的结果是分别给 i、j、k 3 个变量赋值为 1、0、-1。

方法 equals(Object obj)将当前字符串与 obj 表示的参数字符串进行比较,如果这两个字符串完全相同,则 equals 方法返回 true,否则返回 false。例如:

```
String   s = "abc", s1 = "aab", s2 = "abc", s3 = "ABC";
boolean b1 = s.equals(s1);
boolean b2 = s.equals(s2);
boolean b3 = s.equals(s3);
```

语句执行的结果是分别给 b1、b2、b3 三个变量赋值为 false、true、false。

这里需要特别说明,比较两个数值 x、y 是否相等,使用 x==y。比较两个字符串相等则不能使用==来比较。请看下面的程序段:

```
String s1 = new String("abc");
String s2 = new String("abc");
if (s1 == s2) { System.out.print(true); }
else { System.out.print(false); }
```

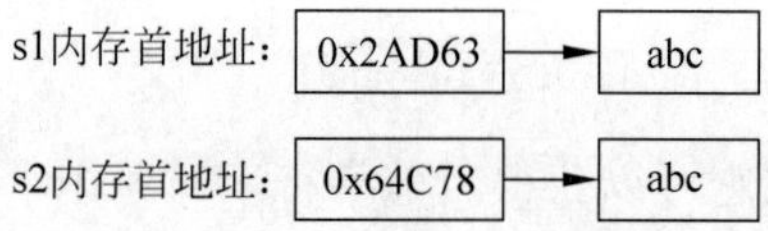

程序运行结果为 false。因为字符串是对象,s1、s2 是引用,s1==s2 是它们的内存首地址的比较,其内存示意如图 4-3 所示。

s1内存首地址: `0x2AD63` → `abc`

s2内存首地址: `0x64C78` → `abc`

图 4-3  s1、s2 内存示意图

若将条件语句改为 if(s1.equals(s2)),则运行结果为 true。

方法 equalsIgnoreCase(String str)与方法 equals()的用法相似,只是字符串比较时不计大小写的差别。

### 3. 字符串与数值的转换

字符串 str 转换为整型:

```
int x = Integer.parseInt(str);
```

字符串 str 转换为 float 型:

```
float n = Integer.parseFloat(str);
```

或

```
float n = Float.valueOf(str).floatValue();
```

字符串 str 转换为 Double 型:

```
Double b = Double.valueOf(str).doubleValue();
```

数值转换为字符串:

```
String.valueOf(byte n);
String.valueOf(int n);
String.valueOf(float n);
…
```

例如：

```
String str = String.valueOf(124.4);
```

#### 4．字符串与字节数组的转化

要将一个字符串转化为字节数组，可用下列方法。

```
byte  d[] = 字符串对象.getBytes();
```

要将一个字节数组转化为字符串，则用字符串的构造方法就能达到目的。

```
String(byte[], int offset,int length)
```

其中，byte[]是指定的字节数组；offset 为数组起始位置；length 为取的字节数。

【例 4-4】 应用字节数组查找字符串中字符的位置。

```
1   import javax.swing. * ;
2   class Example4_4
3   {
4     public static void main(String args[])
5     {
6       byte d[] = "我们正在教室上课".getBytes();
7       String s = new String(d,8,4);  //取数组中两个汉字(一个汉字占两字节)
8       JOptionPane.showMessageDialog(null,"第八个字符位置开始的两个汉字："+ s);
9       System.exit(0);
10    }
11  }
```

程序运行结果如图 4-4 所示。

### 4.2.3　StringTokenizer 字符分析器

图 4-4　查找字符串中字符的位置

有时，需要将字符串分解成可被独立使用的单词，这些单词叫作语言符号。例如，字符串 "I love Java"，把空格作为该字符串的分隔符，那么该字符串有 3 个单词(语言符号)。对于字符串"I, love, Java"，把逗号作为该字符串的分隔符，那么该字符串有 3 个单词(语言符号)。

当分析一个字符串并将字符串分解成可被独立使用的单词时，可以使用 java.util 包中的 StringTokenizer 类。StringTokenizer 对象被称为字符分析器。

其构造方法为：

```
StringTokenizer(String str, String delim)
```

将指定字符串 str 按字符 delim 为分隔符进行分解。

StringTokenizer 类的常用方法如下。

- hasMoreTokens()：检测字符串中是否还有语言符号，若有语言符号就返回 true,否则返回 false。
- nextToken()：逐个获取字符串中的语言符号。
- countTokens()：计算调用了 nextToken 方法的次数,用于统计字符串中的语言符号的个数。

例如：

```
StringTokenizer st = new StringTokenizer("this is a test", " ");
```

```
while (st.hasMoreTokens()) {
    System.out.println(st.nextToken());
}
```

输出以下字符串：

```
this
is
a
test
```

**【例 4-5】** 字符分析器的示例。

```
1   import java.util. * ;
2   public class Example4_5
3   {   public static void main(String args[])
4     {  String s = " this is a string";
5        StringTokenizer st = new StringTokenizer(s," ,");   //空格和逗号做分隔
6        int number = st.countTokens();
7        while(st.hasMoreTokens())
8        {   String str = st.nextToken();
9            System.out.println(str);
10       }
11     System.out.println("s 共有单词: " + number + "个");
12   }
13 }
```

程序的输出结果为：

```
this
is
a
string
s 共有单词: 4 个
```

## 4.2.4　正则表达式

自从 Java 1.4 版开始,在 JDK 中包含了 java.util.regex 包,为用户提供了 Java 正则表达式应用平台。正则表达式是一种可以用于模式匹配和替换的规范,一个正则表达式就是由普通的字符(如字符 a～z)以及特殊字符(称为元字符)组成的文字模式。该模式用来描述在查找文字主体时待匹配的一个或多个字符串。正则表达式作为一个模板,将某个字符模式与所搜索的字符串进行匹配。正则表达式为文本操作提供了强大的搜索和替换功能。

### 1. 正则表达式的构造

先从简单的问题开始。假设要搜索一个包含字符 cat 的字符串,搜索用的正则表达式就是 cat。如果搜索对大小写不敏感,单词 catalog、Catherine、sophisticated 都可以匹配。也就是说：

正则表达式：cat。

匹配：catalog、Catherine、sophisticated。

在 Java 正则表达式中为了简化书写,预定了一些特定的字符(称为元字符),这里介绍常用特定字符的表示方法,如表 4-2 所示。

表 4-2 正则表达式常用的特定字符

| 元 字 符 | 匹 配 |
|---|---|
| \ | 反斜杠,转义符 |
| \t | 标准间隔 |
| \n | 换行 |
| \d | 代表一个数字,等价于[0~9] |
| ^ | 限制开头字符,如^java 表示限制以 java 为开头字符 |
| $ | 限制结尾字符,如 java$ 表示限制以 java 为结尾字符 |
| [ ] | 只有方括号里面指定的字符才参与匹配,如[ab]表示匹配字符 a 或 b |
| [^ ] | 方括号里面的^为否符号,如[^a]表示匹配以字母 a 开头除外的字符 |
| . | 通配符,代表任意一个单独字符 |

例如,t. n 表示以字母 t 开头,以字母 n 结束的一个字符串。

正则表达式:t. n。

匹配:tan、ten、tin、ton……

### 2. Pattern 和 Matcher 类

当使用正则表达式对文本进行操作时,要应用 java. util. regex 包中的 Pattern 类和 Matcher 类。

(1) 正则表达式模式对象和匹配器对象的构造。

以 Pattern 类的 compile 方法构造正则表达式模式对象:

```
Pattern pattern1 = Pattern.compile(String regex);
```

参数 regex 为要编译的表达式。

以 Pattern 类的 matcher 方法构造匹配器对象:

```
Matcher matcher1 = pattern1.matcher(CharSequence input);
```

参数 input 为要匹配的字符序列。例如:

```
Pattern pattern1 = Pattern.compile("^Java. * ");
Matcher matcher1 = pattern1.matcher("Java 是一种程序语言");
```

表示如下的正则表达式。

正则表达式模式:以 Java 开头的所有字符。

要匹配的字符序列:字符串"Java 是一种程序语言"。

(2) 查找与替换。

通过匹配器对象 Matcher 类的方法对文本内容进行操作,Matcher 类的常用方法如下。

- matches():查找与正则表达式模式对象匹配的字符串,返回 true 或 false。
- replaceAll(String replacement):替换给定的字符串。
- appendReplacement(StringBuffer sb, String replacement):通过字符串缓冲区 sb 替换给定的字符串。

(3) 按条件分割字符串。

可以通过 Pattern 类的 split(CharSequence input)方法对字符串进行拆分。

【例 4-6】 正则表达式应用示例。

```java
1  /* 正则表达式应用 */
2  import java.util.regex.*;
3  class Example4_6
4  {
5    public static void main(String[ ] args)
6      {
7        Pattern pattern1,pattern2,pattern3,pattern4;
8        Matcher matcher1,matcher2,matcher3,matcher4;
9
10     //查找以 Java 开头,任意结尾的字符串
11     pattern1 = Pattern.compile("^Java.*");
12     matcher1 = pattern1.matcher("Java 是一种程序语言");
13     boolean b= matcher1.matches();
14     //当条件满足时,将返回 true,否则返回 false
15     System.out.println("查找以 Java 开头的字符串:" + b);
16
17     //以多条件分割字符串
18     pattern2 = Pattern.compile("[, |]");
19     String[] strs = pattern2.split("Java Hello World  Java,Hello,,World|Sun");
20     System.out.println("分割字符串:");
21     for (int i = 0;i < strs.length;i++)
22       {
23         System.out.println(strs[i]);
24       }
25
26     //文字替换(全部)
27     pattern3 = Pattern.compile("正则");
28     matcher3 = pattern3.matcher("正则 Hello World,正则表达式 Hello World");
29     //替换第一个符合正则的数据
30     System.out.println("文字替换(全部): " + matcher3.replaceAll("Java"));
31
32     //文字替换(置换字符)
33     pattern4 = Pattern.compile("表达式");
34     matcher4 = pattern4.matcher("表达式 Hello World,表达式 Hello World ");
35     StringBuffer sbr = new StringBuffer();
36     while (matcher4.find())
37       {
38         matcher4.appendReplacement(sbr, "Java");
39       }
40     matcher4.appendTail(sbr);
41     System.out.println("文字替换(置换字符): " + sbr.toString());
42   }
43 }
```

运行结果如下。

```
查找以 Java 开头的字符串: true
分割字符串:
Java
Hello
World
```

```
Java
Hello

World
Sun
```
文字替换(全部): Java Hello World,Java Hello World
文字替换(置换字符): Java Hello World,Java Hello World

### 4.2.5 main()中的参数

在 Java 应用程序中必须要有 public static void main(String args[])方法。main()中的参数是一个字符串数组 args[],这个数组的元素 args[0],args[1],…,args[n]的值都是字符串。args 是命令行参数,其功能是接收运行程序时通过命令行输入的参数,其一般形式为:

java 类文件名 字符串 1 字符串 2 … 字符串 n

其中,类文件名和各字符串间用空格分隔。

【例 4-7】 main()中的参数示例。

```
1  public class StrArray
2  {
3    public static void main(String args[])
4    {
5      int i;
6      for(i = 0; i < args.length; i++)
7          System.out.pringln(args[i]);
8    }
9  }
```

运行程序时,在命令行中输入:

java StrArray This is a Application!

程序的输出结果为:

```
This
is
a
Application!
```

在本例中,args[0]的值是 This,args[1]的值是 is,…

## 4.3 StringBuffer 类

字符串 String 是 Java 中最常用的类之一,但其对象一旦实例化(赋值)之后,就不能改变其值。如果需要修改某个字符串的内容,则需要建立一个新的 String 对象来实现。Java 为了修改字符串内容的需要,单独提供了 StringBuffer 类。StringBuffer 类可以实现对字符串中某个字符的插入、修改、删除及替换操作。

StringBuffer 类的常用方法如表 4-3 所示。

表 4-3  StringBuffer 类的常用方法

| 方　　法 | 说　　明 |
|---|---|
| StringBuffer() | 创建一个空 StringBuffer 对象,系统默认分配容纳 16 个字符的存储单元。当实际字符数大于 16 时,容量自动增加 |
| StringBuffer(int n) | 指定初始容量为 n 个字符个数的构造方法。当实际字符数大于 n 时,容量自动增加 |
| StringBuffer(String　s) | 指定字符串 s 的构造方法,且容量为字符串 s 的字符个数再加 16 个字符的长度 |
| setChar(int index, char ch) | 将指定的字符 ch 放到 index 指定的位置 |
| char　charAt(int index) | 获得指定位置的字符 |
| insert(int index, char ch) | 在指定的 index 位置插入字符 ch |
| append(char ch) | 在字符串的末尾添加字符 ch |
| deleteCharAt(int index) | 删除字符串中指定位置的字符 |
| delete(int start, int end) | 删除指定开始及结束位置的子字符串 |
| toString() | 将 StringBuffer 转换为 String |

【例 4-8】  StringBuffer 对象示例。

```
1   class Example4_8
2   {
3     public static void main(String[] args)
4     {
5       StringBuffer s = new StringBuffer("01234");      ← 创建StringBuffer对象
6       s.append('5');                                   ← 在字符串末尾添加字符
7       System.out.println(s);
8       s.insert(3, "abc");                              ← 在指定位置插入字符串
9       System.out.println(s);
10      s.deleteCharAt(3);                               ← 删除指定位置的字符
11      System.out.println(s);
12      s.delete(2, 4);                                  ← 删除指定位置的子字符串
13      System.out.println(s);
14    }
15  }
```

程序运行结果如下。

```
012abc345
012bc345
01c345
```

## 4.4  数组列表 ArrayList 类

java.util 包中提供了一个数组列表类 ArrayList。相比数组,ArrayList 类有两个便利之处:一是在定义时不需要指定大小,可以在使用的过程中根据需要增减容量;二是为许多常见的任务提供了操作方法,如插入和删除元素。

【例 4-9】  ArrayList 使用示例。

```
1   import java.util. * ;
2
3   public class Example4_9
```

```
4   {
5     public static void main(String[] args)
6     {
7       ArrayList list = new ArrayList();
8       System.out.println(list.size());
9       list.add("a");
10      list.add("c");
11      list.add("d");
12      System.out.println(list.size());
13      for(Object element : list)
14      {
15        System.out.println(element);
16        System.out.println(((String)element).equals("a"));
17      }
18
19      list.remove(2);
20      list.set(1, "b");
21      for(Object element : list)
22      {
23        System.out.println(element);
24      }
25    }
26  }
```

**【程序说明】**

(1) 初始化一个 ArrayList 对象时,它的大小为 0。可以使用 size()方法获得 ArrayList 对象当前的元素个数。通过 add()方法可以为其添加元素。

(2) 注意,第 7 行的初始化 ArrayList 的方式会让编译器发出一个警告,提示开发者"使用了未经检查或不安全的操作"。这是因为当不限定 ArrayList 所存放对象的类型时,可以向其中添加任意类型的对象(实际上均为 Object 类型)。这样从无类型的数组列表中取出任意一个元素进行进一步操作时,都需要作强制类型转换的操作(见第 16 行)。当放置的元素类型不一致时容易在运行期引发类型转换的异常。针对这一问题,例 4-10 将给出改善的语法表示。

(3) 第 13~17 行采用 foreach 循环逐一取出 list 中的元素,强制转换为原本的 String 类型后调用 equals()方法。

(4) 第 19 行删除了索引为 2 的元素,第 20 行将索引为 1 的元素改为 b。

程序运行的结果如下。

```
0
3
a
true
c
false
d
false
a
b
```

**【例 4-10】**　使用添加了类型参数的 ArrayList。

```
1   import java.util.*;
2
```

```
3    public class Example4_10
4    {
5      public static void main(String[] args)
6      {
7        ArrayList<String> list = new ArrayList<String>();
8        list.add("a");
9        list.add("b");
10       for(Object element : list)
11       {
12         System.out.println(element);
13       }
14     }
15   }
```

**【程序说明】**

(1) 类型 ArrayList<String>表示一个用于存放 String 类型对象的数组列表,括号内的 String 是一个类型参数。类型参数可以换为其他任何类型。这种写法称之为泛型,像 ArrayList 这样的类称之为泛型类。注意类型参数不能是基本类型,如果要往 ArrayList 中存放整数时,应将类型定义为 ArrayList<Integer>而不是 ArrayList<int>。

(2) 从 JDK 1.7 开始,第 7 行可以采用下面的简单写法(在尖括号中不要求重复写类型参数):

```
ArrayList<String> list = new ArrayList<>();
```

## 实验 4

**【实验目的】**

(1) 掌握一维数组的概念、定义和使用。

(2) 掌握字符串的应用。

**【实验内容】**

(1) 运行下列程序,并写出其输出结果。

```
class Ex4_1
{  public static void main(String args[])
   {  String a[] = {"boy","apple","Applet","girl","Hat"};
      for(int i = 0;i < a.length-1;i++)
         {for(int j = i+1;j < a.length;j++)
          {  if(a[j].compareTo(a[i])<0)
              {  String temp = a[i];
                 a[i] = a[j];
                 a[j] = temp;
              }
          }
         }
      for(int i = 0;i < a.length;i++)
         {  System.out.print("  " + a[i]);
         }
   }
}
```

（2）运行下列程序，并写出其输出结果。

```java
import java.util. * ;
public class Ex4_2
{   public static void main(String args[])
    {   String s = "I am Geng. X. y, she is my girlfriend";
        StringTokenizer fenxi = new StringTokenizer(s," ,");      //空格和逗号做分
        int number = fenxi.countTokens();
        while(fenxi.hasMoreTokens())
        {   String str = fenxi.nextToken();
            System.out.println(str);
            System.out.println("还剩" + fenxi.countTokens() + "个单词");
        }
        System.out.println("s 共有单词: " + number + "个");
    }
}
```

（3）编写一个应用程序，实现字符串"Tom like it too. "连接到字符串"Mary like drinking coffee,"的后面，得到并输出这个新串。

# 习题 4

1. 考虑一个 2×3 的数组 a。

① 为 a 写一个声明。试问，这样的声明使 a 有多少行？多少列？多少元素？

② 写出 a 的第 1 行的所有元素的名字。

③ 写一条语句，置第 1 行第 2 列的元素为零。

④ 写一个嵌套 for 结构，将 a 的每个元素初始化为零。

⑤ 定一条语句，求第 3 列元素的和。

2. 求 3×3 矩阵对角元素之和。

3. 编写一程序，查找某一字符串中是否包含 abc。

4. 设一字符串中包含大写字母的字符，也有小写字母的字符，编写一程序，将其中的大小写字母的字符分别输出。

5. 输入一字符串，统计其中有多少个单词（单词之间用空格分隔）。

6. String 类与 StringBuffer 类的主要区别是什么？

7. 随机产生 10 个 100 以内的正整数，逐一保存至一个数组列表中，然后遍历该数组列表，计算这些整数中有多少个大于 50。

# 第5章
# 图形用户界面设计

通过图形用户界面(graphics user interface,GUI),用户和程序之间可以方便地进行交互。本章主要介绍如何设计友好的图形用户界面应用程序。

## 5.1 图形用户界面概述

### 1. awt 和 swing 图形用户界面包

图形用户界面的构件一般包括菜单、输入输出组件、按钮、画板、窗口、对话框等,这些组件构成 Java 的抽象窗口工具包(Abstract Window Toolkit,AWT)。

Java 语言提供了两种类型的图形用户界面包。在 J2SE 早期版本中,主要是 awt 图形用户界面包。它是一个强大的工具集,但隐藏着一个严重的问题:awt 组件的设计是把与显示相关的工作和处理组件事件的工作都交给本地对等组件完成,因此用 awt 包编写的程序会在不同的操作平台上显示不同的效果。Java 是遵循"一次编译,到处运行"理念的,而 awt 包中图形组件的绘制方法却不能做到这一点。

为了解决这个问题,Java 在 awt 抽象窗口工具包的基础上,开发出了 javax. swing 图形用户界面包。javax. swing 包内的组件称为 swing 组件。swing 组件是用 Java 实现的轻量级(light-weight)组件,没有本地代码,不依赖操作系统的支持,这是它与 awt 组件的最大区别。由于 awt 组件通过与具体平台相关的对等类(peer)实现,因此 swing 比 awt 组件具有更强的实用性。swing 在不同的平台上表现一致,并且有能力提供本地窗口系统不支持的其他特性。swing 组件没有本地代码,不依赖操作平台,而且有更好的性能。swing 组件的功能也有很大的增强,如增加了剪贴板、打印支持功能等。swing 组件除了保持 awt 组件原有组件之外,还增加了一个丰富的高层组件集合,如表格(JTable)、树(JTree)。

把 awt 图形用户界面包称为 awt 组件,也称为重量组件;把 swing 图形用户界面包称为 swing 组件,又称为轻量组件。

本章主要介绍 swing 组件的图形用户界面设计方法,但由于 swing 组件是 awt 的子类,不可避免地会涉及 awt 类包的有关内容。

### 2. swing 组件的层次结构

swing 组件的层次结构是为了编制基于事件的用户图形界面应用程序而在 awt 组件的基础上建立的。swing 组件包括标准的图形用户界面的要素,如窗口、对话框、构件、事件处理、版面设计管理及接口、例外处理等。

swing 组件的内容非常丰富,本章主要涉及 JApplet、JFrame 和 JConponent 三大类型。其中,JConponent 是其他常用轻量级组件的父类。swing 组件的层次结构如图 5-1 所示。

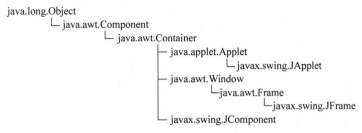

图 5-1　swing 组件的层次结构

# 5.2　窗体容器和组件

## 5.2.1　窗体容器 JFrame 类

JFrame 是带有标题、边框的顶层窗体。窗体是一个容器,在其内部可以添加其他组件。JFrame 包含标题栏、菜单、可放置其他组件的窗体内部区域和自带的按钮。JFrame 的外观如图 5-2 所示。

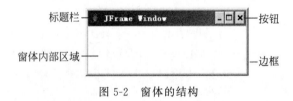

图 5-2　窗体的结构

### 1. 创建窗体

创建窗体有两种方法:一种方法是创建 JFrame 类的子类,并重写其构造方法;另一种方法是创建 JFrame 类的一个对象:

```
JFrame win = new JFrame("最简单窗体");
```

### 2. JFrame 类的方法

JFrame 类的常用方法如表 5-1 所示。

表 5-1　JFrame 类的常用方法

| 方　法　名 | 功　　能 |
| --- | --- |
| JFrame(); | 创建无标题的窗体 |
| JFrame(String s); | 创建标题为 s 的窗体 |
| setMenuBar(MenuBar mb); | 设置菜单 |
| dispose(); | 关闭窗体,释放占用资源 |
| setVisible(bolean b); | 设置窗体的可见性 |
| setSize(int width,int height); | 设置窗体的大小 |
| Validate(); | 使窗体中的组件能显示出来 |

续表

| 方 法 名 | 功　　能 |
|---|---|
| setTitle(String title); | 设置标题内容 |
| getTitle(); | 获取标题内容 |
| setDefaultCloseOperation(int operation) | 设置窗体的关闭按钮可用,其中常数 operation 为 EXIT_ON_ CLOSE |

下面分别举例说明通过构造 JFrame 对象设计窗体及利用 JFrame 子类设计窗体的方法。

【例 5-1】　通过构造 JFrame 对象创建最简单窗体。

```
1    import javax.swing. * ;
2    class Example5_1
3    {
4      public static void main(String[] args)
5      {
6        JFrame win = new JFrame("最简单窗体");              //实例化 JFrame 窗体对象
7        win.setSize(300,200);                              //设置窗体大小
8        win.setVisible(true);                              //设置窗体可见
9        win.setDefaultCloseOperation(JFrame.EXIT_ON_CLOSE);  //设置关闭窗体
10     }
11 }
```

图 5-3　最简单窗体

程序的运行结果如图 5-3 所示。

【程序说明】

程序的第 9 行 setDefaultCloseOperation(JFrame. EXIT_ ON_CLOSE)为设置窗体关闭按钮的关闭动作,如果没有该语句,当用户试图关闭窗口时,窗体只是隐藏,并没有真正从内存中退出。

【例 5-2】　通过构造 JFrame 子类创建最简单窗体。

```
1    import javax.swing. * ;
2    class  Example5_2 extends JFrame
3    {
4      Example5_2()                                       //构造方法
5      {
6        setSize(300,200);                                //设置窗体大小
7        setVisible(true);                                //设置窗体可见
8        setTitle("最简单窗体");                            //设置窗体标题栏内容
9        setDefaultCloseOperation(EXIT_ON_CLOSE);         //设置关闭窗体,退出程序
10     }
11     public static void main(String[] args)
12     {
13       Example5_2  win = new Example5_2();
14     }
15 }
```

程序的运行结果与例 5-1 相同,见图 5-3。

## 5.2.2　按钮和事件处理

### 1. 按钮 JButton 类

当单击应用程序中的按钮时,应用程序能触发某个事件从而执行相应的操作。在 Java

中,javax.swing 包中的 JButton 类用于构建按钮对象。

（1）按钮 JButton 类的常用方法。

JButton 的常用方法如表 5-2 所示。

表 5-2　JButton 的常用方法

| 方 法 名 | 功　　能 |
| --- | --- |
| JButton() | 创建不带标签文本或图标的按钮 |
| JButton(Action a) | 创建一个按钮,其属性从 Action 中获取 |
| JButton(Icon icon) | 创建一个带图标的按钮 |
| JButton(String text) | 创建一个带标签文本的按钮 |
| JButton(String text，Icon icon) | 创建一个带标签文本和图标的按钮 |
| getLabel() | 获取按钮上的标签文本内容 |
| setLabel(String label) | 设置按钮的标签文本内容 |
| setText(String　s) | 设置按钮上的标签文本内容 |
| setIcon(Icon　icon) | 设置按钮上的图标 |
| setHorizontalTextPosition(int textPosition) | 参数 textPosition 确定按钮上图标的位置,取值为 SwingConstants. RIGHT、SwingConstants. LEFT、SwingConstants. CENTER、SwingConstants. LEADING、SwingConstants. TRAILING |
| setVerticalTextPosition(int textPosition) | 参数 textPosition 确定按钮上图标的位置,取值为 SwingConstants. CENTER、SwingConstants. TOP、SwingConstants. BOTTOM |
| setMnemonic(char　c) | 设置按钮的快捷键为(Alt+C) |
| setEnabled(boolean　a) | 设置按钮可否单击 |
| addActionListener(ActionListener l) | 设置事件源的监视器 |
| removeActionListener(ActionListener l) | 删除事件监视器 |

（2）创建按钮对象。

创建按钮对象的方法为：

```
JButton btn = new JButton(String text);
```

由于按钮是一个普通组件,设计时必须放置到一个容器中。下面的示例就是将按钮放置到一个窗体容器内。

【例 5-3】　构造一个带按钮的窗体。

```
1   /* 构造带按钮的窗体程序 */
2   import javax.swing. * ;
3   import java.awt. FlowLayout;                        //引用 awt 包的界面布局管理
4   class Btn extends JFrame
5   {
6     JButton btn = new JButton("确定");                 //创建按钮对象
7      Btn()
8      {
9        setSize(300,200);                              //设置窗体大小
10       setVisible(true);                              //设置窗体可见
11       setDefaultCloseOperation(EXIT_ON_CLOSE);       //设置关闭窗体,退出程序
12       setLayout(new FlowLayout());                   //设置窗体为浮动布局
13       add(btn);                                      //把按钮对象添加到窗体中
14       validate();                                    //使窗体中的组件为可见
```

```
15        }
16   }
17
18 public class   Example5_3
19 {
20    public static void main(String[ ] args)
21    {
22        Btn btn = new Btn();
23    }
24 }
```

**【程序说明】**

(1) 在本例设计 Btn 和 Ex5_3 两个类。按 Java 的命名规则,在一个文件中,只能有一个类可以用 public 修饰,且文件名必须和带 public 的类同名。因此,本程序的文件名必须命名为 Example5_3.java。

(2) 程序的第 3 行为引用界面布局管理,第 12 行为把窗体布局设置为浮动布局。在窗体

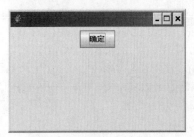

图 5-4   按钮程序运行结果

中如果不进行界面布局管理,添加到窗体中的按钮组件将与窗体的内部空间一样大小。关于界面布局管理内容将在 5.3 节详细讲解。

(3) 第 6 行为实例化 JButton 按钮对象,第 13 行把实例化后的按钮对象添加到窗体中。

(4) 第 14 行 validate() 是窗体 JFrame 的一个方法,其功能是使窗体中的组件为可见。

程序运行结果如图 5-4 所示。

### 2. 处理按钮事件

用鼠标单击例 5-3 中的按钮什么也不会发生,这是因为在例 5-3 中没有定义按钮的事件。要定义按钮的处理事件,需要用到 ActionListener 接口。ActionListener 是 java.awt.event 包中的一个接口,定义了事件的处理方法。java.awt.event 包对这个接口的定义是:

```
public interface ActionListener extends EventListener
{      //说明抽象方法
     public abstract void actionPerformed(ActionEvent e)
}
```

在设计按钮对象 btn 处理事件的类时,就要实现这个接口,其一般形式如下:

```
class   ClassName   implements ActionListener
  {
       ⋮
     btn.addActionListener(this);
       ⋮
     public void actionPerformed(ActionEvent e)
      {
           ⋮
      }
  }
```

其中，ClassName 为监听对象的类名，通过实现 ActionListener 接口，使得监视器能知道事件的发生。在 Java 中，要求产生事件的组件向它的监视器注册，这样事件源与监视器就建立了一个关联。建立关联的语句如下。

```
对象名.addActionListener(ClassName);
```

其中，对象是事件源，ClassName 是监视器。例如：

```
btn.addActionListener(this);
```

这条语句的意思是，按钮对象（事件源）btn 向它的监视器（当前类）注册，也就是产生事件的事件源对象向监视器注册。

当单击按钮对象 btn 时，按钮对象（事件源）会产生一个 ActionEvent 事件，事件监视器监听到这个事件，把它作为实现 ActionListener 接口的 actionPerformed 方法参数，在 actionPerformed 方法中处理动作事件。

【例 5-4】 设计一个按钮事件程序。

```java
1  /* 按钮触发事件示例 */
2  import javax.swing.*;
3  import java.awt.FlowLayout;
4  import java.awt.event.*;
5  class BtnIcon extends JFrame implements ActionListener
6  {
7    ImageIcon icon = new ImageIcon("win.jpg");          //创建图标对象
8    JButton jbtn = new JButton("打开新窗体",icon);
9    BtnIcon()
10   {
11     setSize(200,200);
12     setVisible(true);
13     setTitle("按钮功能演示");
14     setDefaultCloseOperation(EXIT_ON_CLOSE);
15     setLayout(new FlowLayout());
16     add(jbtn);
17     validate();
18     jbtn.addActionListener(this);
19   }
20   public void actionPerformed(ActionEvent e)
21   {
22     JFrame newf = new JFrame("新建窗体");
23     newf.setSize(150,150);
24     newf.setVisible(true);
25   }
26 }                                                      //BtnIcon 类结束
27 public class Example5_4
28 {
29   public static void main(String[] args)
30   {  new BtnIcon();     }      ← 由于该对象只使用一次,故创建匿名对象
31 }
```

**【程序说明】**

（1）在程序的第 5 行的类声明中，通过 implements ActionListener 实现监听接口。由于接口 ActionListener 在 java. awt. event 包中，故在第 4 行引用该包。

（2）在程序的第 18 行设置监听对象(按钮 Jbtn)向监听器(当前类)注册。一旦单击按钮，立刻被监听器接收，从而触发第 20 行 actionPerformed()方法中的 ActionEvent 事件。

（3）为了创建一个图标，可以用 ImageIcon 类创建图标对象：

```
ImageIcon icon = new ImageIcon(String filename);
```

程序的第 7 行创建了一个图标对象，以便在按钮中使用。其中，filename 为图标的路径及文件名，若缺省路径，则要将图标文件存放到程序的同一目录中。

程序运行结果如图 5-5 所示。

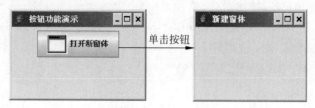

图 5-5　按钮事件

# 5.3　面板容器和界面布局管理

## 5.3.1　面板 JPanel 类

面板 JPanel 是一个可放置其他组件的容器。作为普通容器，必须将它放置到一个顶层容器(窗体)内。可以在 JPanel 中使用 add 方法放置其他组件。面板主要用于合理安排界面布局。

创建面板的一般步骤如下。

（1）创建面板对象。

```
JPanel myPanel = new Panel();
```

（2）将面板添加到窗体容器中。

```
add(myPanel);
```

（3）把组件放置到面板上。

```
myPanel.add(其他组件);
```

**【例 5-5】**　面板使用示例。

```
1    /* 面板 JPanel 简单示例 */
2    import java.awt. * ;
3    import javax. swing. * ;
4    class PanelTest extends JFrame
5    {
6      JPanel panel1 = new JPanel();
7      JPanel panel2 = new JPanel();
```

```
8          JButton button1 = new JButton("Button1");
9          JButton button2 = new JButton("Button2");
10         JButton button3 = new JButton("Button3");
11         JButton button4 = new JButton("Button4");
12   PanelTest()
13   {
14         setSize(200,150);
15         setVisible(true);
16         setTitle("面板容器示例");
17         setDefaultCloseOperation(EXIT_ON_CLOSE);
18         setLayout(new FlowLayout());
19         //将面板容器加入窗体中
20         add(panel1);
21         add(panel2);
22         //将其他组件加入面板容器中
23         panel1.add(button1);
24         panel1.add(button2);
25         panel2.add(button3);
26         panel2.add(button4);
27         panel1.setBackground(Color.red);        ◄──── 设置背景色,使其可见
28         panel2.setBackground(Color.cyan);
29         validate();
30   }
31 }
32
33   public class Example5_5
34   {
35     public static void main(String[] args)
36     {       new PanelTest();       }     ◄──── 使用匿名对象
37   }
```

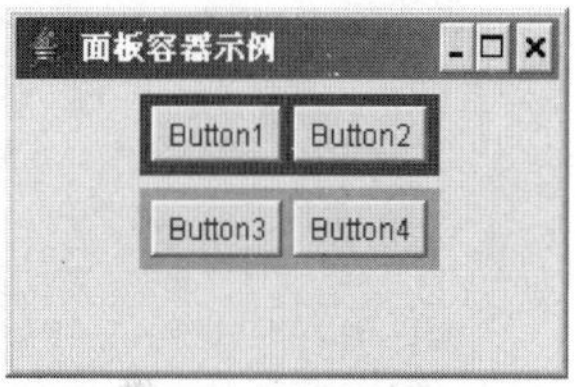

程序运行结果如图 5-6 所示。

图 5-6　面板容器

## 5.3.2　界面布局策略

当运行前面的例 5-8 程序时,如果把窗体拉大一些,窗体内部的组件也会跟着发生变化。那么,通过学习界面布局管理的知识以控制组件在容器的位置。

Java 在 java.awt 包中定义了 5 种界面布局策略,分别是 FlowLayout、BorderLayout、CardLayout、GridLayout 和 GridBagLayout。

设置布局的格式为:

容器对象.setLayout(布局策略);

### 1. 浮动布局 FlowLayout

浮动布局是按照组件的顺序,用 add 方法将组件从左至右在一行排列,一行放不下时就自动换行,每行组件均按居中方式进行排列。这个布局方式在前面的示例中多次使用。

其设置的方法为:

setLayout(new FlowLayout());

### 2. 边界布局 BorderLayout

BorderLayout 类把容器划分成 5 个区域,分别标记为 North、South、West、East 和 Center。每

个组件用 add 方法放置到区域中,中间区域的空间最大。

其设置的方法为:

```
setLayout(new BorderLayout());
```

【例 5-6】 边界布局示例。

```
1   /* 边界布局示例 */
2   import java.awt. * ;
3   import javax. swing. * ;
4   class BordTest extends JFrame
5   {
6     BordTest()
7     {
8       setSize(300,200);
9       setVisible(true);
10      setTitle("边界布局示例");
11      setDefaultCloseOperation(EXIT_ON_CLOSE);
12      setLayout(new BorderLayout());
13      //将其他组件加入到窗体
14      add("East",   new JButton("东"));
15      add("South",  new JButton("南"));
16      add("West",   new JButton("西"));
17      add("North",  new JButton("北"));
18      add("Center", new JButton("中"));
19      validate();
20    }
21  }
22
23  public class Example5_6
24  {
25    public static void main(String[] args)
26    {   new BordTest();      }
27  }
```

图 5-7 边界布局排列组件

程序运行结果如图 5-7 所示。

### 3. 网格布局 GridLayout

GridLayout 类以矩形网格形式对容器中的组件进行布局。容器被分成大小相等的单元格,单元格的大小由最大的构件决定,用 add 方法将组件一行一行地从左至右放置到布局的每个单元格中。

其设置的方法为:

```
setLayout(new GridLayout(int row, int cols));
```

其中,row 是网格的行数;cols 是网格的列数。

【例 5-7】 网格布局示例。

```
1   /* 网格布局示例 */
2   import java.awt. * ;
3   import javax. swing. * ;
4   class GridTest extends JFrame
5   {
```

```
6      GridTest()
7      {
8          setSize(300,200);
9          setVisible(true);
10         setTitle("网格布局示例");
11         setDefaultCloseOperation(EXIT_ON_CLOSE);
12         setLayout(new GridLayout(3,2));                        //设置网格布局
13         //下面通过循环构造一组按钮并将其加入窗体中
14         for (int i = 1;i < = 6 ;i++)
15           {
16               add(new JButton("按钮" + i));
17           }
18         validate();
19       }
20    }
21
22  public class Example5_7
23  {
24    public static void main(String[] args)
25      {
26          new GridTest();
27      }
28    }
```

程序运行结果如图 5-8 所示。

### 4. 卡片布局 CardLayout

这种布局包含几个卡片,在某一时刻只有一个卡片是可见的,而且第一个卡片显示的内容可用自己的布局来管理。

CardLayout 的布局可以包含多个组件,但是实际上某一时刻容器只能从这些组件中选出一个来显示,就像一叠"扑克牌"每次只能显示最上面的一张,如图 5-9 所示。

图 5-8 网格布局排列组件　　　　　图 5-9 一叠"扑克牌"

卡片布局设置的方法为:

```
setLayout(new CardLayout());
```

卡片的顺序由组件对象本身在容器内部的顺序决定。CardLayout 定义了一组方法,这些方法允许应用程序按顺序地浏览这些卡片,或显示指定的卡片。

CardLayout 的主要方法如下。

- first(Container parent):显示容器 parent 中的第一张卡片。

- next(Container parent)：显示容器 parent 中的下一张卡片。
- previous(Container parent)：显示容器 parent 中的前一张卡片。
- last(Container parent)：显示容器 parent 中的最后一张卡片。

【例 5-8】 卡片布局示例。

```
1   /* 卡片布局示例 */
2   import java.awt.*;
3   import java.awt.event.*;
4   import javax.swing.*;
5   class CardTest extends JFrame implements ActionListener
6   {
7     JButton btn[] = new JButton[5];
8     CardLayout card = new CardLayout();
9     Panel p = new Panel();
10    CardTest()
11    {
12      setSize(300,200);
13      setVisible(true);
14      setTitle("卡片布局示例");
15      setDefaultCloseOperation(EXIT_ON_CLOSE);
16      add(p);
17      p.setLayout(card);
18      for (int i = 1;i < = 4;i++)
19      {
20        btn[i] = new JButton("卡片" + i);
21        p.add(btn[i],"卡片标识" + i);
22        btn[i].addActionListener(this);
23      }
24      validate();
25    }
26
27    public void actionPerformed(ActionEvent e)
28    {
29      card.next(p);
30    }
31  }
32
33  public class Example5_8
34  {
35    public static void main(String[] args)
36    {
37      new CardTest();
38    }
39  }
```

程序运行结果如图 5-10 所示。

图 5-10 卡片布局显示最上面一个组件

# 5.4 JComponent 类组件的使用

## 5.4.1 JComponent 类组件

JComponent 类是除顶层容器外的所有 swing 组件的父类,其常用子类如表 5-3 所示。

表 5-3　JComponent 类的一些常用子类

| 类　名 | 功　能 | 类　名 | 功　能 |
|---|---|---|---|
| JButton | 创建按钮对象 | JProgressBar | 创建进度指示条 |
| JComboBox | 创建下拉列表对象 | JRadioButton | 创建单选按钮 |
| JCheckBox | 创建复选框对象 | JScrollBar | 创建滚动条 |
| JFileChooser | 创建文件选择器 | JScrollPane | 创建滚动窗体 |
| JLabel | 创建文本标签 | JSlider | 创建滑杆 |
| JMenu | 创建菜单对象 | JSplitPane | 创建拆分窗体 |
| JMenuBar | 创建菜单条对象 | JTable | 创建表格 |
| JMenuItem | 创建菜单项对象 | JTestArea | 创建文本区 |
| JPanel | 创建面板对象 | JToolBar | 创建工具条 |
| JPasswordField | 创建口令文本框对象 | JToolTip | 创建工具提示对象 |
| JPopupMenu | 创建弹出式菜单 | JTree | 创建树对象 |

　　JComponent 类的常用方法如表 5-4 所示,它们是表 5-3 中所列的子类都继承了这些方法。

表 5-4　JComponent 类的常用方法

| 类别 | 方　法　名 | 功　能 |
|---|---|---|
| 设置组件的颜色 | void　setBackground(Color c) | 设置组件的背景色 |
| | void　setForeground(Color c) | 设置组件的前景色 |
| 设置组件的字体 | void setFont(Font f) | 设置组件上的字体 |
| | Font(String name, int style, int size) | 字体的构造方法: name 为字体名称,style 为字体式样 size 为字体大小 |
| 设置组件的大小与位置 | void setSize(int width, int height) | 设置组件的宽度和高度 |
| | void setLocation(int x, int y) | 设置组件在容器中的位置,左上角坐标为(0,0) |
| | void setBounds(int x, int y, int width, int height) | 设置组件在容器中的位置及组件大小 |
| 设置组件的激活与可见性 | void setEnabled(boolean b) | 设置组件是否被激活 |
| | boolean isEnabled() | 判断组件是否为激活状态 |
| | void setVisible(boolean b) | 设置组件是否可见 |

　　在上述设置组件颜色的方法中,Color 类是 Java.awt 包中的类。用 Color 类的构造方法 Color(int red,int green,int blue)可以创建一个颜色对象,三个颜色值取值都为 0~255。Color 类还有 red、blue、green、orange、cyan、yellow、pink 等静态常量。

## 5.4.2　文本组件和标签

### 1. JTextComponent 类

　　JTextComponent 是一个允许设置、检索和修改文本的类。它是 swing 文本组件的基类,通过它定义了 JTextField、JTextArea 和 JEditorPane 3 个子类。它们的继承关系如图 5-11 所示。

　　JTextComponent 类的常用方法如表 5-5 所示。

图 5-11　JTextComponent 类组件的继承关系

表 5-5　JTextComponent 类常用方法

| 方　法　名 | 功　　能 |
|---|---|
| void setText(String t) | 设置文本内容 |
| string getText() | 获取文本内容 |
| boolean isEdit() | 检测文本的可编辑性 |
| void setEditable(boolean b) | 设置文本的可编辑性 |
| string getSelectedText() | 获取选取文本内容 |
| void select(int selStart, int selEnd) | 选取文本内容 |
| void copy() | 将选定的内容传输到系统剪贴板 |
| void cut() | 将选定的内容传输到系统剪贴板，并把文本组件中的内容删除 |

由于 JTextComponent 是文本框 JTextField 类、文本区 JTextArea 类及文本组件 JEditorPane 共同的父类。因此，下面要介绍的文本框 JTextField 类、文本区 JTextArea 类及文本组件 JEditorPane 都继承了 JTextComponent 的方法属性。

### 2. 文本框 JTextField

文本框 JTextField 是对单行文本进行编辑的组件，用来接受用户的输入码或显示可编辑的文本。

（1）文本框 JTextField 类的定义。

swing 对文本框 JTextField 类的定义如下。

```
1   public class JTextField extends JTextComponent
2   {
3     public JTextField();
4     publicJTextField(String text);
5     public JTextField(int columns);
6     publicJTextField(String text, int columns);
7     public void addActionListener(ActionListener l);
8     public void remove ActionListener(ActionListener l);
9   }
```

其中，第 3~6 行是文本框的构造方法。

第 7 行 addActionListener(ActionListener l)为指定事件监听者。

第 8 行 remove ActionListener(ActionListener l)为删除事件监听者。

由于 JTextField 是 JTextComponent 的子类，因此还具有 JTextComponent 所有的方法和属性。

（2）创建文本框。

创建文本框时，一般要以初始的文本字符串或能容纳的字符数为参数：

```
JTextField  text = new  JTextField(String str);
```

（3）主要方法。

它主要继承其父类 JTextComponent 的方法。从上述文本框的定义可知，它可以实现 ActionListener 监听接口的方法。

【例 5-9】　文本框应用示例。

```
1   /* JTextField 类示例 */
```

```
2   import javax.swing. * ;
3   import java.awt.FlowLayout;
4   class TxtfdTest extends JFrame
5   {
6     JTextField txt;                                    //声明文本框对象
7     TxtfdTest()
8     {
9       setSize(300,200);
10      setVisible(true);
11      setTitle("创建文本框示例");
12      setDefaultCloseOperation(EXIT_ON_CLOSE);
13      setLayout(new FlowLayout());                      //设置窗体为浮动布局
14      txt = new JTextField(20);                         //对象实例化
15      add(txt);                                         //将文本框添加到窗体中
16      validate();
17      txt.setText("重新设置了文本");                       //设置文本内容
18    }
19  }
20
21  public class Example5_9
22  {
23    public static void main(String[ ] args)
24    {
25      new TxtfdTest();
26    }
27  }
```

### 【程序说明】

程序的第 2 行引用了 swing 类包,因此可以在第 4 行
将类声明为 JFrame 的子类,并且可以使用文本组件
JTextField。第 6 行声明 TextField 对象,第 14 行实例化
对象。第 15 行把文本框添加到窗体中,第 16 行的
validate 方法使文本框对象显示出来。第 17 行重新设置
文本框的内容。

程序运行结果如图 5-12 所示。

图 5-12　文本框组件程序运行结果

### 3. 密码框 JPasswordField

密码框 JPasswordField 是 JtextField 的子类,允许编辑单行文本,可以设置为不显示输入
的原始字符,而是显示指定的回显字符。

JPasswordField 类的主要方法为 setEchoChar(char c),其中的字符 c 为回显字符。

### 【例 5-10】　设计一个密码验证程序。

```
1   /* 密码框示例  */
2   import javax.swing. * ;
3   import java.awt. * ;
4   import java.awt.event. * ;
5   class Passwd extends JFrame implements ActionListener
6   {
7     JLabel lb = new JLabel("请输入密码:");                 //创建标签对象
8     JPasswordField txt1 = new  JPasswordField(25);        //创建密码框对象
9     JButton bn = new JButton("确定");
10    JTextField txt2 = new JTextField(25);
```

```
11      Passwd()
12      {
13        setSize(300,200);
14        setVisible(true);
15        setTitle("密码验证");
16        setDefaultCloseOperation(EXIT_ON_CLOSE);
17        setLayout(new FlowLayout());
18        add(lb);
19        add(txt1);
20        txt1.setEchoChar('*');                              //设置回显的字符为 * 号
21        add(bn);
22        add(txt2);
23        validate();
24        bn.addActionListener(this);
25      }
26
27    public void actionPerformed(ActionEvent e)
28    {
29        if (txt1.getText().equals("abc"))                   //比较字符串相等
30          txt2.setText("密码正确!!");
31        else
32          txt2.setText("密码错误!!");
33    }
34  }
35
36  public class  Example5_10
37  {
38    public static void main(String[] args)
39    {
40        new Passwd();
41    }
42  }
```

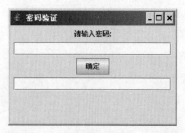

图 5-13   密码框组件程序运行结果

【程序说明】

程序的第 29 行，比较两个字符串的内容是否相等，要用 equals 方法。若比较两个数值是否相等，则用==符号。

程序运行结果如图 5-13 所示。

### 4. 文本区 JTextArea

文本区 JTextArea 是对多行文本进行编辑的组件，用控制符来控制文本的格式。例如，\n 为换行，\t 为插入一个 Tab 字符。

（1）文本区 JTextArea 类的定义。

TextArea 类是 JTextComponent 的子类，继承了其父类的方法和属性。swing 对这个类的定义如下。

```
1   public class JTextArea extends JTextComponet
2   {
3     public JTextArea()
4     public JTextArea(String text)
5     public JTextArea(int rows,int columns)
6     public JTextArea(String text,int rows,int cols)
7     public void append(String str)
```

```
8      public void insert(String str,int pos)
9      public void replaceRange(String str,int start,int end)
10  }
```

其中,第 3～6 行是文本区的构造方法。

第 7 行 append(String str)方法向文本区追加文本内容。

第 8 行 insert(String str,int pos)方法在指定的位置插入文本内容。

第 9 行 replaceRange(String str,int start,int end)方法替换指定的开始与结束位置间的文本内容,str 为替换的文本,start 为开始位置,end 为结束位置。

（2）创建文本区。

通常创建文本区时,要说明这个文本区的行数、列数或文本内容:

```
JTextArea txt1 = new JTextArea(7,35);
```

（3）主要方法。

它主要继承 JTextComponent 类的方法,从文本区的定义可知,它还有 append(String str)等方法。

通过下面的例子,可以了解文本组件的基本功能及使用方法。

【例 5-11】　JTextArea 类示例。

```
1  /* JTextArea 类示例 */
2  import javax.swing.*;
3  import java.awt.*;
4  import java.awt.event.*;
5  class AreaTest extends JFrame implements ActionListener
6  {
7     JTextArea txt1 = new JTextArea(7,35);              //创建文本区对象
8     JTextField txt2 = new JTextField(35);              //创建文本框对象
9     String str = "窗外飘起蒙蒙小雨,\n 平添一夜寒意," +
10                 "\n 多少的思绪藏在心底,";
11    AreaTest()
12    {
13       setSize(400,300);
14       setVisible(true);
15       setTitle("文本组件示例");
16       setDefaultCloseOperation(EXIT_ON_CLOSE);
17       setLayout(new FlowLayout());               //设置浮动布局
18       txt1.setText(str);                         //设置文本区的文本内容
19       add(txt1);                                 //将文本区添加到窗体中
20       add(txt2);                                 //将文本框添加到窗体中
21       validate();
22       txt2.addActionListener(this);              //把文本框注册为监听对象
23    }
24
25    public void actionPerformed(ActionEvent e)
26    {
27       String s = txt2.getText();                 //从文本框中获取文字内容
28       txt1.append("\n" + s);                     //将文本框的字符串追加到文本区中
29    }
30  }
31
32 public class  Example5_11
```

```
33 {
34    public static void main(String[ ] args)
35    {  new AreaTest();    }
36 }
```

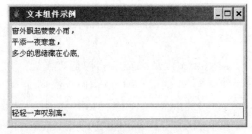

图 5-14　文本区组件程序运行结果

程序运行结果如图 5-14 所示,在文本框中输入文字内容,按 Enter 键,则将文本框中的文字追加到文本区中。

### 5. 标签 JLabel 类

标签是用户只能查看其内容但不能修改的文本组件,一般用作说明。在例 5-10 密码验证程序中已经使用了标签。标签 JLabel 上可以添加图像,当鼠标指针悬停在标签上时,可以显示一段提示文字。标签 JLabel 的常用方法如表 5-6 所示。

表 5-6　标签 JLabel 类常用方法

| 方　法　名 | 功　　能 |
| --- | --- |
| JLabel() | 创建空标签的构造方法 |
| JLabel(String text) | 创建具有文字 text 的构造方法 |
| JLabel(Icon icon) | 创建具有图标 icon 的构造方法 |
| JLabel(String s, Icon icon, int textPosition) | 创建具有文字、图标和排列方式的构造方法<br>参数 textPosition 确定标签上图标的位置,取值为 SwingConstants. RIGHT、SwingConstants. LEFT、SwingConstants. CENTER、SwingConstants. LEADING、SwingConstants. TRAILING |
| setText(String s) | 设置标签内容 |
| setIcon(Icon icon) | 设置标签的图标 |
| setToolTipText(String text) | 设置当鼠标指针悬停在标签上时显示文字 text 内容 |

【例 5-12】　创建一个包含带有图标的按钮和标签的窗体。

```
1   /* 带有图标的按钮和标签 */
2   import javax.swing. *;
3   import java.awt. *;
4   import java.awt.event. *;
5   class LbTest extends JFrame implements ActionListener
6   {
7     LbTest(String s)
8     {
9       setSize(300,200);
10      setVisible(true);
11      setTitle(s);
12      setLayout(new FlowLayout());
13      ImageIcon icon1 = new ImageIcon("s1.jpg");
14      ImageIcon icon2 = new ImageIcon("s2.jpg");
15      ImageIcon icon3 = new ImageIcon("s3.jpg");
16      JButton jbtn = new JButton("我是按钮",icon1);
17      jbtn.setRolloverIcon(icon2);                //当鼠标指针悬停在按钮上时变换图标
18      JLabel jlb = new JLabel("我是标签",icon3,SwingConstants.CENTER);
19      jlb.setToolTipText("QQ 头像");              //当鼠标指针悬停在标签上时显示提示文本
```

```
20        add(jbtn);
21        add(jlb);
22        jbtn.addActionListener(this);
23        setDefaultCloseOperation(EXIT_ON_CLOSE);
24        validate();
25        }
26    public void actionPerformed(ActionEvent e)
27    {
28        JInternalFrame in_window;                    //声明内部窗体对象
29        in_window = new JInternalFrame("内部窗体",true,true,true,true);
30        in_window.setSize(250,200);
31        in_window.setVisible(true);
32        add(in_window);
33        JTextArea text = new JTextArea(5,15);        //创建文本区对象
34        in_window.add(text,BorderLayout.CENTER);     //按边界布局添加到窗体中
35      }
36  }
37
38  public class Example5_12
39  {
40      public static void main(String args[])
41      {
42          LbTest win = new LbTest("有图标的按钮和标签");
43      }
44  }
```

【程序说明】

（1）程序的第 16 行和第 18 行创建了一个带图标的按钮和一个带图标的标签。

（2）第 17 行设置按钮对象的翻滚图标，即当鼠标指针悬停在按钮上时，按钮上的图标由 icon1 变换为 icon2。

（3）第 19 行设置标签的提示文本，当鼠标指针悬停在标签上时将显示提示文本内容。

（4）在第 28 行和第 29 行创建了一个内部窗体对象。JinternalFrame 的构造方法为：

JInternalFrame(String title,可否改变大小,可否关闭,可否最大化,可否最小化)

当参数为 true 时,可改变；否则,不可改变。

程序运行结果如图 5-15 所示。

(a) 鼠标指针悬停在标签上显示提示信息    (b) 单击按钮打开内部窗体

图 5-15　带有图标的按钮和标签

## 5.4.3　单选按钮、复选框和下拉列表

单选按钮(JRadioButton)、复选框(JCheckBox)和下拉列表(JComboBox)是一组表示多

种"选择"的 swing 组件。

### 1. 单选按钮(JRadioButton)和复选框(JCheckBox)

单选按钮 JradioButton 和复选框 JCheckBox 都只有两种状态：选中或未选中。它们的构造方法和其他常用方法类似,故把它们放在一起介绍。

复选框 JCheckBox 的常用方法如表 5-7 所示。

表 5-7　复选框 JCheckBox 及单选按钮 JradioButton 类常用方法

| 方 法 名 | 功　　能 |
|---|---|
| JCheckBox()或 JRadioButton() | 没有标签的构造方法 |
| JCheckBox(String s)或 JRadioButton(String s) | 具有标签 s 的构造方法 |
| JCheckBox(Icon icon)或 JRadioButton(Icon icon) | 具有图标 icon 的构造方法 |
| JCheckBox(String s, Icon icon)或 JRadioButton(String s, Icon icon) | 具有标签和图标的构造方法 |
| JCheckBox(String s, Icon icon,boolean t)或 JRadioButton(String s, Icon icon,boolean t) | 具有标签和图标且初始状态为 t 的构造方法 |
| getItem() | 获取产生事件的对象 |
| getStateChange() | 返回该选择项是否被选中 |

【例 5-13】　创建包含单选按钮和复选框的窗体。

```
1   /* 单选按钮和复选框示例 */
2   import java.awt. * ;
3   import java.awt.event. * ;
4   import javax.swing. * ;
5   class BRTest extends JFrame implements ItemListener,ActionListener
6   {
7       JTextField text = new JTextField(15); ;
8       BRTest(String s)
9       {
10       setSize(200,200);
11       setVisible(true);
12       setTitle(s);
13       setLayout(new FlowLayout());
14       //添加 3 个复选框
15       JCheckBox cb1 = new JCheckBox("C 语言");
16       cb1.addItemListener(this);
17       add(cb1);
18       JCheckBox cb2 = new JCheckBox("C++语言");
19       cb2.addItemListener(this);
20       add(cb2);
21       JCheckBox cb3 = new JCheckBox("Java 语言");
22       cb3.addItemListener(this);
23       add(cb3);
24       //添加 3 个单选按钮
25       JRadioButton b1 = new JRadioButton("鲜花");
26       b1.addActionListener(this);
27       add(b1);
28       JRadioButton b2 = new JRadioButton("鼓掌");
29       b2.addActionListener(this);
30       add(b2);
```

```
31        JRadioButton b3 = new JRadioButton("鸡蛋");
32        b3.addActionListener(this);
33        add(b3);
34        //定义按钮组,单选按钮只有放到按钮组中才能实现单选功能
35        ButtonGroup bg = new ButtonGroup();
36        bg.add(b1);
37        bg.add(b2);
38        bg.add(b3);
39        //添加文本框
40        add(text);
41        validate();
42        setDefaultCloseOperation(EXIT_ON_CLOSE);
43      }
44    public void itemStateChanged(ItemEvent ie)
45      {
46        JCheckBox cb = (JCheckBox)ie.getItem();
47        text.setText(cb.getText());
48      }
49    public void actionPerformed(ActionEvent ae)
50      {
51        text.setText(ae.getActionCommand());
52      }
53  }
54  //主类
55  public class Example5_13
56  {
57      public static void main(String args[])
58      {
59          new BRTest("单选按钮和复选框示例");
60      }
61  }
```

**【程序说明】**

（1）复选框 JCheckBox 实现 ItemListener 接口,通过 itemStateChanged 方法,触发 ItemEvent 事件,如本程序的第 44~48 行。

（2）单选按钮 JRadioButton 实现 ActionListener 接口,通过 actionPerformed 方法,触发 ActionEvent 事件,如本程序的第 49~52 行。

（3）程序的第 35~38 行将单选按钮 JRadioButton 对象放到按钮组 ButtonGroup 中,只有放到按钮组中才能实现一次只能选中一个按钮的单选功能。

程序运行结果如图 5-16 所示。

图 5-16　单选按钮和复选框示例

### 2．下拉列表（JComboBox）

下拉列表（JComboBox）通常显示一个可选条目,允许用户在一个下拉列表中选择不同条目,用户也可以在文本区内输入选择项。JComboBox 的构造函数如下:

```
JComboBox()
JComboBox(Vector v)
```

其中,v 是初始选项。

要增加选项,则使用方法:

void addItem(Object obj)

其中,obj 是加入下拉列表的对象。

【例 5-14】 创建包括一个下拉列表和一个标签的窗体。标签显示一个图标。下拉列表的可选条目是"中国""俄罗斯""韩国""联合国"。当选择一个图标,标签就更新为这个国家的国旗。

```
1  /* 下拉列表示例 */
2  import java.awt.*;
3  import java.awt.event.*;
4  import javax.swing.*;
5  class CobTest extends JFrame implements ItemListener
6  {
7     JLabel jlb;
8     ImageIcon france, germany, italy, japan;
9     CobTest(String s)
10     {
11        setSize(300,200);
12        setVisible(true);
13        setTitle(s);
14        setDefaultCloseOperation(EXIT_ON_CLOSE);
15        setLayout(new FlowLayout());
16        JComboBox jc = new JComboBox();
17        jc.addItem("中国");
18        jc.addItem("俄罗斯");
19        jc.addItem("韩国");
20        jc.addItem("联合国");
21        jc.addItemListener(this);
22        add(jc);
23        jlb = new JLabel(new ImageIcon("中国.jpg"));
24        add(jlb);
25        validate();
26     }
27     public void itemStateChanged(ItemEvent ie)
28     {
29        String s = (String)ie.getItem().toString();
30        jlb.setIcon(new ImageIcon(s + ".jpg"));
31     }
32  }
33  //主类
34  public class Example5_14
35  {
36     public static void main(String args[])
37     {  new CobTest("下拉列表示例");  }
38  }
```

图 5-17　下拉列表程序运行结果

程序运行结果如图 5-17 所示。

## 5.4.4　卡片选项页面(JTabbedPane)

在 5.3.2 节中介绍过卡片布局 CardLayout,该布局不太直观,swing 用 JTabbedPane 类对它进行了修补,由 JTabbedPane 处理这些卡片面板。在设计用户操作界面时,使用卡片选项页面,可以扩大安排功能组件的范围,用户操作起来更加方便。

【**例 5-15**】　卡片选项页面示例。

```
1   /* 卡片选项页面 */
2   import javax.swing.*;
3   import java.awt.*;
4   import java.awt.event.*;
5   class TtpDemo extends JFrame
6   {
7       TtpDemo()
8       {
9         super("卡片选项页面示例");
10        setSize(300,200);setVisible(true);
11        JTabbedPane jtp = new JTabbedPane();
12        ImageIcon icon1 = new ImageIcon("c1.gif");
13        ImageIcon icon2 = new ImageIcon("c2.gif");
14        ImageIcon icon3 = new ImageIcon("c3.gif");
15        jtp.addTab("城市",icon1, new CitiesPanel(),"城市名称");
16        jtp.addTab("文学", icon2, new BookPanel(),"文学书目");
17        jtp.addTab("网站", icon3, new NetPanel(),"精选网址");
18        getContentPane().add(jtp);
19        validate();
20        setDefaultCloseOperation(EXIT_ON_CLOSE);
21      }
22   }
23   //定义面板 CitiesPanel
24   class CitiesPanel extends JPanel
25   {
26     CitiesPanel()
27     {
28        JButton b1 = new JButton("北京");
29        JButton b2 = new JButton("上海");
30        JButton b3 = new JButton("深圳");
31        JButton b4 = new JButton("厦门");
32        add(b1); add(b2); add(b3); add(b4);
33      }
34   }
35   //定义面板 BookPanel
36   class BookPanel extends JPanel
37   {
38     BookPanel()
39     {
40        JCheckBox cb1 = new JCheckBox("西游记");
41        JCheckBox cb2 = new JCheckBox("三国演义");
42        JCheckBox cb3 = new JCheckBox("红楼梦");
43        add(cb1); add(cb2); add(cb3);
44      }
45   }
46   //定义面板 NetPanel
47   class  NetPanel extends JPanel
48   {
49     NetPanel()
50     {
51        JComboBox jcb = new JComboBox();
52        jcb.addItem("思维论坛");
```

```
53          jcb.addItem("百度搜索");
54          jcb.addItem("Java 爱好者");
55          add(jcb);
56          }
57      }
58      //主类
59 public class Example5_15
60 {   public static void main(String args[])
61      {   new TtpDemo();    }
62 }
```

**【程序说明】**

(1) 在程序的第 23～57 行,设计了三个面板类(CitiesPanel、BookPanel 和 NetPanel)。

(2) 在程序的第 11 行建立 JTabbedPane 的实例对象 JTp。

(3) 通过实例对象 JTp 调用方法 addTab()将面板添加到 JTabbedPane 中。

addTab 方法有 3 种结构方式:

- addTab(String title, Component component);
- addTab(String title, Icon icon, Component component);
- addTab(String title, Icon icon, Component component, String tip);

图 5-18    卡片选项页面

其中,title 为卡片标题;icon 为卡片图标;component 为放到选项页面中的面板;tip 为当鼠标停留在该页面标题时显示的提示文字。

本程序的第 15～17 行使用的是 addTab 方法的第三种结构方式。

程序运行结果如图 5-18 所示。

## 5.4.5    滑杆(JSlider)和进度指示条(JProgressBar)

滑杆 JSlider 能通过一个滑块的来回移动输入数据,在很多情况下显得直观(如声音控制)。进程条 JProgressBar 从“空”到“满”显示相关数据的状态,因此用户得到了一个状态的透视。下面的例子将滑动块同进程条挂接起来,当移动滑动块时,进程条也相应地改变。

**【例 5-16】**    滑杆和进度指示条配合使用示例。

```
1  /* 滑杆和进度指示条 */
2  Import java.awt. * ;
3  Import java.awt. event. * ;
4  Import javax. swing. * ;
5  Import javax. swing. event. * ;
6  Import javax. swing. border. * ;
7  class P extends JPanel {
8      JProgressBar pb = new JProgressBar();
9      JSlider sb = new JSlider(JSlider.HORIZONTAL, 0, 100, 60);
10     public P() {
11         setLayout(new GridLayout(2,1));
12         add(pb);
13         sb. setValue(0);
14         sb. setPaintTicks(true);
```

```
15        sb.setMajorTickSpacing(20);
16        sb.setMinorTickSpacing(5);
17        sb.setBorder(new TitledBorder("移动滑杆"));
18        pb.setModel(sb.getModel());
19        pb.setStringPainted(true);
20        add(sb);
21      }
22    }
23    public class Example5_16{
24      public static void main(String args[]) {
25        JFrame f = new JFrame("滑杆和进度指示条");
26        f.setSize(300,150);
27        f.add(new P());
28        f.show();
29        f. setDefaultCloseOperation(JFrame.EXIT_ON_CLOSE);
30      }
31    }
```

**【程序说明】**

（1）进程指示条 JProgressBar 是用颜色动态填充一个长条矩形的组件，通常用于显示某任务完成的进度情况。它有以下 3 种常用的构造方法。

- JProgressBar()，
- JProgressBar(int min, int max)，
- JProgressBar(int orient, int min, int max)。

其中，参数 orient 决定进度指示条是水平放置还是垂直放置，其取值为 JProgressBar. HORIZONTAL 或 JProgressBar. VERTICAL；min 和 max 表示进度指示条的最大值和最小值。

在程序的第 8 行，应用了第一种构造方法建立 JProgressBar 对象。它的最大值和最小值是系统默认的，分别取值 100 和 0，即把进度指示条 100 等分。

本程序用到 JProgressBar 的方法如下。

- setModel(BoundedRangeModel newModel)：进度条与任务源 newModel 挂接。
- setStringPainted(boolean b)：是否允许在进度条中显示完成进度的百分比。

程序的第 18 行，设置进度条的任务源为 JSlider；程序的第 19 行，设置允许在进度条中显示完成的百分比数。

（2）JSlider 的构造方法与作用基本与 JProgressBar 类似，用于显示某任务完成的进度情况，不同之处是它可以用鼠标拖动。

程序运行结果如图 5-19 所示。

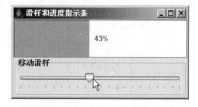

图 5-19 滑杆和进度指示条

## 5.4.6 表格（JTable）

表格（JTable）是在设计用户界面（user interface）时非常有用的一个组件；尤其在需要将统计数据非常清楚且有条理地呈现在用户面前时，表格设计更能显出它的重要。JTable 组件的主要功能是把数据以二维表格的形式显示出来。

表格 JTable 的常用方法如表 5-8 所示。

表 5-8　表格 JTable 常用方法

| 方　法　名 | 功　　　能 |
| --- | --- |
| JTable() | 创建一个新的 JTable,使用系统默认的 Model |
| JTable(int row, int col) | 创建具有 row 行、col 列的空表格 |
| JTable(object[][]rowData,object[]columnNames) | 创建显示二维数组数据表格,且可以显示列的名称。第一个参数是数据,第二个参数是在表格第一行中显示列的名称 |
| JTable(TableModel dm) | 创建表格并设置数据模式 |
| JTable(Vector[][]rowData,Vector[]columnNames); | 创建以 Vector 为输入来源的数据表格。第一个参数是数据,第二个参数是在表格第一行中显示列的名称 |
| getModel() | 获取表格的数据来源对象 |

【例 5-17】　利用 JTable 编制员工档案表。

```
1   /* 简单 JTable 表格 */
2   import javax.swing.*;
3   import java.awt.*;
4   import java.awt.event.*;
5   class TableDemo extends JFrame
6   {
7     public TableDemo()
8     {
9       super("员工档案表");
10      String[] columnNames = {"姓名","职务","电话","月薪","婚否"};
11      Object[][] data = {
12       {"李  强","经理","059568790231",new Integer(5000),new Boolean(true)},
13       {"吴  虹","秘书","059569785321",new Integer(3500),new Boolean(true)},
14       {"陈卫东","主管","059565498732",new Integer(4500),new Boolean(false)},
15       {"欧阳建","保安","059562796879",new Integer(2000),new Boolean(true)},
16       {"施乐乐","销售","059563541298",new Integer(4000),new Boolean(false)}
17      };
18      JTable table = new JTable(data,columnNames);
19      table.setPreferredScrollableViewportSize(new Dimension(500,70));
20      JScrollPane scrollPane = new JScrollPane(table);
21      getContentPane().add(scrollPane, BorderLayout.CENTER);
22      setDefaultCloseOperation(EXIT_ON_CLOSE);
23      pack();
24      setVisible(true);
25    }
26  }
27   //主类
28  public class Example5_17
29  {
30    public static void main(String[] args)
31    {
32        TableDemo frame = new TableDemo();
33    }
34  }
```

【程序说明】

(1) 程序第 10 行为表格的表头,即各列标题,存放到字符串数组 columnNames 中。

（2）程序第 11～17 行定义二维数组 data 存放表格数据。

（3）程序第 18 行创建一个 JTable 类对象,构成一个以数组 columnNames 为列标题、以数组 data 为内容的表格。

（4）程序第 19 行定义表格的显示尺寸。

（5）程序第 20 行创建一个带滚动条的面板,把表格放到面板中。

（6）程序第 21 行将带滚动条的面板添加到窗体中。

程序运行结果如图 5-20 所示。

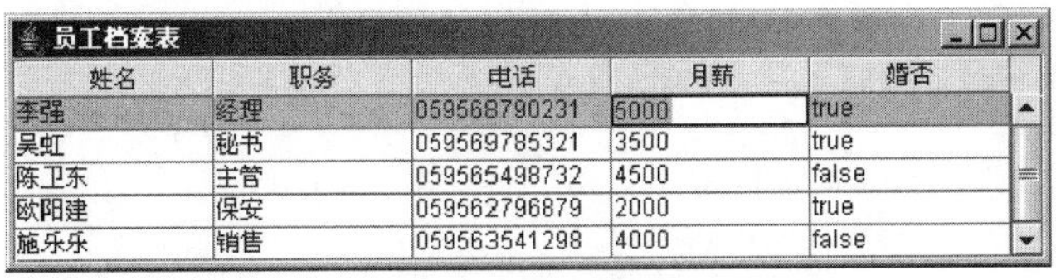

图 5-20　简单表格

通过上面的例子可知,利用 JTable 类创建一个表格很简单,只要用数组作为表格的数据输入,将数组的元素填入 JTable 中,一个基本的表格就产生了。不过,这种方法虽然简便,但创建的表格还有不少缺陷。例如,上例表格中的每个单元格都只能接受同一种类型的数据,数据类型皆显示为 String 类型,原来声明为 Boolean 的数据都以 String 类型的形式出现。为了对解决这种复杂的情况,swing 提供了多种 Model 来解决这个问题,如 TableModel 类、AbstractTableModel 类等。这些类均放在类库 javax.swing.table package 中,可以在 Java API 中找到这个 package,下面通过改造上例来说明其用法。

设计表格程序时,依据 MVC(Model-View-Controller)的设计思想,先创建一个 AbstractTableModel 类型的对象来存放和处理数据,由于这个类是从 AbstractTableModel 类中继承的,其中有几个方法需要覆盖重写,如 getColumnCount、getRowCount、getColumnName 和 getValueAt。因为 JTable 会从这个对象中自动获取表格显示需要的数据,AbstractTableModel 类的对象负责表格大小的确定(行、列)、内容的填写、赋值、表格单元更新检测等一切与表格内容有关的属性及其操作。JTable 类生成的表格对象以该 TableModel 为参数,并负责将 TableModel 对象中的数据以表格的形式显示出来。

**【例 5-18】** 修改例 5-17,编制一个加强的员工档案表格。

```
1    / * JTable 表格应用 * /
2    import javax.swing.JTable;
3    import javax.swing.table.AbstractTableModel;
4    import javax.swing.JScrollPane;
5    import javax.swing.JFrame;
6    import javax.swing.SwingUtilities;
7    import javax.swing.JOptionPane;
8    import java.awt. * ;
9    import java.awt.event. * ;
10   class TableDemo extends JFrame
11     {
12       public TableDemo()
13       { //首先调用父类 JFrame 的构造方法生成一个窗口
14         super("员工档案表");
15         //myModel 存放表格的数据
16         MyTableModel myModel = new MyTableModel();
17         //表格对象 table 的数据来源是 myModel 对象
```

```java
18          JTable table = new JTable(myModel);
19          //表格的显示尺寸
20          table.setPreferredScrollableViewportSize(new Dimension(500,70));
21          //产生一个带滚动条的面板
22          JScrollPane scrollPane = new JScrollPane(table);
23          //将带滚动条的面板添加到窗口中
24          getContentPane().add(scrollPane, BorderLayout.CENTER);
25          setDefaultCloseOperation(EXIT_ON_CLOSE);
26      }
27  }
28      //把要显示在表格中的数据存入字符串数组和 Object 数组中
29  class MyTableModel extends AbstractTableModel
30   {
31      private boolean DEBUG = true;
32       //表格中第一行所要显示的内容存放在字符串数组 columnNames 中
33      final String[] columnNames = {"姓名","职务","电话","月薪","婚否"};
34      //表格中各行的内容保存在二维数组 data 中
35      final Object[][] data = {
36       {"李强", "经理","059568790231",new Integer(5000), new Boolean(false)},
37       {"吴虹", "秘书","059569785321",new Integer(3500), new Boolean(true)},
38       {"陈卫东", "主管","059565498732",new Integer(4500), new Boolean(false)},
39       {"欧阳建", "保安","059562796879",new Integer(2000), new Boolean(true)},
40       {"施乐乐", "销售","059563541298",new Integer(4000), new Boolean(false)}
41       };
42       /* 下面是重写 AbstractTableModel 中的方法,其主要用途是被 JTable 对象调用,
43        * 以便在表格中正确地显示出来。
44        * 要注意根据采用的数据类型加以恰当实现
45        */
46      //获得列的数目
47       public int getColumnCount()
48        {return columnNames.length;}
49        //获得行的数目
50       public int getRowCount()
51        {return data.length;}
52       //获得某列的名字,而目前各列的名字保存在字符串数组 columnNames 中
53       public String getColumnName(int col)
54        {return columnNames[col];}
55       //获得某行某列的数据,而数据保存在对象数组 data 中
56       public Object getValueAt(int row, int col)
57        {return data[row][col];}
58       //判断每个单元格的类型
59       public Class getColumnClass(int c)
60       {return getValueAt(0, c).getClass();}
61       //将表格声明为可编辑的
62       public boolean isCellEditable(int row, int col)
63       {
64        if (col < 2) {return false;}
65        else {return true;}
66       }
67        //改变某个数据的值
68       public void setValueAt(Object value, int row, int col)
69       {
70         if (DEBUG)
71           {
```

```
72              System.out.println("Setting value at " + row + "," + col
73                  + " to " + value + " (an instance of " + value.getClass() + ")");
74          }
75      if (data[0][col] instanceof Integer && !(value instanceof Integer))
76      {
77          try
78          {
79              data[row][col] = new Integer(value.toString());
80              fireTableCellUpdated(row, col);
81          }
82      catch (NumberFormatException e)          //捕获异常,当程序发生异常时触发
83      {
84              TableDemo table = new TableDemo();
85              JOptionPane.showMessageDialog(table,
86                  "The \"" + getColumnName(col)
87                  + "\" column accepts only integer values.");
88      }
89      } else {
90              data[row][col] = value;
91              fireTableCellUpdated(row, col);
92          }
93      if (DEBUG)
94      {
95          System.out.println("New value of data:");
96          printDebugData();
97      }
98      }
99      private void printDebugData()              //采用双重循环结构,输出二维数组元素
100     {
101         int numRows = getRowCount();
102         int numCols = getColumnCount();
103         for (int i = 0; i < numRows; i++)          //外循环控制行
104         {
105           System.out.print(" row " + i + ":");
106           for (int j = 0; j < numCols; j++)          //内循环控制列
107           {System.out.print(" " + data[i][j]);}
108             System.out.println();
109         }
110         System.out.println(" ------------------------- ");
111     }
112     }
113   //主类
114   public class Example5_18
115   {
116     public static void main(String args[])
117     {
118             TableDemo frame = new TableDemo();
119             frame.pack();
120             frame.setVisible(true);
121     }
122   }
```

程序运行结果如图 5-21 所示。

员工档案表

| 姓名 | 职务 | 电话 | 月薪 | 婚否 |
| --- | --- | --- | --- | --- |
| 李强 | 经理 | 059568790231 | 5000 | ✔ |
| 吴虹 | 秘书 | 059569785321 | 3500 | ✔ |
| 陈卫东 | 主管 | 059565498732 | 4500 | |
| 欧阳建 | 保安 | 059562796879 | 2000 | ✔ |
| 施乐乐 | 销售 | 059563541298 | 4000 | |

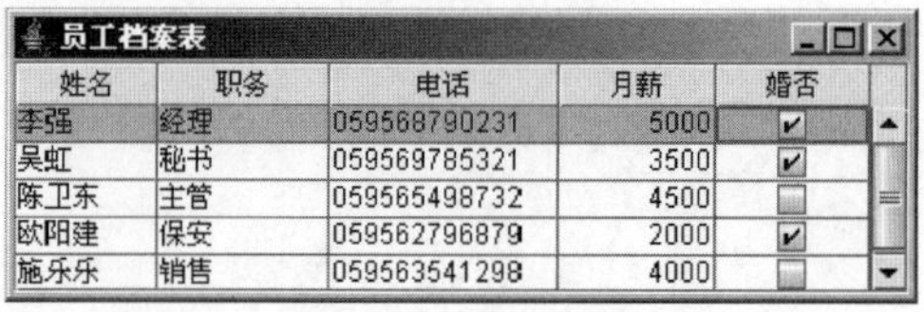

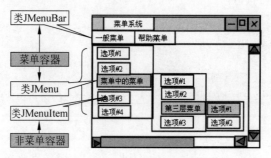

图 5-21　加强的表格

# 5.5 菜单与对话框

## 5.5.1 菜单

菜单是图形用户界面程序设计经常使用的组件。菜单又分为下拉式菜单(JMenu)和弹出式菜单(JPopupMenu)。

一个菜单由多个菜单项组成,选择一个菜单项就可以触发一个动作事件。多个菜单又可以组合成一个新的菜单增加在最顶层框架(JFrame)上,一般的窗口类都要创建菜单栏、多个菜单和一个菜单项。下拉式菜单如图 5-22 所示。

图 5-22　下拉式菜单的组成

(1) 一个菜单栏(JMenuBar)包含多个菜单,通过 JFrame 的 setMenuBar 方法加入一个 JFrame 中。一个菜单栏可以包含任意多个菜单对象,通过 Add 方法来增加菜单对象。

(2) 一个菜单(JMenu)是菜单项的集合,并且有一个标题,这个标题出现在菜单上,当单击这个标题时,这些菜单项立即弹出。使用它自身的 add 方法,可以增加菜单项(JmenuItem)或菜单(JMenu)对象。

(3) 菜单项在菜单中表示一个选项,并且可以注册一个动作监听器(ActionListener),以产生动作事件。

表 5-9 所示为 JMenuBar、JMenu、JMenuItem 的构造函数和常用方法。

建立菜单的步骤如下。

(1) 创建菜单栏对象,并将菜单条对象添加到窗体中。

```
JMenuBar mbar = new JMenuBar();
setJMenuBar(mbar);                                    //窗体类 Frame 的方法
```

(2) 创建菜单对象,并将菜单对象添加到菜单栏中。

```
menu1 = newJMenu("File");
```

```
menu2 = newJMenu("Edit")
mbar.add(menu1);
mbar.add(menu2);
```

表 5-9　与 JMenu 相关的构造函数和常用方法

| 方 法 名 | 功 能 |
|---|---|
| JMenuBar | 创建菜单栏 |
| add(JMenu menu) | 在菜单栏中添加菜单 |
| JMenu() | 创建菜单 |
| JMenu(String label) | 创建具有指定标题内容的菜单 |
| add(JMenuItem mi) | 在菜单中添加菜单项 |
| addSeparator() | 在菜单中添加一条分隔线 |
| insert(JMenuItem mi, int index) | 在菜单的指定位置插入菜单项 |
| JMenuItem() | 创建菜单项 |
| JMenuItem(String label) | 创建具有指定标题内容的菜单项 |
| getLabel() | 获取菜单项的标题内容 |
| setLabel(String label) | 设置菜单项的标题内容 |
| setEnabled(boolean b) | 设置菜单项是否可以选择 |
| addActionListener(ActionListener l) | 添加监视器,设置菜单项接收操作事件 |

（3）创建菜单项对象,并将菜单项对象添加到相应的菜单中。

```
mi1 = new JMenuItem("New");
mi2 = new JMenuItem("Open");
mi3 = new JMenuItem("Save");
mi4 = new JMenuItem("Close");
menu1.add(mi1);
menu1.add(mi2);
menu2.add(mi3);
menu2.add(mi4);
```

【例 5-19】　设计一个菜单程序。

这个程序包含“文件”和“编辑”菜单。菜单下又包含菜单项。“文件”菜单包含的菜单项为“新建文件”“打开文件”“退出”,“编辑”菜单包含的菜单项为“剪切”“复制”“粘贴”。除了“文件”和“退出”菜单项外,其他的所有的菜单项功能都暂时被关闭。

```
1   /* 演示菜单程序 */
2   import javax.swing.*;
3   import java.awt.event.*;
4   public class  Example5_19 extends JFrame implements ActionListener
5   {  JMenuItem fileNew = new JMenuItem("新建文件");
6      JMenuItem fileOpen = new JMenuItem("打开文件");
7      JMenuItem fileExit = new JMenuItem("退出");
8      JMenuItem editCut = new JMenuItem("剪切");              定义菜单项
9      JMenuItem editCopy = new JMenuItem("复制");
10     JMenuItem editPaste = new JMenuItem("粘贴");
11     public  Example5_19()
12   {   super("菜单演示程序");
13       JMenu file = new JMenu("文件");
```

```
14        file.add(fileNew); fileNew.setEnabled(false);
15        file.add(fileOpen); fileOpen.setEnabled(false);
16        file.addSeparator();              添加一条分隔线
17        file.add(fileExit);  fileExit.setEnabled(true);
18        JMenu edit = new JMenu("编辑");
19        edit.add(editCut);   editCut.setEnabled(false);
20        edit.add(editCopy);  editCopy.setEnabled(false);
21        edit.add(editPaste); editPaste.setEnabled(false);
22        JMenuBar bar = new JMenuBar();
23        setJMenuBar(bar);
24        bar.add(file);
25        bar.add(edit);
26        fileExit.addActionListener(this);
27        setSize(250, 200);
28        setVisible(true);
29        setDefaultCloseOperation(EXIT_ON_CLOSE);
30      }
31      public void actionPerformed(ActionEvent e)
32      {
33        if(e.getSource() == fileExit)
34            System.exit(0);
35      }
36      public static void main(String args[])
37      {   Example5_19 f = new  Example5_19(); }
38  }
```

在"文件"菜单中添加菜单项，并设置"退出"项可选，其余菜单项设为不可选

在"编辑"菜单中添加菜单项，并设置菜单项为不可选

创建菜单栏并设置到该窗体中。将"文件"和"编辑"菜单添加到菜单栏中

向监视器注册"退出"菜单项，若其他菜单项要触发事件，均需要向监视器注册

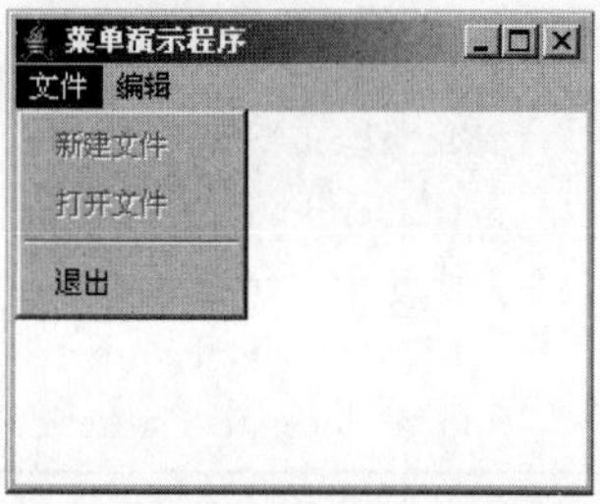

图 5-23　显示下拉式菜单

程序运行结果如图 5-23 所示。

菜单与按钮类似，两者都要产生动作事件。这两个组件几乎是所有 GUI 程序的标准组件。

## 5.5.2　弹出式菜单

在窗体中，右击，弹出的菜单称为弹出式菜单，也称快捷菜单。弹出的菜单类 JPopupMenu 的构造方法和常用方法如下。

```
public JpopupMenu()                          //创建弹出式菜单对象
public JpopupMenu(String label)              //创建带标识的弹出式菜单对象
void add(JMenuItem menuItem)                 //将指定菜单项添加到菜单
void addSeparator()                          //将分隔符添加到菜单
void show(Component invoker, int x, int y)   //在组件 invoker 的坐标 x、y 处显示弹出式菜单
```

【例 5-20】　在文本框中显示弹出式菜单项。

```
1   /* 右键弹出式菜单 */
2   import java.awt. * ;
3   import java.awt.event. * ;
4   import javax.swing. * ;
5   public class Example5_20 extends JFrame implements ActionListener
6   {
7     JPopupMenu popup = new JPopupMenu();        实例化弹出菜单
8     JTextField txt = new JTextField(10);
9     public Example5_21()
10    {
11      super("右键弹出式菜单");
12      setSize(300,250);
13      setVisible(true);
```

```
14    setLayout(new FlowLayout());
15    add(txt);
16    setDefaultCloseOperation(EXIT_ON_CLOSE);
17    JMenuItem m1 = new JMenuItem("菜单项 1");
18    JMenuItem m2 = new JMenuItem("菜单项 2");      ◄── 实例化菜单项
19    JMenuItem m3 = new JMenuItem("菜单项 3");
20    JMenuItem m4 = new JMenuItem("菜单项 4");
21    popup.add(m1);
22    popup.add(m2);
23    popup.add(m3);                                  ◄── 添加菜单项到菜单上
24    popup.addSeparator();
25    popup.add(m4);
26    m1.addActionListener(this);
27    m2.addActionListener(this);
28    m3.addActionListener(this);
29    m4.addActionListener(this);
30    addMouseListener(new MouseAdapter()  ◄── 定义处理鼠标事件的匿名类
31    {
32      public void mouseClicked(MouseEvent e)
33      {
34        if (e.getButton() == MouseEvent.BUTTON3)
35        {
36          popup.show(e.getComponent(),
37                        e.getX(),                    ◄── 在坐标处显示弹出右键菜单
38                        e.getY());
39        }
40      }
41    });
42    validate();
43  }
44  public void actionPerformed(ActionEvent e)
45  {
46    txt.setText(
47      ((JMenuItem)e.getSource()).getText());  ◄── 获取鼠标选中的菜单项文本
48  }
49  public static void main(String args[])
50  {  new Example5_20();      }
51 }
```

程序运行结果如图 5-24 所示。

## 5.5.3 对话框

对话框(JDialog)是一个有边框、有标题且独立存
在的容器,是一个从某个窗口弹出的特殊窗口。对话
框与 JFrame 一样,不能被其他容器包容,不能作为程

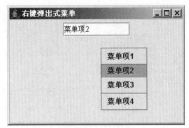

图 5-24 在文本框中显示弹出式菜单项

序的最顶层容器,也不能包含菜单。JDialog 必须隶属于一个 JFrame 窗口,并由这个 JFrame
窗口负责弹出。如果它的父窗口 JFrame 消失,它也随之消失。

### 1. 对话框的构造

一般来说,对话框有两种类型,如下所述。

(1) "有模式"对话框(Medel Dialog):当这个对话框处于激活状态时,只让程序响应对话框

内部的事件,阻塞隶属父窗口对象的输入,而且它将阻塞其他线程的执行,直到该对话框被关闭。

(2)"无模式"对话框(Non-modal Dialog):这种对话框并不阻塞隶属父窗口对象的输入,可以与父窗口对象并存,除非特别声明,一般的对话框是"无模式"的。

一个对话框类使用如表 5-10 所示的 4 种构造方法进行初始化。

表 5-10　JDialog 类的构造方法及其含义

| 构 造 函 数 | 含　　义 |
|---|---|
| JDialog(Type parent) | 创建以 parent 为父类的"无模式"对话框,parent 可以为 JFrame 或 JDialog |
| JDialog(Type parent,Boolean modal) | 创建以 parent 为父对象对话框,parent 可以为 JFrame 或 JDialog |
| JDialog(Type parent,String title) | 创建以 parent 为父类、title 为标题的"无模式"对话框,parent 可以为 JFrame 或 JDialog |
| JDialog(Type parent,String title,Boolean modal) | 创建以 parent 为父类、title 为标题的对话框,parent 可以为 JFrame 或 JDialog |

【例 5-21】　设计一个本对话框与窗口传递数据的程序。

```
1  /* 本示例说明对话框与窗口传递数据 */
2  import java.awt.*;
3  import java.awt.event.*;
4  import javax.swing.*;
5  class Win extends JFrame   implements ActionListener        构造窗体类
6  { JButton btn1 = new JButton("打开对话框");
7    JTextArea txt = new JTextArea(5, 8);
8    Win()
9    {  super("对话框与窗体传递消息");
10      setBounds(50, 50, 200, 200);
11      setVisible(true);
12      addWindowListener(new WindowAdapter(){
13        public void windowClosing (WindowEvent e){      关闭窗体的另一种方法,
14          System.exit(0);                             构造窗体适配器匿名类
15        }
16      } );
17    setLayout(new BorderLayout());
18    add(btn1, "North"); add(txt, "Center");
19    btn1.addActionListener(this);
20    validate();
21  }
22    public void actionPerformed(ActionEvent e){      由于有模式的对话框,这时
23    Dia dia = new Dia(this, "传递消息对话框", true);   将产生阻塞,直到对话框关
24    dia.setVisible(true);                           闭。窗体获取对话框传递的
25    txt.append(dia.getMessage());                   消息,放到文本区中
26  }
27 }
28 //构造对话框类
29 class Dia extends JDialog implements ActionListener
30 {
31     JTextField txt = new JTextField(10);             构造对话框,所依赖的窗体为f,
32     Dia(JFrame f, String s, boolean b){             对话框的标题为s,是否为有模
33       super(f, s, b);                               式由参数b决定
34       setSize(300, 100);
35       setLayout(new FlowLayout());
```

```
36          add(txt);
37          txt.addActionListener(this);
38          validate();
39      }
40   public void actionPerformed(ActionEvent e){
41          setVisible(false);
42      }
43      //把对话框的消息传递出去
44   public String getMessage(){
45          return txt.getText();
46      }
47   }
48   //主类
49   public class Example5_21{
50      public static void main(String args[]) {
51          new Win();
52      }
53   }
```

程序运行结果如图 5-25 所示。

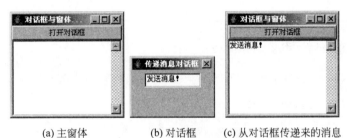

(a) 主窗体     (b) 对话框     (c) 从对话框传递来的消息

图 5-25 对话框传递消息给窗体

### 2. 消息对话框

Java 有一种与用户交互操作的特殊消息对话框 JOptionPane 类,其基本外形通常如图 5-26 所示。

1) 消息对话框的构造方法

消息对话框的构造方法因其参数不同,所表现的形式有所不同,其常用构造方法如表 5-11 所示。

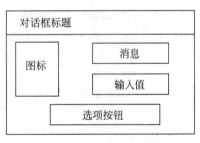

图 5-26 消息对话框基本外形

表 5-11 消息对话框的常用构造方法及其含义

| 构 造 方 法 | 说 明 |
|---|---|
| JOptionPane() | 创建一个带有测试消息的 JOptionPane 对话框 |
| JOptionPane(Object message) | 创建一个显示消息的 JOptionPane 对话框,提供默认选项 |
| JOptionPane(Object message, int messageType) | 创建一个显示消息的 JOptionPane 对话框,使其具有指定的消息类型和默认选项 |
| JOptionPane(Object message, int messageType, int optionType) | 创建一个显示消息的 JOptionPane 对话框,使其具有指定的消息类型和选项 |
| JOptionPane(Object message, int messageType, int optionType, Icon icon) | 创建一个显示消息的 JOptionPane 对话框,使其具有指定的消息类型、选项和图标 |

其中：

messageType 定义消息对话框的样式。对话框的外观布置因此值而异，并提供默认图标。messageType 取值为 ERROR _ MESSAGE、INFORMATION _ MESSAGE、WARNING _ MESSAGE、QUESTION_MESSAGE、PLAIN_MESSAGE。

optionType 定义在对话框的底部显示的选项按钮的集合为 DEFAULT_OPTION、YES_NO_OPTION、YES_NO_CANCEL_OPTION、OK_CANCEL_OPTION。

2）消息对话框的静态方法

JOptionPane 类通常调用静态方法 showXxxxDialog()来确定对话框的显示类型，其方法如表 5-12 所示。

表 5-12　showXxxxDialog()显示对话框的类型

| 方 法 名 | 说 明 |
| --- | --- |
| showConfirmDialog() | 确认对话框：询问一个确认问题，如 yes/no/cancel |
| showInputDialog() | 输入对话框：包括一个文本字段和两个按钮，确定和取消 |
| showMessageDialog() | 消息对话框：告知用户某事已发生 |
| showOptionDialog() | 自定义格式对话框 |

例如，显示消息对话框类型，如图 5-27 所示。

JOptionPane. showMessageDialog(null, "提示的内容", "提示对话框",JOptionPane. ERROR_MESSAGE);

显示确认对话框类型，如图 5-28 所示。

JOptionPane. showConfirmDialog(null, "选择的内容", "选择对话框",JOptionPane. YES_NO_CANCEL_OPTION);

图 5-27　消息对话框　　　　　　　　图 5-28　确认对话框

【例 5-22】　消息对话框示例。

```
1  import javax.swing. * ;
2  public class Example5_22
3  {
4    public static void main(String args[])
5    {
6      JOptionPane  d_input = new JOptionPane();
7      String str = d_input. showInputDialog(null, "1 + 2 = ?");
8      if (str.equals("3"))
9          d_input. showMessageDialog(null, "回答正确。");
10     else
11         d_input. showMessageDialog(null, "回答错误!");
12     d_input. showConfirmDialog(null, "测试完毕!");
13     System. exit(0);                        //退出程序;
14   }
15 }
```

程序运行第 7 行输入对话框语句时,显示的结果如图 5-29 所示。

### 3. 文件选择对话框

实例化 JFileChooser 类后,调用 showOpenDialog 方法,能够打开一个文件选择对话框,可用于打开或保存文件时的文件选择,如图 5-30 所示。

```
JFileChooser file = new JFileChooser();
file.showOpenDialog(null);
```

图 5-29 "输入"对话框

图 5-30 文件选择对话框

【例 5-23】 文件选择对话框示例。

```
1   import javax.swing.*;
2   import java.awt.*;
3
4   public class Example5_23
5   {
6     public static void main(String args[])
7     {
8         JOptionPane  d_input = new JOptionPane();
9         JFileChooser file = new JFileChooser();
10        file.showOpenDialog(null);
11        String str = file.getSelectedFile().toString();    ←── 获取选择的文件名
12        d_input.showMessageDialog(null, str);
13    }
14  }
```

运行程序后,显示图 5-30 中文件选择对话框,选择要打开的文件,返回所选择的文件路径及文件名,如图 5-31 所示。

图 5-31 显示返回所选择的文件
       路径及文件名

### 4. 颜色选择对话框

实例化 JColorChooser 类后,调用 showOpenDialog 方法,能够打开一个颜色选择对话框,如图 5-32 所示。

```
JColorChooser  color = new JColorChooser();
color.showDialog(null,"",null);
```

【例 5-24】　颜色选择对话框示例。

```
1   import javax.swing. * ;
2   import java.awt. * ;
3
4   public class Example5_24
5   {
6     public static void main(String args[])
7     {
8        JOptionPane  d_input = new JOptionPane();
9        JColorChooser  color = new JColorChooser() ;
10       Color c = color.showDialog(null,"",null);      ← 返回所选择颜色的值
11       d_input.showMessageDialog(null, c);
12     }
13  }
```

运行程序后,显示图 5-32 中的颜色选择对话框,选择颜色后,返回所选择颜色的值,如图 5-33 所示。

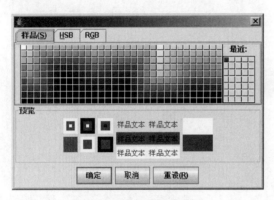

图 5-32　颜色选择对话框

图 5-33　显示返回所选颜色的值

# 5.6　树

## 5.6.1　树的概念

在 Microsoft Windows 文件管理器中,目录及文件都是以树状的层次结构显示出来的,就如同阶梯一般,一层包着一层,这样的做法不仅可以让用户清楚地了解各节点之间的关系,也使得用户在找寻相关的文件时更为方便。

对于树的结构,最上层的点称为根节点(root node),在根节点下面的节点称为子节点(child node),子节点下面还可以有子节点,因此会形成所谓父节点与子节点的关系。每个节点可以有零个到多个的子节点。当一个节点没有任何的子节点时,就称这个节点为树叶节点(leaf node),反之称为树枝节点(internal node),其关系如图 5-34 所示。

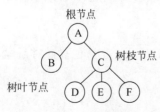

图 5-34　树的结构

节点 A 为根节点,节点 B、C、D、E、F 为 A 的子节点。节点 C 是节点 D、E、F 的父节点,节点 D、E、F 是节点 C 的子节点。

节点 B、D、E、F 为树叶节点，节点 A、C 为树枝节点。

在 Java 中，JTree 是建立树结构的类。初始状态的树状视图，在默认情形下，只显示根节点和它的直接子节点。用户可以双击分节点的图标或单击图标前的"开关"使该节点展开或收缩。

## 5.6.2  树的构造方法

### 1. 树的创建

可以使用 JTree 类的构造方法创建树。JTree 的常用构造方法如下。

- JTree()：建立一个系统默认的树。
- JTree(Hashtable value)：应用 Hashtable 表建立树，不显示根节点。
- JTree(Object[] value)：应用数组 Object[]建立树，不显示根节点。
- JTree(TreeNode root)：应用节点 TreeNode 建立树。
- JTree(TreeNode root，boolean askAllowsChildren)：应用节点 TreeNode 建立树，并确定是否允许有子节点。

【例 5-25】  建立一个系统默认的简单树结构。

```
1  / * 最简单的 JTree 示例 * /
2  import java.awt. * ;
3  import javax. swing. * ;
4  class TreeDemo extends JFrame
5  {
6    public TreeDemo()
7    {
8     setSize(400,300);
9     setTitle("演示怎样使用 JTree");
10    show();
11    JScrollPane jPanel = new JScrollPane();
12    getContentPane().add(jPanel);
13    //创建系统默认的树状对象
14    JTree jtree = new JTree();
15    //在面板上添加树状结构
16    jPanel.getViewport().add(jtree, null);
17    validate();
18    //设置"关闭窗口"按钮
19    setDefaultCloseOperation(JFrame.EXIT_ON_CLOSE);
20    }
21  }
22   //主类
23  public class Example5_25
24  {
25    public static void main(String args[])
26    {
27          TreeDemo frame = new TreeDemo();
28    }
29  }
```

【程序说明】

本程序非常简单,利用 JTree()构造了一个系统默认的树对象,并将些对象放在带滚动条的面板 JScrollPane 中,当树结构大于窗体空间时,可以利用滚动条来滚动面板。

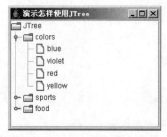

图 5-35　系统默认的简单树结构

程序运行结果如图 5-35 所示。

**2. 树节点的创建**

例 5-25 虽然简单,但并没有多少实质意义,因为各个节点的数据都是 Java 的默认值,而非用户定义的数据。树结构的类是 JTree,要构造一个由用户定义枝节点的树,JTree 必须同树枝节点类 TreePath 和 TreeNode 共同来完成。

树节点由 javax. swing. tree 包中的接口 TreeNode 定义,该接口是 MutableTreeNode 类的子类,而 MutableTreeNode 又由 DefaultMutableTreeNode 类实现,因此,在创建树时,要使用 DefaultMutableTreeNode 类为该树创建节点。

DefaultMutableTreeNode 类的常用构造方法是:

```
DefaultMutableTreeNode(Object userObject);
DefaultMutableTreeNode(Object userObject, boolean allowChildren);
```

第一个构造方法创建的节点默认可以有子节点,即它可以用 add 方法添加其他节点作为它的子节点。

对于一个节点,可以使用方法 setAllowsChildren(boolean b)来设置是否允许有子节点。

应用节点 TreeNode 构造树的步骤如下:

(1) 定义节点。

```
DefaultMutableTreeNode n1 = new DefaultMutableTreeNode("节点 1");
DefaultMutableTreeNode n2 = new DefaultMutableTreeNode("节点 2");
DefaultMutableTreeNode n3 = new DefaultMutableTreeNode("节点 3");
…
```

(2) 定义树,同时确定 n1 为根节点。

```
JTree tree = new JTree(n1);
```

(3) 添加子节点。

```
n1.dd(n2);
n1.add(n3);
```

【例 5-26】　建立一个应用 TreeNode 构造如图 5-36 所示结构的树。

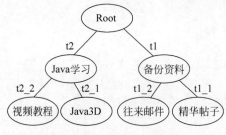

图 5-36　TreeNode 树结构

```
1  /* "利用 TreeNode 构造树" */
2  import javax.swing.*;
3  import javax.swing.tree.*;
4  import java.awt.*;
5  import java.awt.event.*;
6  class Mytree extends JFrame
7  {
8   Mytree(String s)
9    {
10     super(s);
11     Container con = getContentPane();          //定义 JFrame 窗体容器
12     //定义节点
13   DefaultMutableTreeNode root = new DefaultMutableTreeNode("c:\\");
14   DefaultMutableTreeNode t1 = new DefaultMutableTreeNode("备份资料");
15   DefaultMutableTreeNode t2 = new DefaultMutableTreeNode("Java 学习");
16   DefaultMutableTreeNode t1_1 = new DefaultMutableTreeNode(
17                                           "思维论坛精华帖子");
18   DefaultMutableTreeNode t1_2 = new DefaultMutableTreeNode("来往邮件");
19   DefaultMutableTreeNode t2_1 = new DefaultMutableTreeNode("视频教程");
20   DefaultMutableTreeNode t2_2 = new DefaultMutableTreeNode("Java3D");
21     //创建根节点为 root 的树
22     JTree tree = new JTree(root);
23     //定义 t1、t2 为 root 的子节点
24     root.add(t1);
25     root.add(t2);
26     //定义 t1_1,t1_2 为 t1 的子节点
27     t1.add(t1_1);    t1.add(t1_2);
28     //定义 t2_1,t2_2 为 t2 的子节点
29     t2.add(t2_1);
30     t2.add(t2_2);
31     JScrollPane scrollpane = new JScrollPane(tree);        //带滚动条的面板(树放置其中)
32     con.add(scrollpane);
33     setSize(300,200);
34     setVisible(true);
35     validate();
36     setDefaultCloseOperation(EXIT_ON_CLOSE);
37    }
38  }
39  //主类
40  public class Example5_26
41  {
42    public static void main(String[] args)
43    {
44        new Mytree("利用 TreeNode 构造树");
45    }
46  }
```

程序运行结果如图 5-37 所示。

## 3. 利用哈希表构造树

在下面的例子中,介绍利用哈希表(Hash table)的数据来
建立树结构。

图 5-37 利用 TreeNode 构造树

**【例 5-27】**  建立一个利用哈希表数据构造树的结构。

```
1   /* 利用哈希表定义树结构 */
2   import java.awt. * ;
3   import java.awt.event. * ;
4   import javax.swing. * ;
5   import java.util. * ;
6   //定义树结构类
7   class TreesDemo //extends JPanel
8   {
9     public TreesDemo()
10    {
11     JFrame f = new JFrame("哈希表定义树结构演示");
12     Hashtable hashtable1 = new Hashtable();
13     Hashtable hashtable2 = new Hashtable();
14     String[ ] s1 = {"思维论坛","Java 爱好者","网上书店"};
15     String[ ] s2 = {"公司文件","私人文件","往来信件"};
16     String[ ] s3 = {"本机磁盘(C:)","本机磁盘(D:)","本机磁盘(E:)"};
17     hashtable1.put("桌面",hashtable2);
18     hashtable2.put("收藏夹",s1);
19     hashtable2.put("我的公文包",s2);
20     hashtable2.put("我的电脑",s3);
21     //树进行初始化,其数据来源是 root 对象
22     JTree tree = new JTree(hashtable1);
23     JScrollPane scroll = new JScrollPane();
24     scroll.setViewportView(tree);
25     Container con = f.getContentPane();
26     con.add(scroll);
27     f.setSize(200,300);
28     f.setVisible(true);
29     f.setDefaultCloseOperation(JFrame.EXIT_ON_CLOSE);
30    }
31  }
32  //主类
33  public class Example5_27 {
34    public static void main(String args[])
35     { TreesDemo jf = new TreesDemo(); }
36  }
```

图 5-38  利用哈希表数据
建立树结构

**【程序说明】**

哈希表是常用的数据结构,它是利用 key-value 对的方式来存储数据,也就是说当要在哈希表中找寻数据时,必须先提供关键字 key 的值,哈希表会根据 key 值找到所关联的数据项值 value。哈希表是利用 put 方法将 key-value 对放入哈希表中。程序第 17 行中,"收藏夹"就是一个 key 值,而字符串数组 s1 的数据"思维论坛""Java 爱好者""网上书店"是"收藏夹"对应的数据项 value 值。

程序运行结果如图 5-38 所示。

**4. 处理节点事件**

树中的节点可以发生选择事件,即单击节点时产生事

件。一个树对象处理事件的接口是 TreeSelectionListener，可以使用：

> 树对象.addTreeSelectionListener(this);

方法获得一个监视器。

树对象通过使用方法 getLastSelectedPathComponent 获取选中的节点，使用方法 getUserObject 得到与节点相关的信息。

【例 5-28】　处理节点事件。

```
1   / * 处理节点事件 * /
2   import java.awt. * ;
3   import java.awt.event. * ;
4   import javax.swing. * ;
5   import javax.swing.tree. * ;
6   import javax.swing.event. * ;
7   //定义树结构类
8   class TreesDemo extends JFrame implements TreeSelectionListener
9   {
10  JTree tree = null;
11  JTextArea text = new JTextArea(20,20);
12  public TreesDemo()
13   {
14    super("处理节点事件");
15    Container con = getContentPane();
16    String[][] data = {
17      {"我的电脑","本机磁盘(C:)","本机磁盘(D:)","本机磁盘(E:)"},
18      {"收藏夹","思维论坛","Java 爱好者","网上书店"},
19      {"我的公文包","公司文件","私人文件","往来信件"},
20     };
21    DefaultMutableTreeNode   root;                //定义根节点
22    DefaultMutableTreeNode   treeNode[][];        //定义节点数组
23    //建立根节点对象
24    root = new DefaultMutableTreeNode("桌面");
25     //声明节点数组容量
26    treeNode = new DefaultMutableTreeNode[4][4];
27    //外循环建立父节点,内循环建立子节点
28    for (int i = 0;i < data.length;i++)
29     {
30       //建立父节点 treeNode
31       treeNode[i][0] = new DefaultMutableTreeNode(data[i][0]);
32       root.add(treeNode[i][0]);
33       for( int j = 1;j < 4;j++)
34       { //给节点 treeNode 添加多个子节点
35         treeNode[i][0].add(new DefaultMutableTreeNode(data[i][j]));
36       }
37     }
38     //创建根为 root 的树对象 tree
39    tree = new JTree(root);
40    JScrollPane scrollpane = new JScrollPane(text);      //创建带滚动条的面板
41    JSplitPane splitpane = new JSplitPane(JSplitPane.HORIZONTAL_SPLIT,
42                 true,tree,scrollpane);                   //创建可拆分的窗体
43    con.add(splitpane);
44    tree.addTreeSelectionListener(this);
45    setSize(500,200);
46    setVisible(true);
```

```
47   validate();
48   setDefaultCloseOperation(EXIT_ON_CLOSE);
49   }
50   //定义节点事件
51   public void valueChanged(TreeSelectionEvent e)
52   {
53    if(e.getSource() == tree)
54      {
55      //定义被选中的节点
56      DefaultMutableTreeNode node =
57      (DefaultMutableTreeNode)tree.getLastSelectedPathComponent();
58      if(node.isLeaf()){
59         //获取叶节点所定义的文本信息
60         String str = node.toString();
61         if(str.equals("本机磁盘(C:)"))
62             {  text.setText(str + ":\n 这里显示'C:盘文件'");}
63         else if(str.equals("本机磁盘(D:)"))
64             {  text.setText(str + ":\n 这里显示'D:盘文件'");}
65          else if(str.equals("思维论坛"))
66             {  text.setText(str + ":\n 这里显示'www.zsm8.com 的精华帖子'");}
67         else if(str.equals("Java 爱好者"))
68             {  text.setText(str + ":\n 这里显示'Java 爱好者网址'");}
69         else if(str.equals("网上书店"))
70             {  text.setText(str + ":\n 这里显示'网上书店的购物信息'");}
71         else if(str.equals("公司文件"))
72             {  text.setText(str + ":\n 这里显示'公司内部文件'");  }
73        }
74      else {
75          text.setText(node.getUserObject().toString());
76          }
77       }
78    }   //valueChanged()_end
79   }
80   //主类
81   public class Example5_28
82   {
83     public static void main(String args[])
84     {
85        new TreesDemo();
86     }
87   }
```

**【程序说明】**

(1) 程序的第 21 行和第 22 行定义根节点和节点数组;第 24 行创建根节点对象;第 28 行~第 37 行,用双重循环建立节点(treeNode[i][0]为父节点,treeNode[i][j]为子节点),其中外循环建立父节点,内循环建立子节点,并把子节点添加到对应的父节点中。

(2) 程序的第 39 行创建根为 root 的树对象 tree;第 40 行建立一个带滚动条的面板(文本区放置到其上);在第 41 行,创建一个水平分割的可拆分窗体,tree 在左边,带滚动条的面板在右边。

(3) 第 51 行定义节点事件,当单击树的节点时将触发这些事件。

(4) 第 56 行定义被选中的节点;第 58~73 行为获取叶节点所定义的文本信息;第 75 行为获取节点标题内容。

程序运行结果如图 5-39 所示。

图 5-39　处理节点事件

**实验 5**

【实验目的】

（1）掌握窗体的创建以及几种常用方法。

（2）掌握按钮的创建以及动作监听。

（3）掌握面板、文本组件、选择框的应用。

（4）熟练掌握布局的应用。

（5）熟悉掌握应用类 Canvas 创建画布对象。

（6）掌握菜单、菜单项的创建以及使用菜单的技巧。

（7）掌握树结构的应用。

【实验内容】

（1）运行下列程序，并写出其输出结果。

```java
import javax.swing. * ;
import java.awt. * ;
import java.awt.event. * ;
public class Ex5_1 extends JFrame implements ActionListener
{   JTextField text;
    JButton buttonEnter,buttonQuit;
    JLabel str;
    Ex5_1()
    {
        setBounds(100,100,300,200);
        setVisible(true);
        setLayout(new FlowLayout());
        setDefaultCloseOperation(EXIT_ON_CLOSE);
        str = new JLabel("在文本框输入数字字符按 Enter 键或单击按钮");
        add(str);
        text = new JTextField("0",10);
        add(text);
        buttonEnter = new JButton("确定");
        buttonQuit  = new JButton("清除");
        add(buttonEnter); add(buttonQuit);
        validate();
        buttonEnter.addActionListener(this);
        buttonQuit.addActionListener(this);
        text.addActionListener(this);
    }
```

```java
public void actionPerformed(ActionEvent e)
{   if(e.getSource() == buttonEnter||e.getSource() == text)
      { double number = 0;
          try {   number = Double.valueOf(text.getText()).doubleValue();
                  text.setText("" + Math.sqrt(number));
              }
          catch(NumberFormatException event)
              {   text.setText("请输入数字字符");
              }
      }
    else if(e.getSource() == buttonQuit)
      {   text.setText("0");
      }
}
public static void main(String args[])
  {     new Ex5_1();}
}
```

（2）运行下列程序，分析其输出结果。

```java
import javax.swing.*;
import java.awt.*;
import java.awt.event.*;
public class Ex5_2 extends JFrame implements ActionListener
{   JTextField text1,text2;
    JPasswordField passtext;
    Ex5_2()
    {
        setSize(300,200);
        setVisible(true);
        setLayout(new FlowLayout());
        setDefaultCloseOperation(EXIT_ON_CLOSE);
        text1 = new JTextField("输入密码: ",10);
        text1.setEditable(false);
        passtext = new JPasswordField(10);
        passtext.setEchoChar('*');
        text2 = new JTextField("我是一个文本框",20);
        add(text1);add(passtext);add(text2);

        validate();
        passtext.addActionListener(this);
    }
    public void actionPerformed(ActionEvent e)
    {
        text2.setText("设置的密码为:    " + passtext.getText());
    }
    public static void main(String args[])
     {
        new Ex5_2();
     }
}
```

（3）运行下列程序，画出其输出界面。

```java
import javax.swing.*;
import java.awt.*;
```

```
import java.awt.event.*;
class MyFrame extends JFrame implements ItemListener,ActionListener
{   JCheckBox box; JTextArea text; JButton button;
    MyFrame(String s)
    {   super(s);
        box = new JCheckBox("设置窗口是否可调整大小");
        text = new JTextArea(12,12);
        button = new JButton("关闭窗口");
        button.addActionListener(this);
        box.addItemListener(this);
        setSize(300,200);
        setVisible(true);
        add(text,BorderLayout.CENTER);
        add(box,BorderLayout.SOUTH);
        add(button,BorderLayout.NORTH);
        setResizable(false);
        validate();
    }
    public void itemStateChanged(ItemEvent e)
    {
        if(box.isSelected() == true) setResizable(true);
        else setResizable(false);
    }
    public void actionPerformed(ActionEvent e)
    {   dispose();    }
}
class Ex5_3
{   public static void main(String args[])
    {   new MyFrame("窗口");    }
}
```

(4) 运行下列程序,并写出其输出结果。

```
import javax.swing.*;
import java.awt.*;
import java.awt.event.*;
class Mypanel extends JPanel implements ActionListener
{
    JButton button1,button2,button3;
    Color backColor;
    Mypanel()                          //构造方法。当创建面板对象时,面板被初始化为有 3 个按钮
    {   button1 = new JButton("确定");
        button2 = new JButton("取消");
        button3 = new JButton("保存");
        add(button1);add(button2);add(button3);
        setBackground(Color.pink);                      //设置面板的底色
        backColor = getBackground();                    //获取底色
        button1.addActionListener(this);button2.addActionListener(this);
    }
    public void actionPerformed(ActionEvent e)
    {   if(e.getSource() == button1)
            setBackground(Color.cyan);
        else if(e.getSource() == button2)
            setBackground(backColor);
    }
}
```

```java
public class Ex5_4 extends JFrame
{   Mypanel panel1,panel2,panel3;
    JButton button;
    Ex5_4()
    {
        setSize(300,200);
        setVisible(true);
        setDefaultCloseOperation(EXIT_ON_CLOSE);
        setLayout(new FlowLayout());
        panel1 = new Mypanel();panel2 = new Mypanel();panel3 = new Mypanel();
        button = new JButton("我不在那些面板里");
        add(panel1);add(panel2);add(panel3);
        add(button);
        validate();
    }
    public static void main(String args[])
    {
        Ex5_4 win = new Ex5_4();
    }
}
```

(5) 运行下列程序,并写出其输出结果。

```java
import javax.swing. * ;
import java.awt. * ;
class Mycanvas extends Canvas
{
    String s;
    Mycanvas(String s)
    {   this.s = s;
        setSize(90,80);
        setBackground(Color.cyan);
    }
    public void paint(Graphics g)
    {   if(s.equals("circle"))
            g.drawOval(20,25,30,30);
        else if(s.equals("rect"))
            g.drawRect(30,35,20,20);
    }
}

public class Ex5_5 extends JFrame
{
    Mycanvas canvas1,canvas2;
    Ex5_5()
    {
        setSize(300,200);
        setVisible(true);
        setDefaultCloseOperation(EXIT_ON_CLOSE);
        setLayout(new FlowLayout());
        canvas1 = new Mycanvas("circle");
        canvas2 = new Mycanvas("rect");
        add(canvas1);
        JPanel p = new JPanel();
        p.setBackground(Color.pink);
```

```
        p.add(canvas2);
        add(p);
        validate();
    }
    public static void main(String args[])
    {
      new Ex5_5();
    }
}
```

(6) 运行下列的程序,并画出其输出的结果。

```
import javax.swing. * ;
import java.awt. * ;
import java.awt.event. * ;
public class Ex5_6 extends JFrame
{
   Ex5_6()
   {
       setSize(500,300);
       setVisible(true);
       setDefaultCloseOperation(EXIT_ON_CLOSE);
       setLayout(new GridLayout(12,12));
       JButton button[][] = new JButton[12][12];
       for(int i = 0;i < 12;i++)
         {   for(int j = 0;j < 12;j++)
             {   button[i][j] = new JButton();
                 if((i + j) % 2 == 0)
                   button[i][j].setBackground(Color.black);
                 else
                   button[i][j].setBackground(Color.white);
                 add(button[i][j]);
             }
         }
       validate();
   }
   public static void main(String args[])
    {
     new Ex5_6();
    }
}
```

(7) 运行下列程序,并画出其输出界面。

```
import javax.swing. * ;
import java.awt. * ;
import java.awt.event. * ;
class Herwindow extends JFrame   implements ActionListener
{   JMenuBar menubar;JMenu menu;JMenuItem item;
    Herwindow(String s)
    {   super(s);
        setSize(160,170);
        setVisible(true);
        menubar = new JMenuBar();
        menu = new JMenu("文件");
        item = new JMenuItem("退出");
```

```
        item.addActionListener(this);
        menu.add(item);
        menubar.add(menu);menubar.add(menu);
        setJMenuBar(menubar);
        validate();
    }
    public void actionPerformed(ActionEvent e)
    {   if(e.getSource() == item)
        {   System.exit(0);
        }
    }
}

public class Ex5_7
{   public static void main(String args[])
    {   Herwindow window = new Herwindow("法制之窗");
    }
}
```

(8) 运行下列程序,并写出其输出结果。

```
import javax.swing. * ;
import javax.swing.tree. * ;
import java.awt. * ;
public class Ex5_8 extends JFrame
{
  Ex5_8()
  {
  setSize(300,200);
  setVisible(true);
  setDefaultCloseOperation(EXIT_ON_CLOSE);
  Container con = getContentPane();
  DefaultMutableTreeNode root = new DefaultMutableTreeNode("c:\\");      //树的根节点
  DefaultMutableTreeNode t1 = new DefaultMutableTreeNode("dos");         //节点
  DefaultMutableTreeNode t2 = new DefaultMutableTreeNode("java");        //节点
  DefaultMutableTreeNode t1_1 = new DefaultMutableTreeNode("wps");
  DefaultMutableTreeNode t1_2 = new DefaultMutableTreeNode("epg");
  DefaultMutableTreeNode t2_1 = new DefaultMutableTreeNode("applet");
  DefaultMutableTreeNode t2_2 = new DefaultMutableTreeNode("jre");
  root.add(t1);root.add(t2);
  t1.add(t1_1);t1.add(t1_2);
  t2.add(t2_1);t2.add(t2_2);
  JTree tree = new JTree(root);                                         //创建根为 root 的树
  DefaultTreeCellRenderer render = new   DefaultTreeCellRenderer();
  render.setLeafIcon(new ImageIcon("leaf.gif"));
  render.setBackground(Color.yellow);
  render.setClosedIcon(new ImageIcon("close.gif"));
  render.setOpenIcon(new ImageIcon("open.gif"));
  render.setTextSelectionColor(Color.red);
  render.setTextNonSelectionColor(Color.green);
  render.setFont(new Font("TimeRoman",Font.BOLD,16));
  tree.setCellRenderer(render);
  JScrollPane scrollpane = new JScrollPane(tree);
  con.add(scrollpane);
  validate();
  }
```

```
public static void main(String args[])
  {
    new Ex5_8();
  }
}
```

# 习题 5

1. 什么是图形用户界面？列举所用的应用程序中使用的组件。

2. 创建一个窗体，窗体中有一个按钮，当单击按钮后，就会弹出一个新窗体。

3. 什么是容器的布局？试列举并简述 Java 中常用的几种布局策略。

4. 设计一个如图 5-40 所示的加法计算器，在文本框中输入两个整数，单击"="按钮时，在第三个文本框中显示这两个数的和。

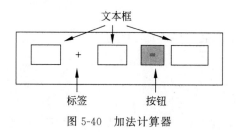

图 5-40　加法计算器

5. 说明文本框与标签之间的区别。

6. 编写一个程序，其中包含一个标签、一个文本框和一个按钮。当用户单击按钮时，程序把文本框中的内容复制到标签中。

7. 设计一个类似 Windows 系统的计算器，其中要使用按钮、文本框、布局管理、标签等构件，能实现多位数的加、减、乘、除运算功能。

8. 编写图形界面的应用程序，该程序包含一个菜单，选择这个菜单的"退出"选项可以关闭窗口并结束程序。

9. 设计一个模拟的文字编辑器，并用菜单实现退出的功能。

10. 将通讯录内容显示到一个表格中。

11. 改进例 5-27，编写一个能动态改变树节点的程序。

# 第6章

# Java 图形与事件处理

本章主要介绍应用 Java 语言绘制几何图形的方法,以及图形界面的事件处理机制和鼠标、键盘事件及应用示例。

## 6.1 图形与图形的描绘

### 6.1.1 图形绘制特点及绘图工具

#### 1. 图形绘制特点

本节将讲述在 Java 中如何绘制图形。

一般情况下,图形界面只能在窗口的显示区域绘制文字和图形,而且不能确保在显示区域内显示的内容会一直保留。例如,使用者可能会在屏幕上移动另一个程序的窗口,这样就可能覆盖应用程序窗口的一部分。图形界面不会保存窗口中被其他程序覆盖的区域,当其他的窗口移开后,程序必须更新显示区域的这个部分。

要正确绘制图形,还需要了解 Java 图形界面的坐标系统。

在一个二维的 Java 图形界面坐标系中,坐标的原点在组件的左上角,坐标的单位是像素。x 轴在水平方向从左至右,y 轴在垂直方向从上向下,如图 6-1 所示。

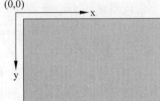

图 6-1　组件的坐标系统

#### 2. 绘图工具 paint 方法

任何一个图形对象(java. awt. Component 的子类)使用 paint 方法为绘图工具,就可以画出线条、矩形、圆等各种图形。该方法为:

```
public void paint(Graphics g);
```

这里,参数 java. awt. Graphics 类为绘图对象,绘图工具 paint()通过 Graphics 对象绘制具体的图形。

paint 方法在程序执行后会被自行调用。在程序中要调用 paint 方法,需要使用 repaint 方法,以清除旧图,重新绘制新图,该方法称为重绘。

#### 3. 画布 Canvas 类

画布 Canvas 类是用来绘制图形的矩形组件,在画布中可以响应鼠标和键盘事件。

1) 创建画布对象

Canvas 的构造方法没参数,所以使用简单的语句就可以创建一个画布对象:

```
Canvas  mycanvas = new Canvas();
```

在创建了 Canvas 对象后,一定要调用 setSize 方法确定这个画布的大小。

Canvas 具有自己的坐标系统,使用布局管理器可以确定它在其他组件中的位置,并且可以用布局管理器来进行版面布局。

2) 画布对象的常用方法

Canvas 是 Component 的子类,继承了它的 paint(Graphics g)、update(Graphics g)及repaint 方法。当 Canvas 需要更新时,会自动调用 repaint 方法。

## 6.1.2 Graphics 类

Graphics 类是绘图对象,是一个抽象类,不能直接创建 Graphics 对象。

### 1. 绘图方法

Graphics 类包含了大量的绘图方法,表 6-1 列出了常用的绘图方法。

表 6-1 Graphics 类常用的绘图方法

| 方　　　法 | 说　　　明 |
|---|---|
| drawLine(int x1, int y1, int x2, int y2) | 绘制一条从(x1,y1)到(x2,y1)的直线 |
| drawRect(int x, int y, int w, int h) | 绘制一个顶点为(x,y),宽为 w,高为 h 的矩形 |
| drawOval(int x, int y, int w, int h) | 绘制一个顶点为(x,y),宽为 w,高为 h 的矩形的内接椭圆 |
| drawArc(int x, int y, int w, int h, int s1, int s2) | 绘制一段圆弧,弧度为 s1～s1+s2 |
| clearRect(int x1, int y1, int x2, int y2) | 用当前颜色填充的方法清除指定矩形区 |
| drawString(String s,int x,int y) | 在(x,y)处显示字符串 s |
| drawImage(Image image, int x, int y, ImageObserver observer) | 在(x,y)处显示图像 image,observer 为加载图像时的图像观察器 |
| 1drawImage(Image image, int x, int y,int w, int h, ImageObserver observer) | 在宽为 w,高为 h 的矩形区域内显示图像,图像能自动调整大小比例 |
| fillRect(int x, int y, int w, int h) | 绘制一个顶点为(x,y),宽为 w,高为 h,用当前颜色填充的矩形 |
| fillOval(int x, int y, int w, int h) | 绘制一个顶点为(x,y),宽为 w,高为 h,用当前颜色填充的矩形内接椭圆 |
| fillArc(int x, int y, int w, int h, int s1, int s2) | 绘制一段弧度为 s1～s1+s2、用当前颜色填充的圆弧 |
| drawPolygon(int[] xPoints, int[] yPoints, int nPoints) | 绘制由 x 和 y 坐标数组定义的一系列连接线组成的闭合多边形 |
| fillPolygon(int[] xPoints, int[] yPoints, int nPoints) | 填充由 x 和 y 坐标数组定义的一系列连接线组成的闭合多边形 |

【例 6-1】 绘制直线、矩形和圆的简单图形。

```
1   /*直线、矩形和圆*/
2   import java.awt. * ;
3   import javax. swing. * ;
4   class MyCanvas extends Canvas
5   {
6     MyCanvas()
```

```
7    {
8      setSize(300, 250);
9    }
10   public void paint(Graphics e)
11   {
12       e.drawLine(50,50,120,120);
13       e.drawRect(50,50,70,70);
14       e.drawOval(70,70,90,90);
15   }
16  }
17  public class Example6_1 extends JFrame
18  {
19    Example6_1()
20    {
21      super("简单图形");
22      setSize(200,200);
23      setVisible(true);
24      setDefaultCloseOperation(EXIT_ON_CLOSE);
25      MyCanvas c = new MyCanvas();
26      add(c);
27    }
28    public static void main(String args[])
29    {
30        new Example6_1();
31    }
32  }
```

程序中没有显式调用paint方法，它在main方法中被自行调用

使用Graphics对象绘制各种图形

实例化画布对象，并将其添加到窗体中

**【程序说明】**

程序的第 12 行，Graphics 对象绘制一条从点(50,50)到点(120,120)的直线；第 13 行绘制一个顶点在(50,50)、宽和高为 70 的矩形；第 14 行绘制一个顶点在(50,50)、宽和高为 90 的矩形的内接圆。

程序运行结果如图 6-2 所示。

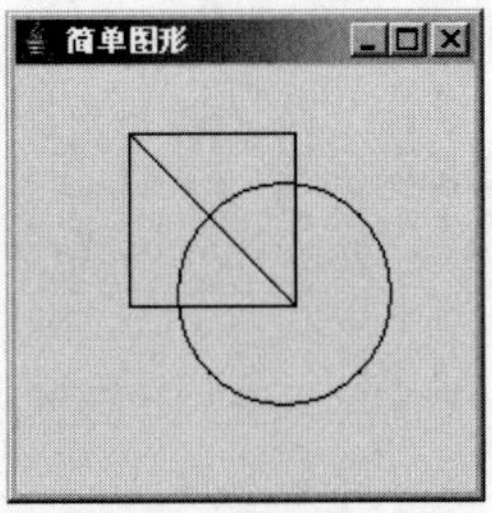

**【例 6-2】** 绘制一个多边形。

```
1   /* 绘制多边形 */
2   import java.awt. *;
3   import javax.swing. *;
4   class MyCanvas extends Canvas
5   {
6     MyCanvas()
7     {
8     setSize(300, 250);
9     }
10    public void paint(Graphics g)
11    {
12        int x[] = {80, 190, 150, 50};
13        int y[] = {80, 30, 170, 210};
14        int pts = x.length;
15        g.drawPolygon(x, y, pts);
16    }
17  }
18  public class Example6_2 extends JFrame
19  {
20    Example6_2()
21    {
```

构建多边形顶点x坐标数组和y坐标数组

绘制多边形需要三个参数：x坐标、y坐标和边数

图 6-2　绘制简单图形

```
22      super("绘制多边形");
23      setSize(300,250);
24      setVisible(true);
25      setDefaultCloseOperation(EXIT_ON_CLOSE);
26      MyCanvas c = new MyCanvas();
27      add(c);
28    }
29   public static void main(String args[])
30   {
31     new Example6_2();
32   }
33  }
```

**【程序说明】**

绘制多边形时,第一个顶点(x[1],y[1])和最后一个顶点(x[4],y[4])相连接。注意数据的取值方法:顶点(x[1],y[1])分别是数组 x[ ]、y[ ]的第 1 个元素,即(80,80),顶点(x[2],y[2])分别是数组 x[ ]、y[ ]的第 2 个元素,即(190,30),其他顶点以此类推。

程序运行结果如图 6-3 所示。

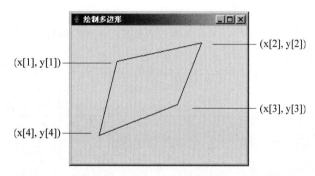

图 6-3 绘制多边形,其第一个顶点和最后一个顶点相连接

### 2. 设置颜色

1)颜色

自然界中的所有颜色都可以由红、绿、蓝(R,G,B)3 个基本颜色分量组合而成。一般将基本颜色分成 0~255 共 256 个等级,0 级表示不含颜色成分,255 级表示含有 100% 的颜色成分。红、绿、蓝颜色值的各种不同组合能表示 256×256×256(约 1600 万)种颜色。表 6-2 列出了常见的各种颜色分量。

表 6-2 常见的各种颜色分量

| 颜 色 | R | G | B |
| --- | --- | --- | --- |
| 红 | 255 | 0 | 0 |
| 蓝 | 0 | 255 | 0 |
| 绿 | 0 | 0 | 255 |
| 黄 | 255 | 255 | 0 |
| 紫 | 255 | 0 | 255 |
| 青 | 0 | 255 | 255 |
| 白 | 255 | 255 | 255 |
| 黑 | 0 | 0 | 0 |
| 灰 | 128 | 128 | 128 |

2）Color 类

使用 Graphics 类设置颜色,首先要创建颜色类 Color 的对象。创建颜色对象的构造方法为:

```
public Color(int r, int g, int b);
```

其中,整型参数 r、g、b 的取值为 0～255,分别代表红、绿、蓝三基色。

也可以使用 Color 类的静态常量作颜色对象的参数,这时创建颜色对象的构造方法为:

```
public Color(Color.颜色静态常量);
```

颜色静态常量的取值为 red(红色)、blue(蓝色)、green(绿色)、orange(橙色)、cyan(青绿色)、yellow(黄色)、pink(粉红色)、white(白色)、black(黑色)等。

Graphics 类可以使用如表 6-3 所示的 get/set 方法控制绘图的色彩和使用不同字体。

表 6-3　Graphics 类控制绘图颜色和字体的 set/get 方法

| 方　　法 | 说　　明 |
|---|---|
| getColor() | 获得当前图形的色彩 |
| setColor(Color c) | 设置当前图形的色彩,参数 Color 为颜色类 |
| getFont() | 获得当前字体 |
| setFont(Font font) | 设置当前字体,参数 Font 为字体类 |
| getClip() | 获取当前的剪贴板内容 |
| setClip(int，int，int，int) | 将指定的矩形设置为当前的剪贴区 |

例如,设置一个图形对象为黄颜色,可以用如下方法。

Graphics 对象名.setColor(new Color(255,255,0));

或

Graphics 对象名.setColor(Color.yellow);

【例 6-3】　绘制用色彩填充的笑脸图形。

```
1    /*笑脸图形*/
2    import java.awt.*;
3    import javax.swing.*;
4
5    class MyCanvas extends Canvas
6    {
7      MyCanvas()
8      {
9          setSize(300, 300);
10     }
11    public void paint(Graphics g)
12    {
13      g.setColor(Color.yellow);
14      g.fillOval(35,30,210,210);
15      g.setColor(Color.black);
16      g.fillArc(70,70,150,150,180,180);
17      g.setColor(Color.yellow);
18      g.fillArc(70,75,150,130,180,180);
```

先设置颜色,然后画填充的圆,得到一个黄色圆形

先设置黑色,再画圆弧(填充),得到一个黑色的半圆

画一个稍小些的黄色圆弧,覆盖黑色半圆，构成嘴巴

```
19      g.setColor(Color.black);
20      g.fillOval(80,100,30,30);
21      g.fillOval(180,100,30,30);
22    }
23  }
24  public class  Example6_3 extends JFrame
25  {   public Example6_3()
26      {
27       super("笑脸");
28       setSize(400,400);
29       setVisible(true);
30       setDefaultCloseOperation(EXIT_ON_CLOSE);
31       MyCanvas c = new MyCanvas();
32       add(c);
33      }
34    public static void main(String args[])
35    {
36       new Example6_3();
37    }
38  }
```

先设置黑色,再画两个圆,得到两个黑色的小眼睛

构造方法,构造一个窗体，这里并没有调用paint方法，paint方法在执行时被自行调用

**【程序说明】**

在程序中,为了改变图形的颜色,使用 Graphics 对象的 setColor 方法。

程序的运行结果如图 6-4 所示。

图 6-4　色彩填充

### 3. 设置字体

先简单介绍 Java 字体类 Font。字体是高度依赖操作系统平台的。Java 提供了多种方法获得安装在操作系统中的字体。

Java 把字体分为物理字体和逻辑字体两种类型,逻辑字体名称可以映射到物理字体。

构造一个 Font 对象的语法为:

```
Font f = new Font(String name,int style,int size);
```

其中,name 为逻辑字体名；style(风格)是 Font. PLAIN(正常字体)、Font. BOLD(黑体)或 Font. ITALIC(斜体)的组合；size 是字号大小,字号越大字体越大。

可以用 Graphics 类的 setFont(Font f)方法来设置字体。

**【例 6-4】** 编写一个程序,以创建不同的风格和大小的、可利用的逻辑字体。

这个程序定义一个逻辑字体名数组,并覆盖 paint 方法用逻辑字体书写文本。

```
1  import java.awt. * ;
2  import javax.swing. * ;
3  class MyCanvas extends Canvas
4  {
5   String[] FONTS =
6           {"Dialog","DialogInput","Monospaced","Serif","SansSerif"};
7   String TEXT = "一个逻辑字体的示例";
8   MyCanvas()
```

```
9  {
10    setSize(300, 300);
11  }
12  public void paint(Graphics g)
13  {
14    for(int i = 0;i < FONTS.length;i++)
15    {
16        g.setFont(new Font(FONTS[i],Font.PLAIN,12));
17        g.drawString(FONTS[i] + "(plain):" + TEXT,10,20 * i + 40);
18      }
19    for(int i = 0;i < FONTS.length;i++)
20    {
21        g.setFont(new Font(FONTS[i],Font.BOLD + Font.ITALIC,14));
22        g.drawString(FONTS[i] + "(bold,italics):" + TEXT,10,20 * i + 180);
23    }
24  }
25 }
26  public class Example6_4 extends JFrame
27  {
28    public Example6_4()
29    {
30      super("字体");
31      setSize(300,300);
32      setVisible(true);
33      setDefaultCloseOperation(EXIT_ON_CLOSE);
34      MyCanvas c = new MyCanvas();
35      add(c);
36    }
37  public static void main(String args[])
38  {  new Example6_4();  }
39 }
```

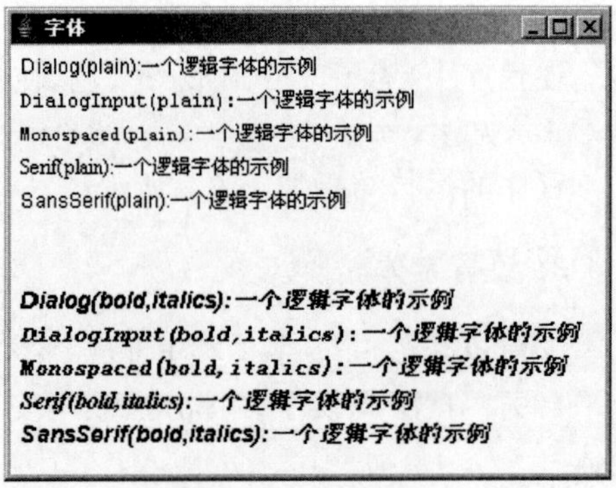

图 6-5  用不同的字体和风格显示字符串

程序运行结果如图 6-5 所示。

## 6.1.3  Java 2D

Graphics 类还有一些不足，如缺少改变线条粗细的方法，也缺少填充一个对象的方法。Graphics2D 可以解决这些问题。Graphics2D 是 Graphics 的子类，Graphics2D 把图形作为一个对象来绘制。绘制时，只要将 Graphics 对象强制转化为 Graphics2D 对象就行了。

### 1. 控制线条的粗细

首先，使用 Line2D 类创建直线对象：

```
Line2D line = new   Line2D.Double(50,50,120,50);
```

上述语句创建了一个从点（50,50）到点（120,50）的直线对象。再使用 BasicStroke 类创建一个供画笔 paint 方法选择线条粗细的对象。BasicStroke 类的一个常用的构造方法为：

```
public BasicStroke(float width, int cap, int join);
```

width：画笔线条粗细。

cap：线条两端的形状，其取值为 CAP_BUTT、CAP_ROUND、CAP_SQUARE。

join：线条中角的处理，其取值为 JOIN_ROUND、JOIN_BEVEL、JOIN_MITER。

Graphics2D 对象通过调用 setStroke(BasicStroke a)方法来设置线条形状，并用 draw 方法绘制线条。

**【例 6-5】** 设置线条粗细。

```
1   /* Java 2D 控制线条粗细 */
2   import java.awt.*;
3   import javax.swing.*;
4   import java.awt.geom.*;
5   public class Example6_5 extends JFrame
6   {
7     public Example6_5()
8     { super("设置线条粗细");
9        setSize(300,250);
10       setVisible(true);
11       setDefaultCloseOperation(EXIT_ON_CLOSE);
12       MyCanvas c = new MyCanvas();
13       add(c);
14    }
15    public static void main(String args[])
16    {  new  Example6_5();  }
17  }
18   class MyCanvas extends Canvas
19   {
20    MyCanvas()
21     { setSize(300, 250);  }
22    public void paint(Graphics g)
23    {
24      Graphics2D g_2d = (Graphics2D)g;          把Graphics对象g强制转换成Graphics2D对象
25      Line2D line_1 = new  Line2D.Double(150,50,220,150);
26      Line2D line_2 = new  Line2D.Double(150,50,80,150);     创建直线对象
27      Line2D line_3 = new  Line2D.Double(80,180,220,180);
28      BasicStroke bs_1 = new BasicStroke(
29         16,BasicStroke.CAP_ROUND,BasicStroke.JOIN_BEVEL);
30      BasicStroke bs_2 = new BasicStroke(
31         16f,BasicStroke.CAP_ROUND,BasicStroke.JOIN_MITER);   创建线条粗细对象
32      BasicStroke bs_3 = new BasicStroke(
33         16f,BasicStroke.CAP_ROUND,BasicStroke.JOIN_ROUND);
34      g_2d.setStroke(bs_1);
35      g_2d.setStroke(bs_2);      设置线条形状
36      g_2d.setStroke(bs_3);
37      g_2d.draw(line_1);
38      g_2d.draw(line_2);      绘制直线
39      g_2d.draw(line_3);
40    }
41  }
```

**【程序说明】**

(1) 程序的第 4 行引用 java.awt.geom.Graphics2D 类绘制 Java2D 图形。

(2) 第 24 行把 Graphics 对象 g 强制转换成 Graphics2D 对象 g_2d。

(3) 第 25～27 行创建了 3 个线条对象。

(4) 第 28～30 行和第 32 行创建了 3 个线条粗细对象，其线条的两端的形状各不相同。

(5) 第 34～36 行设置线条形状。

图 6-6　设置线条粗细

（6）第 37～39 行绘制出 3 条直线。

程序运行结果如图 6-6 所示。

### 2. 填充图形

Graphics2D 对象调用 fill 方法用颜色填充图形。

Graphics2D 对象还可以通过 GradientPaint 类定义一个颜色对象，实现渐变颜色填充图形。GradientPaint 类的构造方法为：

```
GradientPaint(float x1,float y1,Color color1,float x2,float y2,
              Color color2,boolean cyclic);
```

其中，颜色 color1 从点(x1,y1)开始到点(x2,y2)时变成 color2；cyclic 设为 true,则表示颜色渐变到达终点时循环起点的颜色。

【**例 6-6**】　用渐变颜色填充图形。

```
1   /* Java 2D 渐变色填充图形 */
2   import java.awt. * ;
3   import javax.swing. * ;
4   import java.awt.geom. * ;
5   public class Example6_6 extends JFrame
6   {
7     public Example6_6()
8     {
9       super("设置线条粗细");
10      setSize(180,180);
11      setVisible(true);
12      setDefaultCloseOperation(EXIT_ON_CLOSE);
13      MyCanvas c = new MyCanvas();
14      add(c);
15    }
16    public static void main(String args[])
17    { new Example6_6(); }
18  }
19  class MyCanvas extends Canvas
20  {
21    MyCanvas()
22    { setSize(300, 250);  }
23    public void paint(Graphics g)
24    {
25      Graphics2D g_2d = (Graphics2D)g;              //把 g 强制转换成 Graphics2D 对象
26      GradientPaint gradient_1 = new GradientPaint(
27          0,10,Color.black,50,50,Color.yellow,false);     ◄── 创建渐变的颜色对象
28      g_2d.setPaint(gradient_1);  ◄── 用渐变颜色设置画笔1
29      Rectangle2D rect_1 = new Rectangle2D.Double (0,10,50,50);
30      g_2d.fill(rect_1);  ◄── 填充
31      GradientPaint gradient_2 = new GradientPaint(
32          60,60,Color.red,150,50,Color.white,true);      ◄── 创建渐变的颜色对象
33      g_2d.setPaint(gradient_2);  ◄── 用渐变颜色设置画笔2
34      Rectangle2D rect_2 = new Rectangle2D.Double (60,60,150,50);
35      g_2d.fill(rect_2);  ◄── 填充
36    }
37  }
```

程序运行结果如图 6-7 所示。

## 6.1.4 图形应用程序设计实例

在进行图形应用程序设计时,经常把要实现的功能单独
设计为一个类,而把这个功能的显示设计成另一个类。实现
功能的类称为业务逻辑层,显示功能的类称为表现层。这
样,把逻辑层和表现层分开,有利于实现代码重用。

图 6-7  渐变色填充图形

【例 6-7】  通过一个窗体的文本框输入多边形的边数,随机产生多边形各折线的坐标位
置,在画布上绘制一个多边形。以此例说明逻辑层和表现层间的数据传递。

```
1    /* 画布上绘制多边形 */
2    import java.awt. * ;
3    import javax.swing. * ;
4    import java.awt.event. * ;
5    class Ovalcanvas extends Canvas        ← 画布类,实现逻辑层(绘制多边形)
6    {
7        int N = 10;                        //设置多边形边数的最大值
8        int x[ ] = new int[N];
9        int y[ ] = new int[N];             ← x、y 为坐标位置数组
10       Ovalcanvas()
11        {
12           setSize(300,200);
13           setBackground(Color.cyan);     ← 构造方法,设置画布的大小及背景颜色
14        }
15       public void setOval(int[] x, int[] y, int N)   ← 用于传递多边形的坐标位置及边数
16        {
17           this.N = N;                    ← 将由参数传递来的边数 N 赋值给本类的变量 N
18           for(int i = 0; i < N; i++)
19            {
20               this.x[i] = x[i];          ← 将由参数传递来的 x 坐标和 y 坐标值赋值给本类
21               this.y[i] = y[i];
22            }
23        }
24       public void paint(Graphics g)
25        {
26           g. drawPolygon(x, y, N);       ← 绘制多边形
27        }
28   }
29
30   public class Example6_7 extends JFrame implements ActionListener
31   {
32       Ovalcanvas canvas;                 //声明画布对象
33       TextField in_N;                    //接收用户输入的数据
34       Button btn;
35
36       Example6_7()                       ← 主类(表现层)的构造方法,进行界面初始化
37        {
38           super("画布上绘制多边形");
39           setSize(400, 300);
40           setVisible(true);
41           setDefaultCloseOperation(EXIT_ON_CLOSE);
42           in_N = new TextField(6);
```

```
43          setLayout(new FlowLayout());
44          add(new Label("请输入边数："));
45          add(in_N);
46          btn = new Button("确定");
47          btn.addActionListener(this);
48          add(btn);
49          canvas = new Ovalcanvas();          ◄── 创建画布类对象,并添加到窗体中
50          add(canvas);
51          validate();
52      }
53
54      //通过 setOval 方法将数据传到画布类,在画布类中绘制图形
55      public void actionPerformed(ActionEvent e)
56      {
57          int N = Integer.parseInt(in_N.getText());   ◄── 将文本框中的字符数值转换成整型
58          int x[] = new int[N];
59          int y[] = new int[N];
60          for(int i = 0; i < N; i++)
61          {
62              x[i] = (int)(Math.random() * 200);       ◄── 随机产生多边形各折线的坐标值
63              y[i] = (int)(Math.random() * 200);
64          }
65          canvas.setOval(x, y, N);          ◄── 传值到画布对象,绘制多边形
66          canvas.repaint();          ◄── 重绘
67      }
68
69      public static void main(String args[])
70      {
71          new Example6_7();
72      }
73  }
```

**【程序说明】**

(1) 在本程序中,由窗体类作为控制者,确定所有组件的位置,处理用户的输入,并且处理与其他对象的交互,属于表现层。画布类 Ovalcanvas 处理绘图,是业务逻辑层。

(2) 程序的第 5~28 行设计了画布 Canvas 的子类 Ovalcanvas。该类实现在画布上绘制多边形的功能。其中,第 10~14 行为画布的构造方法,设置画布的大小及颜色背景。

(3) 为了将主界面窗体中输入到文本框中的数据传到 Ovalcanvas,在 Ovalcanvas 类的第 15 行定义了 setOval(int[] x, int[] y, int N)方法,该方法有 3 个形式参数,分别代表多边形的 x 坐标位置数组和 y 坐标位置数组及多边形的边数 N。在主类 Example6_7 的第 65 行,调用该方法将相关数据作为实参传递到 Ovalcanvas 类,实现逻辑层和表现层间的数据传递,如图 6-8(a)所示。

(4) Ovalcanvas 得到数据值后,在第 24~27 行调用 paint()画出多边形。程序运行结果如图 6-8(b)所示。

**【例 6-8】**  设计一个在窗体中可上下左右移动的小方块。

本程序的设计思想和例 6-7 类似,程序由两个类组成:窗体主类(表现层)负责控制,确定所有组件的位置,处理用户对方块的操作;画布 MoveCanvas 类(逻辑层)负责绘图,其方法

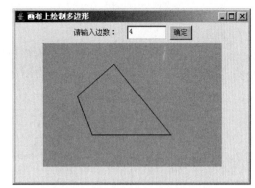

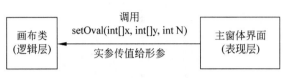

(a) 逻辑层和表现层间的数据传递　　　　　　　(b) 在画布上绘制多边形

图 6-8　逻辑层与表现层的设计模式示例

moveUp()、moveDown()、moveLeft()、moveRight()分别响应窗体主类 actionPerformed 方法对应的按钮事件,再调用 repaint 方法来刷新图像。

程序代码如下。

```
1    /* 移动方块 */
2    import java.awt. * ;
3    import java.awt.event. * ;
4    import javax.swing. * ;
5    public class Example6_8 extends JFrame implements ActionListener
6    {  private JButton left = new JButton("向左移");
7       private JButton right = new JButton("向右移");
8       private JButton up = new JButton("向上移");
9       private JButton down = new JButton("向下移");
10      public MoveCanvas drawing = new MoveCanvas();
11
12      private class WindowCloser extends WindowAdapter
13      {   public void windowClosing(WindowEvent we)
14          {System.exit(0);}
15      }
16
17      public Example6_8()
18      {   super("移动方块");
19          setSize(400,400);
20          setVisible(true);
21          Panel p = new Panel();
22          p.setLayout(new FlowLayout());
23          setLayout(new BorderLayout());
24          add(p,BorderLayout.SOUTH);
25          add(drawing,BorderLayout.CENTER);
26          p.add(up);    p.add(down);
27          p.add(left);  p.add(right);
28          validate();
29          left.addActionListener(this);
30          right.addActionListener(this);
31          up.addActionListener(this);
32          down.addActionListener(this);
```

创建4个按钮

实例化画布,绘制图形块

创建接收窗体事件适配器

按钮向监视器注册,实现监听接口

```
33        addWindowListener(new WindowCloser());
34      }
35
36    public void actionPerformed(ActionEvent e)
37      {  if(e.getSource() == up)
38         drawing.moveUp();
39        else if(e.getSource() == down)
40         drawing.moveDown();
41        else if(e.getSource() == left)
42         drawing.moveLeft();
43        else if(e.getSource() == right)
44         drawing.moveRight();
45      }
46    public static void main(String args[])
47      {
48        JFrame.setDefaultLookAndFeelDecorated(true);
49        new Example6_8();
50      }
51  }
52
53  //创建一个绘制可移动的方块的画布类
54  class MoveCanvas extends Canvas
55  {
56    int WIDTH = 30, HEIGHT = 30, INC = 10;
57    int i, j;
58
59    public void paint(Graphics g)
60      {
61        g.drawRect(0, 0, getSize().width - 1, getSize().height - 1);
62        g.setColor(Color.black);
63        g.fillRect(i + 2, j + 2, WIDTH + 2, HEIGHT + 2);
64        g.setColor(Color.red);
65        g.fillRect(i, j, WIDTH, HEIGHT);
66      }
67
68    public void moveUp()
69      {  if(j > 0)
70          j - = INC;
71        else
72          j = getSize().height - INC;
73        repaint();
74  }
75  public void moveDown()
76      {  if(j < getSize().height - INC)
77          j + = INC;
78        else
79          j = 0;
80        repaint();
81      }
82  public void moveLeft()
83      {  if( i > 0)
84          i - = INC;
85        else
86          i = getSize().width - INC;
87        repaint();
```

按钮控制图形块的移动方向，其方法在画布类中定义

定义绘制可移动的方块的画布类

设置方块的大小，INC为每次移动方块的步长值

绘制红色黑边的方块，其位置随i、j变化，从而可以移动

图形块位置在垂直方向减少，从而实现图形块向上移动

图形块位置在垂直方向增加，从而实现图形块向下移动

图形块位置在水平方向减少，从而实现图形块向左移动

```
88        }
89   public void moveRight()
90     {   if(i < getSize().width - INC)
91            i + = INC;
92      else
93            i = 0;
94      repaint();
95     }
96 }
```

图形块位置在水平方向增加，从而实现图形块向右移动

图 6-9　移动画布上的方块

**【程序说明】**

从程序代码可以看到,第 5～51 行是窗体主类,主要安排界面布置,并监听按钮事件。第 54～96 行为画布类,实现了方块的绘制及移动功能。第 61 行绘制的矩形是方块运动的范围,第 62～65 行绘制带阴影的小方块。第 68～95 行为控制方块运动的方法,即先改变方块的坐标(i,j),再调用 repaint()重绘图形。

程序运行结果如图 6-9 所示。

# 6.2　事件处理

## 6.2.1　事件处理机制

下面讨论图形界面的事件处理机制。

要让图形界面接收到用户的操作,就必须给各个组件添加事件处理机制。在事件处理的过程中,主要涉及以下三类对象。

(1) Event(事件):实现用户对图形界面组件的操作,用 Java 语言描述并以类的形式出现。例如,键盘操作对应的事件类是 KeyEvent。

(2) Event Source(事件源):事件发生的场所,通常就是各个组件,如按钮 Button。

(3) Event Handler(事件处理者):接收所发生的事件并对其进行处理的对象,也称监听器。

例如,单击按钮对象 Button,则该按钮 Button 就是事件源,这时 Java 系统会生成 ActionEvent 类的对象 actionEvent。该对象描述了该单击事件发生时的一些信息,然后事件处理者对象将接收系统传递过来的事件对象 actionEvent 并进行相应的事件处理。

由于同一个事件源上可能发生多种事件,因此 Java 采取了授权处理机制(delegation model),事件源可以把在其身上所有可能发生的事件分别授权给不同的事件处理者来处理。

例如,在 Button 对象上既可能发生鼠标事件,也可能发生键盘事件,该 Button 对象就可以授权给事件处理者 A 来处理鼠标事件,同时授权给事件处理者 B 来处理键盘事件。有时,也将事件处理者称为监听器,主要原因在于监听器时刻监听着事件源上所有发生的事件类型,一旦该事件类型与自己所负责处理的事件类型一致,就马上进行处理。授权模式把事件的处理委托给外部的处理实体进行处理,实现了将事件源和监听器分开的机制。事件处理者(监听器)通常是一个类,该类如果要处理某种类型的事件,就必须实现与该事件类型相对的接口。例如,例 6-8 中类 Example6_8 之所以能够处理 ActionEvent 事件从而移动方块,原因在于它实现了与 ActionEvent 事件对应的接口 ActionListener。每个事件类都有一个与之相对应的

接口。授权处理机制如图 6-10 所示。

所谓授权处理模式,是某个组件将整个事件处理的责任委托给特定的对象,当该组件发生指定的事件时,就通知所委托的对象,由这个对象来处理这个事件。这个处理事件的对象称为事件监听器,每一个组件都针对特定的事件指定一个或多个事件监听器,由这些事件监听器负责处理事件。授权处理模式的结构如图 6-11 所示。

图 6-10　授权处理机制　　　　　　　图 6-11　事件授权模式

使用授权处理模式进行事件处理的一般方法归纳如下。

(1) 对于某种类型的事件 XXXEvent,要想接收并处理这类事件,必须定义相应的事件监听器类,该类需要实现与该事件相对应的接口 XXXListener。

(2) 事件源实例化以后,必须进行授权,注册该类事件的监听器。使用 addXXXListener(XXXListener)方法来注册监听器。

## 6.2.2　事件类

### 1. 低级事件与高级事件

所有与事件处理有关的类都由 java.awt.AWTEvent 类派生而来,java.awt.AWTEvent 类是 EventObject 类的子类。

java.util.EventObject 类是所有事件对象的基础父类,所有事件都是由它派生的。相关事件处理类继承于 java.awt.AWTEvent 类,这些事件分为两大类:低级事件和高级事件。

低级事件是指基于组件和容器的事件,当一个组件上发生事件,如鼠标的进入、单击及拖放、打开或关闭窗口等操作触发的事件。

高级事件是基于语义的事件,不和特定的动作关联,而依赖于触发此事件的类。例如,在 TextField 中按 Enter 键会触发 ActionEvent 事件,滑动滚动条会触发 AdjustmentEvent 事件,选中项目列表的某一项会触发 ItemEvent 事件。

1) 低级事件类

ComponentEvent 组件事件:组件尺寸的变化、移动。

ContainerEvent 容器事件:组件增加、移动。

WindowEvent 窗口事件:关闭窗口、窗口最小化、图标化。

FocusEvent 焦点事件:焦点的获得和丢失。

KeyEvent 键盘事件:键按下、释放。

MouseEvent 鼠标事件:单击、移动。

2）高级事件类（语义事件）

ActionEvent 动作事件：按钮按下，TextField 中按 Enter 键。

AdjustmentEvent 调节事件：在滚动条上移动滑块以调节所控对象的数值。

ItemEvent 项目事件：选择项目，不选择"项目改变"。

TextEvent 文本事件：文本对象改变。

## 2. 事件监听器

每类事件都有对应的事件监听器，监听器是接口，根据动作来定义方法。例如，与键盘事件 KeyEvent 相对应的接口 KeyListener 定义如下。

```
public interface KeyListener extends EventListener
{
    public void keyPressed(KeyEvent ev);
    public void keyReleased(KeyEvent ev);
    public void keyTyped(KeyEvent ev);
}
```

**注意**：在本接口中有三个方法，那么 Java 运行时系统何时调用哪个方法？其实根据这 3 个方法的方法名就能知道应该在何时调用哪个方法执行了。当键盘按下时，将调用 keyPressed 方法执行；当键盘抬起来时，将调用 keyReleased 方法执行；当键盘敲击一次时，将调用 keyTyped 方法执行。

又如，窗口事件接口：

```
public interface WindowListener extends EventListener
{
        public void windowClosing(WindowEvent e);        //退出窗口的语句
        public void windowOpened(WindowEvent e);         //窗口打开时调用
        public void windowIconified(WindowEvent e);      //窗口图标化时调用
        public void windowDeiconified(WindowEvent e);    //窗口非图标化时调用
        public void windowClosed(WindowEvent e);         //窗口关闭时调用
        public void windowActivated(WindowEvent e);      //窗口激活时调用
        public void windowDeactivated(WindowEvent e);    //窗口非激活时调用
}
```

图形用户组件类中提供注册监听器的方法。

注册监听器：

```
 public void add<监听器接口类型> (<监听器接口类型> listener);
```

例如，在按钮 JButton 类中，定义的注册监听器的方法如下。

```
public class JButton extends Component
{
        ⋮
    public void addActionListener(ActionListener l);
        ⋮
}
```

## 3. 事件类别及监听器接口

表 6-4 列出了所有事件及其相应的监听器接口，共 10 类事件，11 个接口。

表 6-4　事件处理及其相应的监听器接口

| 事 件 类 别 | 描 述 信 息 | 接 口 名 | 事件处理方法 |
|---|---|---|---|
| ActionEvent | 激活组件 | ActionListener | actionPerformed(ActionEvent) |
| ItemEvent | 选择了某些项目 | ItemListener | itemStateChanged(ItemEvent) |
| MouseEvent | 鼠标拖曳及移动 | MouseMotionListener | mouseDragged(MouseEvent)<br>mouseMoved(MouseEvent) |
| | 鼠标单击等 | MouseListener | mousePressed(MouseEvent)<br>mouseReleased(MouseEvent)<br>mouseEntered(MouseEvent)<br>mouseExited(MouseEvent)<br>mouseClicked(MouseEvent) |
| KeyEvent | 键盘输入 | KeyListener | keyPressed(KeyEvent)<br>keyReleased(KeyEvent)<br>keyTyped(KeyEvent) |
| FocusEvent | 组件收到或失去焦点 | FocusListener | focusGained(FocusEvent)<br>focusLost(FocusEvent) |
| AdjustmentEvent | 移动滚动条滑块 | AdjustmentListener | adjustmentValueChanged<br>(AdjustmentEvent) |
| ComponentEvent | 对象移动、缩放、显示、隐藏等 | ComponentListener | componentMoved(ComponentEvent)<br>componentHidden(ComponentEvent)<br>componentResized(ComponentEvent)<br>componentShown(ComponentEvent) |
| WindowEvent | 窗口收到窗口级事件 | WindowListener | windowClosing(WindowEvent)<br>windowOpened(WindowEvent)<br>windowIconified(WindowEvent)<br>windowDeiconified(WindowEvent)<br>windowClosed(WindowEvent)<br>windowActivated(WindowEvent)<br>windowDeactivated(WindowEvent) |
| ContainerEvent | 容器中增加或删除了组件 | ContainerListener | componentAdded(ContainerEvent)<br>componentRemoved(ContainerEvent) |
| TextEvent | 文本字段或文本区发生改变 | TextListener | textValueChanged(TextEvent) |

## 6.2.3　鼠标事件

在图形界面中,鼠标的使用是最频繁的。在 Java 中,当用户使用鼠标进行操作时,就会产生鼠标事件 MouseEvent。MouseEvent 事件类的重要方法如表 6-5 所示。

表 6-5　MouseEvent 类的方法

| 方 法 | 功 能 说 明 |
|---|---|
| int getX() | 获取鼠标在事件源坐标系中的 X 坐标 |
| int getY() | 获取鼠标在事件源坐标系中的 Y 坐标 |
| getModifiers() | 获取鼠标的左键或右键 |
| getClickCount() | 获取鼠标被单击的次数 |
| getSource() | 获取发生鼠标事件的事件源 |

其中，鼠标的左键和右键分别使用 MouseEvent 继承自 InputEvent 类中的常量 BUTTON1_MASK 和 BUTTON3_MASK 来表示。

对 MouseEvent 事件的响应一般通过实现 MouseListener 接口、MouseMotionListener 接口或者继承 MouseApdapter 类所提供的方法进行处理的。

与鼠标有关的事件根据检测情况分为如下两类。

（1）主要针对鼠标的坐标位置进行检测，使用 MouseListener 接口，如表 6-6 所示。

**表 6-6　MouseListener 接口的方法**

| 方　法 | 功 能 说 明 |
| --- | --- |
| mouseClicked(MouseEvent e) | 处理鼠标单击事件 |
| mouseEntered(MouseEvent e) | 处理鼠标进入事件 |
| mouseExited(MouseEvent e) | 处理鼠标离开事件 |
| mousePressed(MouseEvent e) | 处理鼠标按下事件 |
| mouseReleased(MouseEvent e) | 处理鼠标释放事件 |

（2）主要针对鼠标的拖曳状态进行检测，使用 MouseMotionListener 接口，如表 6-7 所示。

**表 6-7　MouseMotionListener 接口的方法**

| 方　法 | 功 能 说 明 |
| --- | --- |
| mouseDragged(MouseEvent e) | 处理鼠标拖动事件 |
| mouseMoved(MouseEvent e) | 处理鼠标移动事件 |

事件源获得监听器的方法是 addMouseListener(监听器)。下面是说明鼠标事件用法的示例。

【例 6-9】　鼠标事件处理示例。

```
1   /* 实现鼠标事件处理的 3 个接口 */
2   import javax.swing.*;
3   import java.awt.event.*;
4   public class Example6_9
5   implements MouseMotionListener, MouseListener, WindowListener    ← 实现接口
6   {
7     JFrame win;
8     JTextField text;
9     public static void main(String args[])
10    {
11      Example6_9 w = new Example6_9();
12      w.toWin();
13    }
14    public void toWin()
15    {
16      win = new JFrame("实现三个接口的示例");
17      win.setSize(300, 200);
18      win.setVisible(true);
19      win.add(new JLabel("单击并拖曳鼠标"), "North");              ← 构建窗体
20      text = new JTextField(30);
21      win.add(text, "South");                //使用默认的边界布局管理器
22      win.addMouseMotionListener(this);      //注册监听器 MouseMotionListener
23      win.addMouseListener(this);            //注册监听器 MouseListener
24      win.addWindowListener(this);           //注册监听器 WindowListener
25    }
```

```
26
27    public void mouseDragged(MouseEvent e)                        ┌──── 拖曳鼠标
28    {   //实现 mouseDragged 方法
29        String s = "拖曳鼠标: X = " + e.getX() + "   Y = " + e.getY();
30        text.setText(s);
31     }
32    public void mouseEntered(MouseEvent e)
33    {                                                              ┌──── 鼠标进入到组件上时调用本方法
34        String s = "鼠标进入";
35        text.setText(s);
36     }
37    public void mouseExited(MouseEvent e)
38    {                                                              ┌──── 鼠标离开组件时调用本方法
39        String s = "鼠标离开";
40        text.setText(s);
41     }
42    //为了使窗口能正常关闭,程序正常退出,需要实现 windowClosing 方法
43    public void windowClosing(WindowEvent e)
44    {                                                              ┌──── 关闭窗体的方法
45        System.exit(0);
46     }
47    //对没使用的接口方法,其方法体为空,但必须列出来
48    public void mouseMoved(MouseEvent e){    }
49    public void mouseClicked(MouseEvent e){    }
50    public void mousePressed(MouseEvent e){    }
51    public void mouseReleased(MouseEvent e){    }
52    public void windowOpened(WindowEvent e){    }
53    public void windowIconified(WindowEvent e) {    }
54    public void windowDeiconified(WindowEvent e) {    }
55    public void windowClosed(WindowEvent e) {    }
56    public void windowActivated(WindowEvent e) {    }
57    public void windowDeactivated(WindowEvent e) {    }
58  }
```

## 【程序说明】

(1) 在程序的第 5 行声明了多个接口,接口之间用逗号隔开。

```
… implements MouseMotionListener, MouseListener, WindowListener;
```

(2) 程序的第 22～24 行由同一个对象监听一个事件源上发生的多种事件:

```
win.addMouseMotionListener(this);
win.addMouseListener(this);
win.addWindowListener(this);
```

这样,对象 win 上发生的多个事件都将被同一个监听器接收和处理。

(3) 事件处理者和事件源处在同一个类中。本例中事件源是 Frame win,事件处理者是类 Example6_9,其中事件源 Frame win 是类 Example6_9 的成员变量。

(4) 可以通过事件对象获得详细资料,如第 26～31 行就通过事件对象获得了鼠标拖曳时的坐标值。

```
public void mouseDragged(MouseEvent e) {
    String s = "Mouse dragging :X = " + e.getX() + "Y = " + e.getY();
    text.setText(s);
}
```

（5）Java 语言类的层次分明，只支持单继承。为了实现多重继承的能力，Java 用接口来实现，一个类可以实现多个接口，这种机制比多重继承更简单、灵活，其功能更强。

在 Java 程序设计中经常会声明和实现多个接口。记住，无论实现了几个接口，接口中已定义的方法必须一一实现，如果某事件不发生，可以不具体实现其方法，而用空的方法体来代替。但必须把所有方法都写上，如程序中第 48～57 行的语句。

程序运行结果如图 6-12 所示。

图 6-12　事件及接口

## 6.2.4　事件适配器

Java 语言为一些 Listener 接口提供了适配器（adapter）类。可以通过继承事件所对应的 Adapter 类重写需要的方法，而无关方法不用实现。事件适配器提供了一种简单的实现监听器的手段，可以缩短程序代码。但是，由于 java 的单一继承机制，当需要用到多个监听器或此类已有父类时，就无法采用事件适配器了。

### 1. 事件适配器（EventAdapter）

java. awt. event 包中定义的事件适配器类包括以下 7 个。

（1）ComponentAdapter（接收组件事件适配器）。

（2）ContainerAdapter（接收容器事件适配器）。

（3）FocusAdapter（接收焦点事件适配器）。

（4）KeyAdapter（接收键盘事件适配器）。

（5）MouseAdapter（接收鼠标事件适配器）。

（6）MouseMotionAdapter（接收鼠标运动事件适配器）。

（7）WindowAdapter（接收窗口事件适配器）。

下例中采用了鼠标适配器：

```
import java.awt. * ;
import java.awt.event. * ;
public class MouseClickHandler extends MouseAdaper
{
    public void mouseClicked(MouseEvent e)
        { … }
}
```

只实现需要的方法，与操作无关的方法不用实现

### 2. 用内部类实现事件处理

内部类（inner class）是被定义于另一个类中的类，使用内部类的主要原因如下。

（1）一个内部类的对象可访问外部类的成员方法和变量，包括私有的成员。

（2）实现事件监听器时，采用内部类、匿名类编程非常容易实现其功能。

（3）编写事件驱动程序，内部类很方便。

因此，内部类所能够应用的地方往往是在 Java 的事件处理机制中。

【例 6-10】　使用事件适配器及内部类设计记录鼠标位置的程序。

1　/ * 事件适配器及内部类示例 * /

```
2    import java.awt. * ;
3    import java.awt. event. * ;
4    import javax. swing. * ;
5    public class Example6_10
6    {
7       JFrame win;
8       JTextField text;
9       public Example6_10()
10      {
11         win = new JFrame("事件适配器及内部类示例");
12         text = new JTextField(30);
13      }
14
15      public void inFrame()
16      {
17         JLabel label = new JLabel("单击并拖曳鼠标");
18         win.add(label, BorderLayout.NORTH);
19         win.add(text, BorderLayout.SOUTH);
20         /* 参数为内部类对象 */
21         win.addMouseMotionListener(new MyMouseMotionListener());    ◀———— 内部类作参数
22         win.setSize(300, 200);
23         win.setVisible(true);
24      }
25
26      class MyMouseMotionListener extends MouseMotionAdapter
27      {
28        public void mouseDragged(MouseEvent e)
29        {
30         String s;                                                          定义内部类为鼠标
31         s = "Mouse dragging: x = " + e.getX() + " Y = " + e.getY();        事件适配器,记录
32         text.setText(s);                                                   鼠标坐标位置
33        }
34      }
35      public static void main(String args[])
36      {
37         Example6_10 w = new Example6_10();
38         w.inFrame();
39      }
40   }
```

## 【程序说明】

程序的第 26～34 行设计了一个内部类 MyMouseMotionListener,用来捕获鼠标的坐标位置;程序的第 21 行为主窗体对象 win 调用内部类。

### 3. 用匿名类实现事件处理

当一个内部类的类声明只是在创建此类对象时用了一次,而且要产生的新类需继承于一个已有的父类或实现一个接口,才能考虑用匿名类。由于匿名类本身无名,因此它也就不存在构造方法,需要显式地调用一个无参数的父类的构造方法,并且重写父类的方法。所谓的匿名就是该类连名字都没有,只是显式地调用一个无参父类的构造方法。

**【例 6-11】** 使用匿名类设计记录鼠标位置的程序。

```
1    /* 用匿名类作鼠标移动事件适配器 */
2    import java.awt. * ;
```

```
3   import java.awt.event.*;
4   import javax.swing.*;
5   public class Example6_11
6   {
7     JFrame win;
8     JTextField text;
9     public Example6_11()
10    {
11       win = new JFrame("匿名类作鼠标移动事件适配器");
12       text = new JTextField(30);
13    }
14
15   public void inFrame()
16   {
17     JLabel label = new JLabel("单击并拖曳鼠标");
18     win.add(label, BorderLayout.NORTH);
19     win.add(text, BorderLayout.SOUTH);
20      /* 使用匿名类作为鼠标运动适配器 */
21     win.addMouseMotionListener(new MouseMotionAdapter()
22     {
23       public void mouseDragged(MouseEvent e)
24       {
25         String s;
26         s = "鼠标移动: x = " + e.getX() + "Y = " + e.getY();
27         text.setText(s);
28       }
29     });
30     win.setSize(300, 200);
31     win.setVisible(true);
32   }
33   public static void main(String args[]) {
34     Example6_11 w = new Example6_11();
35     w.inFrame();
36   }
37 }
```

> 使用匿名类为鼠标事件适配器，记录鼠标坐标位置

**【程序说明】**

程序的第 21～29 行应用鼠标运动适配器 MouseMotionAdapter()构造了一个匿名类,实现捕获鼠标的坐标位置的功能。

对照例 6-9～例 6-11 可以看到,它们都是实现完全相同的功能,只不过采取的方式不同。例 6-9 中使用事件处理方法,例 6-10 中的事件处理类是一个内部类,而例 6-11 的事件处理类是匿名类。比较这 3 个程序,可以看到程序越来越简练。

## 6.2.5 键盘事件

在 Java 中,当用户使用键盘进行操作时,就会产生 KeyEvent 事件。监听器要完成对事件的响应,就要实现 KeyListener 接口,或者是继承 KeyAdapter 类,实现对类中方法的定义。

在 KeyListener 接口中有如下 3 个事件。

(1) KEY_PRESSED:键盘按键被按下所产生的事件。

(2) KEY_RELEASED:键盘按键被释放所产生的事件。

(3) KEY_TYPED:键盘按键被敲击所产生的事件。

在实现接口时,对应上面 3 个事件的处理方法是:

```
keyPressed(Event e);
keyReleased(KeyEvent e);
keyTyped(keyEvent e);
```

【例 6-12】 设计一个程序,在界面上安放 3 个按钮,用户可以通过按动键盘上的方向键移动这些按钮组件。

```
1    /* 使用键盘方向键移动按钮组件 */
2      import javax.swing.*;
3      import java.awt.*;
4    import java.awt.event.*;
5     public class Example6_12 extends JFrame implements    KeyListener
6     {
7        JButton b[] = new JButton[3];           //定义按钮数组
8        int x, y;                               //记录按钮的坐标位置
9        public Example6_12()                    //初始化方法,生成按钮,并设置监听器
10       {
11       setSize(300, 300);
12       setVisible(true);
13       setLayout(new FlowLayout());
14         for(int i = 0; i <= 2; i++)
15         {
16           b[i] = new JButton(" " + i);
17           b[i].addKeyListener(this);
18           add(b[i]);
19         }
20        validate();
21      }
22      public void keyPressed(KeyEvent e)   ◄──────  处理键盘事件
23      {
24        JButton button = (JButton)e.getSource();  ◄──── 获取事件源并强制转换为按钮类型
25        x = button.getBounds().x;
26        y = button.getBounds().y;
27        if(e.getKeyCode() == KeyEvent.VK_UP)  ◄──── VK_UP表示按下"向上"方向键
28        {
29            y = y - 2;
30            if(y <= 0)   y = 300;
31            button.setLocation(x, y);
32        }
33        else if(e.getKeyCode() == KeyEvent.VK_DOWN)  ◄──── VK_DOWN表示按下"向下"方向键
34        {
35            y = y + 2;
36            if(y >= 300)   y = 0;
37            button.setLocation(x, y);
38        }
39         else if(e.getKeyCode() == KeyEvent.VK_LEFT)  ◄──── VK_LEFT表示按下"向左"方向键
40         {
41            x = x - 2;
42            if(x <= 0) x = 300;
43            button.setLocation(x, y);
44         }
45         else if(e.getKeyCode() == KeyEvent.VK_RIGHT)  ◄──── VK_RIGHT表示按下"向右"方向键
46         {
```

```
47        x = x + 2;
48        if(x >= 300) x = 0;
49        button.setLocation(x, y);
50      }
51    }
52    public void keyTyped(KeyEvent e) {}
53    public void keyReleased(KeyEvent e) {}
54    public static void main(String args[])
55    {
56      Example6_12 win = new Example6_12();
57      win.setDefaultCloseOperation(EXIT_ON_CLOSE);
58    }
59  }
```

对没使用的接口方法,其方法体为空,但必须列出来

【程序说明】

(1) 程序的第 7 行定义了一个按钮数组,第 16 行用循环通过数组变量生成 3 个按钮,第 17 行将这组按钮作为事件源向监听器注册。

(2) 程序的第 22 行开始实现 KeyListener 接口的键盘事件方法 keyPressed(KeyEvent e)。

(3) 程序的第 24 行获取事件源,并强制转换为按钮类型,以便于控制当前正在操作的按钮。

(4) 程序的第 25 行和第 26 行获取当前按钮的坐标位置。

(5) 程序的第 27～51 行用键盘方向键向上、向下、向左、向右移动按钮。

(6) 程序的第 52 行和第 53 行的方法是实现 KeyListener 接口没有用到的方法,故为空方法。

程序运行结果如图 6-13 所示。

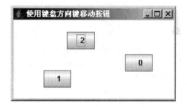

图 6-13  通过键盘方向键移动按钮组件

## 6.2.6  焦点事件

用户对一个组件进行操作,先要让其获得焦点。例如,文本框得到焦点时会出现闪烁光标,而按钮则在按钮标签周围显示矩形框等。同一个窗口中只能有一个组件具有焦点。组件要得到焦点,可以通过用户单击,也可以使用 Tab 键切换。

在组件得到或失去焦点时会产生 FocusEvent 事件。要处理这些事件需使用焦点监听器 FocusListener 接口(或默认适配器类 FocusAdapter)。它的方法如下所述。

• void focusGained(FocusEvent e):获得焦点。

• void focusLost(FocusEvent e):失去焦点。

另外,图形组件的顶层父类 Component 关于焦点还有如下方法。

• void requestFocus():请求把焦点转移到该组件上。

• void setFocusable(boolean):设置是否允许组件获得焦点。

• boolean isFocusOwnwer():检查组件是否已经获得焦点。

• void transferFocus():将焦点转移到下一个组件。

【例 6-13】  设计一个程序,可以用 Tab 键改变文本框的焦点。

```
1   /* Java 焦点事件处理 */
2   import java.awt.FlowLayout;
3   import java.awt.event.FocusEvent;
4   import java.awt.event.FocusListener;
```

```
5   import javax.swing. * ;
6
7   public class Example6_13
8   {
9       public static void main(String args[])
10      {
11        new FocusTest();
12      }
13  }
14
15  class FocusTest extends JFrame
16  {
17    JTextField txt1, txt2;
18    public FocusTest()
19    {
20      setTitle("焦点事件示例");
21      setBounds(300,200,350,200);
22      setVisible(true);
23      setLayout(new FlowLayout());
24      setDefaultCloseOperation(EXIT_ON_CLOSE);
25
26      txt1 = new JTextField("", 10);
27      txt2 = new JTextField("", 10);
28      txt1.addFocusListener(new txtFocus());       设置焦点的监听，其监视对象中
29      txt2.addFocusListener(new txtFocus());        定义了得到焦点和失去焦点的方法
30      add(txt1);
31      add(txt2);
32
33      add(new JButton("确定"));
34      add(new JLabel("使用 Tab 键改变组件的焦点"));
35      validate();
36    }
37
38    class txtFocus implements FocusListener     定义实现焦点监听接口的类
39    {
40      public void focusGained(FocusEvent e)
41      {
42          if(e.getSource() == txt1) txt1.setText("得到焦点");     文本框得到焦点
43          else txt2.setText("得到焦点");
44      }
45      public void focusLost(FocusEvent e)
46      {
47        if(e.getSource() == txt1)  txt1.setText("失去焦点");     文本框失去焦点
48        else txt2.setText("失去焦点");
49      }
50    }
51  }
```

程序运行结果如图 6-14 所示。

【例 6-14】　设计一个由 3 段数值组成的序列号输入程序，并演示在组件中转移焦点。

```
1   /* 焦点转移到下一组件演示 */
2   import java.awt. * ;
3   import java.awt.event. * ;
```

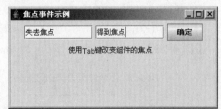

图 6-14　焦点事件处理

```
4   import javax.swing. * ;
5   class Example6_14 extends JFrame implements KeyListener
6   {
7      JTextField t[ ] = new JTextField[4];
8
9      Example6_14()
10     {
11        setTitle("序列号输入程序");
12        setSize(400,300);
13        setVisible(true);
14        setLayout(new FlowLayout());
15        for(int i = 1; i <= 3; i++)
16        {
17           t[i] = new JTextField(10);
18           add(t[i]);
19           t[i].addKeyListener(this);
20        }
21        add(new JButton("下一步"));
22        setDefaultCloseOperation(EXIT_ON_CLOSE);
23        validate();
24     }
25     public void keyPressed(KeyEvent e)
26     {
27        if(t[1].getText().length() == 4)      //假设5个字符(从0算起)
28           t[1].transferFocus();              //将焦点转移到下一个组件
29        else if (t[2].getText().length() == 4)
30           t[2].transferFocus();
31        else if (t[3].getText().length() == 4)
32           t[1].setText("序列号正在处理中");
33     }
34
35     public void keyReleased(KeyEvent e){}
36     public void keyTyped(KeyEvent e){}
37
38     public static void main(String[] args)
39     {   new Example6_14();   }
40  }
```

程序运行结果如图 6-15 所示。

图 6-15　序列号输入处理

 实验 6

【实验目的】

(1) 掌握绘制基本图形的方法。

（2）掌握几种事件处理的方法。

【实验内容】

（1）运行下列程序，并画出其输出界面。

```java
import javax.swing. * ;
import java.awt. * ;
public class Ex6_1 extends JFrame
{
   Ex6_1()
   {
       setSize(300,200);
       setVisible(true);
       setDefaultCloseOperation(EXIT_ON_CLOSE);
   }
   public void paint(Graphics g)
    {
       int gap = 0;
       for(int i = 1;i < = 10;i++)
           g.drawLine(10,10 + 5 * i,180,10 + 5 * i);
       for(int i = 1;i < = 8;i++)
           g.drawLine(40 + 3 * i,70,40 + 3 * i,150);
       g.drawLine(64,70,150,156);
    }
   public static void main(String args[ ])
   {
       new Ex6_1();
   }
}
```

（2）运行下列程序，并画出其输出界面。

```java
import javax.swing. * ;
import java.awt. * ;
public class Ex6_2 extends JFrame
{
    Ex6_2()
    {
       setSize(300,200);
       setVisible(true);
       setDefaultCloseOperation(EXIT_ON_CLOSE);
    }
    public void paint(Graphics g)
    {
       g.drawRect(44,42,60,34);
       g.drawRoundRect(30,30,90,60,50,30);
       g.setColor(Color.cyan);
       g.fillOval(20,100,120,60);
       int k = 0;
       for(int i = 1;i < = 8;i++)
         {  Color c = new Color(i * 32 - 1,0,0);
            g.setColor(c); k = k + 5;
            g.drawOval(160 + k,77 + k,120 - 2 * k,80 - 2 * k);
         }
    }
    public static void main(String args[ ])
```

```
    {
        new Ex6_2();
    }
}
```

（3）编写一个应用程序,绘制一个小球模拟平抛运动。

（4）编写一个如图 6-16 所示的围棋对弈程序。

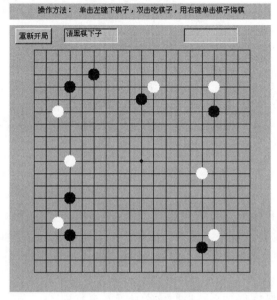

图 6-16　围棋对弈

# 习题 6

1. 用绘制线段的方法输出一个红色的"王"字。

2. 编写一个程序绘制 8 个同心圆,各圆相差 20 个像素点。

3. 编写一个程序绘制一把打开的折扇。

4. 简述 Java 的事件处理机制。什么是事件源？什么是监听者？在 Java 的图形用户界面中,谁可以充当事件源？谁可以充当监听者？

5. 动作事件的事件源有哪些？如何响应动作事件？

6. 应用键盘事件编写一个"推箱子"的游戏程序。

# 多线程与异常处理

本章首先介绍异常处理的概念,异常处理在今后的程序设计中经常要用到;然后介绍多线程和如何使用多线程进行程序设计。一般来说,多线程是比较难掌握的,但 Java 实现和处理多线程却非常简单。本章将主要把目标集中在多线程的一些基本概念和使用方法上。

## 7.1 异常处理

异常(exception)指程序运行过程中出现的非正常现象,如用户输入错误、需要处理的文件不存在、在网络上传输数据但网络没有连接等。由于异常情况总是可能发生的,良好健壮的应用程序除了具备用户所要求的基本功能外,还应该具备预见并处理可能发生的各种异常的功能。所以,开发应用程序时要充分考虑到各种可能发生的异常情况,使程序具有较强的容错能力。把这种对异常情况进行技术处理的技术称为异常处理。

### 7.1.1 Java 的异常处理机制

由于 Java 程序常常在网络环境中运行,安全成为需要首先考虑的重要因素之一。为了能够及时有效地处理程序中的运行错误,Java 提供了功能强大的异常处理机制。

#### 1. 异常处理机制

早期使用的程序设计语言没有提供专门进行异常处理的功能,程序设计人员只能使用条件语句对各种可能设想到的错误情况进行判断,以捕捉特定的异常,并对其进行相应的处理。在这种异常处理方式中,对异常进行判断、处理的代码与程序中完成正常功能的代码交织在一起,使得程序的可读性和可维护性下降,还常常会遗漏意想不到的异常情况。Java 的异常处理机制可以方便地在程序中监视可能发生异常的程序块,并将所有异常处理代码集中放置在程序某处,使完成正常功能的程序代码与进行异常处理的程序代码分开。通过异常处理机制,减少了编程人员的工作量,增强了异常处理的灵活性,并使程序的可读性和可维护性大为提高。

在 Java 的异常处理机制中,引入了一些用来描述和处理异常的类,每个异常类反映一类运行错误,在类的定义中包含了该类异常的信息和对异常进行处理的方法。当程序运行的过程中发生某个异常现象时,系统就产生一个与之相对应的异常类对象,并交由系统中的相应机制进行处理,以避免系统崩溃或其他对系统有害的结果发生,保证了程序运行的安全性。

## 2．异常类的定义

在 Java 中，把异常情况分为错误(error)与异常(exception)两大类。

错误通常是指程序本身存在非法的情形，这些情形常常是因为代码存在问题而引起的。而且，编程人员可以通过对程序进行更加仔细的检查，把这种错误的情形减小到最小。从理论上讲，这些情形可以避免。

异常情况则表示另外一种"非同寻常"的错误。这种错误通常是不可预测的。常见的异常情况包括内存不足、找不到所需的文件等。

Throwable 类派生了两个子类：Exception 和 Error。其中，Error 类描述内部错误，由系统保留，程序不能抛出这个类型的对象，Error 类的对象不可捕获，不可以恢复，出错时系统通知用户并终止程序；而 Exception 类则供应用程序使用。所有的 Java 异常类都是系统类库中 Exception 类的子类。

同其他类一样，Exception 类有自己的方法和属性。它的构造方法有两个：public Exception()和 public Exception(String s)。

第二个构造方法以接受字符串参数传入的信息，该信息通常是对该异常所对应的错误的描述。

Exception 类从父类 Throwable 继承了若干方法，常用的方法如下。

(1) public String toString()

toString 方法返回描述当前 Exception 类信息的字符串。

(2) public void printStackTrace()

printStackTrace 方法没有返回值，它的功能是完成打印操作，在当前的标准输出(一般就是屏幕)上打印输出当前异常对象的堆栈使用轨迹，即程序先后调用执行了哪些对象，或类的哪些方法使得运行过程中产生了这个异常对象。

## 3．系统定义的运行异常

Exception 类有若干子类，每个子类代表了一种特定的运行错误。有些子类是系统事先定义并包含在 Java 类库中的，称为系统定义的运行异常。

系统定义的运行异常通常对应着系统的运行错误。由于这种错误可能导致操作系统错误，甚至整个系统的瘫痪，所以需要定义异常类来特别处理。表 7-1 中列出了若干常见的系统定义异常。

表 7-1　系统定义的运行异常

| 系统定义的运行异常 | 说　　明 |
| --- | --- |
| ClassNotFoundException | 找不到要装载的类，由 Class. forName 抛出 |
| ArrayIndexOutOfBoundsException | 数组下标出界 |
| FileNotFoundException | 找不到指定的文件或目录 |
| IOException | 输入输出错误 |
| NullPointerException | 非法使用空引用 |
| ArithmeticException | 算术错误，如除数为 0 |
| InterruptedException | 一个线程被另一个线程中断 |
| UnknownHostException | 无法确定主机的 IP 地址 |
| SecurityException | 安全性错误 |
| MalfomedURLException | URL 格式错误 |

由于定义了相应的异常,程序即使产生某些致命的错误,如应用空对象等,系统也会自动产生一个对应的异常对象来处理和控制这个错误,避免其蔓延或产生更大的问题。

#### 4. 用户自定义的异常

系统定义的异常主要用来处理系统可以预见的较常见的运行错误,如果预计程序可能产生一个特定的异常问题,该问题无法用系统定义的异常情况来描述,此时就需要程序人员根据程序的特殊逻辑,在用户程序里创建(自定义)一个异常情况类和异常对象。这种用户自定义的异常类和异常对象主要用来处理用户程序中特定的逻辑运行错误。

用户自定义异常用来处理程序中可能产生的逻辑错误,使得这种错误能够被系统及时识别并处理,而不致扩散产生更大的影响,从而使用户程序具有更好的容错性,使整个系统更加安全稳定。

创建用户自定义异常时,需要完成如下工作。

(1) 声明一个新的异常类,作为 Exception 类或其他某个已经存在的系统异常类或其他用户异常类的子类。

(2) 为新的异常类定义属性和方法,或重载父类的属性和方法,使这些属性和方法能够体现该类所对应的错误信息。

只有定义了异常类,系统才能够识别特定的运行错误,才能及时地控制和处理这些运行错误,所以定义足够多的异常类是构建一个稳定完善应用系统的重要基础之一。

## 7.1.2　异常的抛出

Java 应用程序在运行时如果出现了一个可识别的错误,就会产生一个与该错误相对应的异常类的对象,这个过程称为异常的抛出。

被抛出的异常对象包含了异常的类型和错误出现时程序所处的状态信息,这个异常对象被交给 Java 虚拟机,由虚拟机来寻找具体的异常处理者。

根据异常类的不同,抛出异常方法也不同,可分为系统自动抛出的异常和语句抛出的异常两种情况。

#### 1. 系统自动抛出的异常

所有系统定义的运行异常都可以由系统自动抛出。

【例 7-1】　创建一个有错误的程序,测试异常抛出的情况。

```
1    /* 测试除数为 0 时抛出的异常 */
2   class   Example7_1
3    {
4      public static void main(String[] args)
5      {
6        int a = 5, d = 0;
7        System.out.println(a/d);
8      }
9  }
```

【程序说明】

程序的第 7 行,以 0 为除数,当程序运行过程中,将引发系统定义的算术异常 ArithmeticException。这个异常是系统预先定义好的类,对应系统可识别的错误,所以 Java

虚拟机遇到这样的错误就会自动中止程序的执行流程,并新建一个 ArithmeticException 类的对象,即抛出了一个算术异常。

程序运行结果如图 7-1 所示。

图 7-1 系统抛出的算术异常

### 2. 语句抛出的异常

用户程序自定义的异常不可能依靠系统自动抛出,而必须通过 throw 语句来定义异常错误,并抛出这个异常类对象。使用时,在方法声明用中 throws 子句声明抛出异常,在方法体中通过 throw 语句实现抛出异常对象。

用 throw 语句抛出异常对象的语法格式为:

```
修饰符 返回类型 方法名() throws 异常类名
{
    …
    Throw 异常类名;
    …
}
```

例如:

```
public int read() throws IOException
{
    …
    IOException e = new IOException();
    throw e;
}
```

使用 throw 语句抛出异常时,应注意如下两个问题。

(1)一般这种抛出异常的语句应该被定义为在满足一定条件时执行。例如,把 throw 语句放在 if 语句的分支中,只有当条件得到满足,即用户定义的逻辑错误发生时才执行。

(2)含有 throw 语句的方法应该在方法定义中增加如下部分:

Throws 异常类名列表

这样做主要是为了通知所有欲调用此方法的方法。由于该方法包含 throw 语句,所以要准备接收和处理它在运行过程中可能会抛出的异常。如果方法中的 throw 语句不止一个,方法头的异常类名列表也不止一个,应该包含所有可能产生的异常。

【例 7-2】 构造一个异常,计算分母为 a−5 的分式,当输入数字 5 时,则抛出异常。

```
1   /* 输入 5,则抛出异常 */
2   import java.util.*;
3   class Example7_2
```

```
4   {
5       public void A() throws E
6       {
7         int a;
8         Scanner sc = new Scanner(System.in);
9         a = sc.nextInt();
10        if(a == 5) {
11          E exception = new E("抛出异常");         ←  实例化异常处理对象,并抛出异常
12          throw   exception;
13        }
14        System.out.println("20/(a-5) = " + 20/(a-5));
15      }
16      public static void main(String[] args)
17      {
18        Example7_2   t = new   Example7_2();
19        try
20          {   t.A(); }
21        catch(E e)
22          {   System.out.println("输入的数值为 5");     }
23      }
24      class E extends   Exception                       ←  定义异常处理类
25      {
26        E(String s)
27          { System.out.println(s);     }
28      }
```

## 7.1.3 异常处理

已知,抛出异常很简单,那么怎么来处理这个被抛出的异常呢?

异常的处理主要包括捕捉异常、程序流程的跳转和异常处理语句块的定义等。当一个异常被抛出时,应该有专门的语句来捕获这个被抛出的异常对象,这个过程被称为捕捉异常。当一个异常类的对象被捕捉可接收后,用户程序就会发生流程的跳转,系统终止当前的流程而跳转至专门的异常处理语句块,或直接跳出当前程序和 Java 虚拟机回到操作系统。

异常处理的方法有两种:一种方法是使用 try…catch…finally 结构对异常进行捕获和处理;另一种方法是通过 throws 和 throw 抛出异常。通过 throws 和 throw 抛出异常的方法在前面已经介绍,下面重点介绍使用 try…catch…finally 结构对异常进行捕获和处理。

try…catch…finally 结构对异常进行捕获和处理的形式如下。

```
try
{
   可能出现异常的程序代码
}
catch(异常类 1   变量 1){   异常类 1 对应的异常处理代码   }
catch(异常类 2   变量 2){   异常类 2 对应的异常处理代码   }
   …
[finally]{   无论异常是否发生都要执行的代码   }
```

说明:

(1)将可能发生异常的程序代码放置在 try 程序块中。程序运行过程中,如果该程序块内的代码没有出现任何异常,将正常执行,后面的各 catch 块不起任何作用。如果该程序块内的

代码有异常,系统将终止 try 程序块代码的执行,自动跳到所发生的异常类对应的 catch 块,执行该块中的代码。

(2)一个 try 程序块可以对应多个 catch 块,用于对多数异常类进行捕获和处理。如果要捕获的诸类之间没有父子继承关系,各类的 catch 块顺序无关紧要,但如果它们之间有父子继承关系,则应该将子类的 catch 块放置到父类的 catch 块之前。

(3)上述结构中的 finally 块是可选项。如果包含 finally 块,无论异常是否发生,finally 块的代码都要执行。若没有异常发生,当执行完 try 程序块内的代码后,将执行 finally 块。若出现了异常,执行完对应异常类的 catch 块后,将执行 finally 块。所以 finally 块是该结构的统一出口,一般用来进行"善后处理",如释放不再使用的资源、关闭使用完毕的文件等。

**【例 7-3】** 应用异常处理修改例 7-1。

```
1   /* 除数为 0 时引发异常处理 */
2   class    Example7_3
3    {
4      public static void main(String args[])
5       {
6        int a = 5,d = 0;
7        try
8         {
9           System.out.println(a/d);
10         }
11       catch(ArithmeticException e)
12        {
13          System.out.println("除数不能为 0");
14        }
15      }
16    }
```

**【程序说明】**

由于例 7-1 中可能发生异常的代码为第 7 行的"System.out.println(a/d);",因此将这行代码放置到 try 程序块内。当系统执行到这条代码时,触发异常处理,执行 catch 块中的代码。程序运行结果如图 7-2 所示。

**【例 7-4】** 数组下标越界引发异常示例。

```
1   /* 数组下标越界引发异常 */
2   class Example7_4
3   {
4      public static void main(String args[])
5       {
6        int a[] = {1, 2, 3, 4, 5};
7        int sum = 0;
8        try
9         {
10          for (int i = 0;i <= 5;i++)
11           {   sum += a[i]; }
12          System.out.println("sum = " + sum);
13         }
14       catch(ArrayIndexOutOfBoundsException e)
15       { System.out.println("发生异常原因: " + e); }
16        finally
```

图 7-2  执行异常处理代码

```
17          { System.out.println("程序运行结束!");  }
18      }
19  }
```

**【程序说明】**

本程序的第 6 行定义数组 a 有 5 个元素，它们分别是 a[0]、a[1]、a[2]、a[3]、a[4]，但在第 10 行的 for 循环语句中，使用了不存在的数组元素 a[5]，引发数组下标出界 ArrayIndexOutOfBoundsException 类异常，因而终止 try 块的执行，跳到 catch 块执行，之后又跳到 finally 块执行。程序的输出结果如图 7-3 所示。

图 7-3　数组越界引发异常

# 7.2　多线程的基本概念

## 7.2.1　线程与多线程

### 1. 多任务

多任务是计算机操作系统同时运行几个程序或任务的能力。例如，在网上与好友聊天的同时，还在播放音乐，这两个程序同时在运行。一个单 CPU 计算机在任何给定的时刻只能执行一个任务，然而操作系统可以在很短的时间内在各个程序(进程)之间进行切换，这样看起来就像计算机在同时执行多个程序，如图 7-4 所示。

可以再把这种并发执行多个任务的想法向前推进一步：为什么不能让一个程序具备同时执行不同任务的能力呢？这种能力叫作多线程，并且这种能力已嵌入各种流行的操作系统。

### 2. 线程

线程是指进程中单一顺序的执行流。线程共享相同的地址空间并共同构成一个大的进程，如图 7-5 所示。

图 7-4　多任务

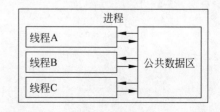

图 7-5　每个线程彼此独立，但有公共数据区

线程间的通信简单而有效,上下文切换非常快,它们是同一个进程中的两个部分之间所进行的切换。每个线程彼此独立执行,一个程序可以同时使用多个线程完成不同的任务。一般用户在使用多线程时并不需要考虑底层处理的详细细节。例如:

(1) 一个 Web 浏览器边下载数据边显示已到达的数据。这是因为有一个线程在执行下载数据并且通知另一个线程有更多的数据已经到达,另一个线程则整理和显示已到达的信息。

(2) 许多编辑器能够实时检查英文拼写错误,即当用户输入字符时,该编辑器能够立即自动分析文本和标出错误的单词。这是因为有一个线程在接受键盘输入并以适当格式显示在屏幕上,而另一个线程在"读入"输入的文本,分析并标记出错误的部分。功能更强的编辑器还可以进行语法检查。

### 3. 多线程

多线程程序是指一个程序中包含有多个执行流,多线程是实现并发机制的一种有效手段。

从逻辑的观点来看,多线程意味一个程序的多行语句同时执行,但是多线程并不等于多次启动一个程序,操作系统也不把每个线程当作独立的进程来对待。因此,如果很好地利用线程,可以大大简化应用程序设计。

从计算机原理的观点来看,每个线程都有自己的堆栈和程序计数器(PC)。可以把程序计数器设想为用于跟踪线程正在执行的指令,而堆栈用于跟踪线程的上下文(上下文是当线程执行到某处时,当前局部变量的值)。可以在线程之间传递数据,但一般不能让一个线程访问另一个线程的栈变量。

例如,在传统的单进程环境下,用户必须等待一个任务完成后才能进行下一个任务。即使大部分时间空闲,也只能按部就班的工作。多线程可以避免引起用户的等待。

又如,传统的并发服务器是基于多线程机制的,每个客户需要一个进程,而进程的数目是受操作系统限制的。基于多线程的并发服务器,每个客户一个线程,多个线程可以并发执行。

进程与多线程的区别,如图 7-6 所示。

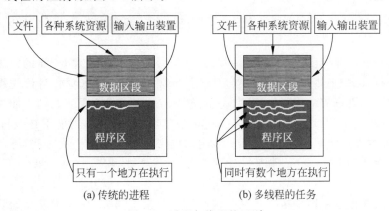

(a) 传统的进程　　　　　(b) 多线程的任务

图 7-6　进程与线程的区别

从上图中可以看到,多任务状态下各进程的内部数据和状态都是完全独立的,而多线程是共享一块内存空间和一组系统资源,有可能互相影响。

### 4. Java 的多线程机制

不少程序设计语言都提供对线程的支持,同这些语言相比,Java 的特点是从最底层开始就对线程提供支持。在 Java 编程中,每实例化一个线程对象,就创建一个虚拟的 CPU,由虚拟 CPU 处理本线程数据。

每个 Java 程序都有一个主线程,即由 main 方法所对应的线程。对于 Applet 程序,浏览器即是主线程。除主线程外,线程无法自行启动,必须通过其他程序来启动它。

Java 的类可以对它的线程进行控制,确定哪个线程具有较高的优先级,哪个线程具有访问其他类的资源的权限,哪个应该执行,哪个应该"休眠"等。

## 7.2.2　线程的生命周期

每个线程都要经历创建、就绪、运行、阻塞和死亡 5 个状态,线程从产生到消失的状态变化过程称为生命周期,如图 7-7 所示。

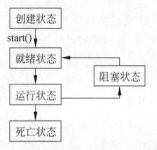

图 7-7　线程的生命周期

### 1. 创建状态

当通过 new 命令创建了一个线程对象,则该线程对象就处于创建状态。例如:

```
Thread  thread1 = new  Thread();
```

创建状态是线程已被创建但未开始执行的一个特殊状态。此时线程对象拥有自己的内存空间,但没有分配 CPU 资源,需通过 start 方法调度进入就绪状态等待 CPU 资源。

### 2. 就绪状态

处于创建状态的线程对象通过 start 方法进入就绪状态。例如:

```
Thread  thread1 = new  Thread();
Thread1.start();
```

start 方法同时调用了线程体,也就是 run 方法,表示线程对象正等待 CPU 资源,随时可被调用。

处于就绪状态的线程已经被放到某一队列等待系统为其分配对 CPU 的控制权。至于何时可真正的执行,取决于线程的优先级以及队列当前状况。线程依据自身优先级进入等待队列的相应位置。如果线程的优先级相同,将遵循"先来先服务"的调度原则。如果某些线程具有较高的优先级,这些较高优先级线程一旦进入就绪状态,将抢占当前正在执行线程的 CPU 资源,这时当前线程只能重新在等待队列中寻找自己的位置,休眠一段时间,等待这些具有较高优先级的线程执行任务之后,被某一事件唤醒。一旦被唤醒,这些线程就开始抢占 CPU 资源。

优先级高的线程通常用来执行一些关键性和一些紧急任务,如系统事件的响应和屏幕显示。低优先级线程往往需要等待更长的时间才有机会运行。由于系统本身无法中止高优先级线程的执行,如果程序中用到了优先级较高的线程对象,那么最好不时让这些线程放弃对 CPU 资源的控制权。例如,使用 sleep 方法,休眠一段时间,以使其他线程能够有机会运行。

### 3. 运行状态

若线程处于正在运行的状态,表示线程已经拥有了对处理器的控制权,其代码目前正在运行,除非运行过程中控制权被另一优先级更高的线程抢占,否则这一线程将一直持续到运行完毕。

一个线程在以下情形下将释放对 CPU 资源的控制权，进入不可运行状态。

（1）主动或被动地释放对 CPU 资源的控制权。此时，该进程再次进入等待队列，等待其他高优先级或等同优先级的线程执行完毕。

（2）线程调用了 yield 或 sleep 方法。sleep 方法中的参数为休眠时间，当这个时间过去后，线程即为可运行的。线程调用 sleep 方法后，不但给同优先级的线程一个可执行的机会，对于低优先级的线程，同样也有机会获得执行。对于 yield 方法，只给相同优先级的线程一个可执行的机会。如果当前系统中没有同优先级的线程，yield 方法调用不会产生任何效果，当前线程继续执行。

（3）线程被挂起，即调用了 suspend 方法。该线程需由其他线程调用 resume 方法来恢复执行。suspend 方法和 resume 方法已经在 JDK2 中作废，但可以用 wait() 和 notify() 达到同样的效果。

（4）为等候一个条件变量，线程调用了 wait 方法。如果要停止等待，需要包含该条件变量的对象调用 notify() 和 notifyAll()。

（5）输入输出流中发生线程阻塞。由于当前线程进行 I/O 访问，外存读写，等待用户输入等操作，导致线程阻塞。阻塞消失后，特定的 I/O 指令将结束这种不可运行状态。

#### 4. 阻塞状态

如果一个线程处于阻塞状态，那么该线程则无法进入就绪队列。处于阻塞状态的线程通常必须由某些事件唤醒。至于是何种事件，则取决于阻塞发生的原因。例如，处于休眠中的线程必须被阻塞固定的一段时间才能被唤醒；被挂起或处于消息等待状态的线程则必须由一外来事件唤醒。

#### 5. 死亡状态

死亡状态（或终止状态），表示线程已退出运行状态，并且不再进入就绪队列。其原因可能是线程已执行完毕（正常结束）；也可能是该线程被另一线程强行中断，即线程自然撤销或被停止。自然撤销是从线程的 run 方法正常退出，即当 run 方法结束后，该线程自然撤销。调用 stop 方法可以强行停止当前线程。但这个方法已在 JDK2 中作废，应当避免使用。如果需要线程死亡，则可以进行适当的编码触发线程提前结束 run 方法，自行消亡。

一个线程的生命周期一般经过如下步骤。

（1）一个线程通过 new() 操作实例化后，进入新生状态。

（2）通过调用 start 方法进入就绪状态，一个处在就绪状态的线程将被调度执行，执行该线程相应的 run 方法中的代码。

（3）通过调用线程的（或从 Object 类继承的）sleep() 或 wait()，这个线程进入阻塞状态。一个线程也可能自己完成阻塞操作。

（4）当 run 方法执行完毕，或有一个例外产生，或执行 System. exit 方法，则一个线程就进入死亡状态。

### 7.2.3 线程的优先级

Java 提供一个线程调度器来监控启动后进入就绪状态的所有线程。线程调度器按照线程的优先级决定应调度哪些线程开始执行，具有高优先级的线程会在较低优先级的线程之前得到执行。同时,线程的调度又是抢先式的,如果在当前线程的执行过程中,一个具有更高优先级的线程进入就绪状态,则这个高优先级的线程将立即被调度执行。

在抢先式的调度策略下,执行方式又分为时间片方式和非时间片方式(独占式)。

在时间片方式下,当前活动线程执行完当前时间片后,如果有处于就绪状态的其他相同优先级的线程,系统将执行权交给其他处于就绪状态的同优先级线程,当前活动线程转入等待执行队列,等待下一个时间片的调度。一般情况下,这些转入等待的线程将加入等待队列的末尾。

在独占方式下,当前活动线程一旦获得执行权,将一直执行下去,直到执行完毕或由于某种原因主动放弃执行权,或者是有一高优先级的线程处于就绪状态。并不是所有系统在运行程序时都采用时间片策略来调度线程,所以一个线程在空闲时应该主动放弃执行权,以使其他同优先级和低优先级的线程得到执行。

线程的优先级用数字表示,范围是 1~10,即从 Thread. MIN_PRIORITY 到 Thread. MAX_ PRIORITY。一个线程的默认优先级是 5,即 Thread. NORMAL_PRIORITY。可以通过 getPriority 方法得到线程的优先级,也可以通过 setPriority 方法在线程被创建之后的任意时间改变线程的优先级。

## 7.3　线程的使用方法

在 Java 语言中,可采用以下两种方式产生线程。

(1) 通过创建 Thread 类的子类构造线程。Java 定义了一个直接从根类 Object 中派生的 Thread 类。所有从这个类派生的子类或间接子类,均为线程。

(2) 通过实现一个 Runnable 接口的类构造线程。

### 7.3.1　创建 Thread 子类构造线程

可以通过继承 Thread 类,建立一个 Thread 类的子类并重新设计(重载)其 run 方法来构造线程。

#### 1. 线程的创建与启动

Thread 类用来创建一个新的线程。使用该类的方法,可以处理线程的优先级和改变线程的状态。

要创建和执行一个线程需完成下列步骤。

(1) 创建一个 Thread 类的子类。

(2) 在子类中重新定义自己的 run 方法,这包含了线程要实现的操作。

(3) 用关键字 new 创建一个线程对象。

(4) 调用 start 方法启动线程。

线程启动后,当执行 run 方法完毕时,会自然进入终止状态。

【例 7-5】 创建两个 Thread 类的子类,然后在另一个类中建立这两个 Thread 类的对象来测试,看具体会发生什么现象。

```
1    /*创建第一个子线程类 ThreadFirst */
2    class ThreadFirst extends Thread
3      {
```

```
4         public void run()
5         {
6             System.out.println(currentThread().getName() + "Thread started:" );
7             for(int i = 0;i < 6;i++){
8                 System.out.print(currentThread().getName() + ":    a = " + i + "\n");
9                 try{ sleep(500);} catch(InterruptedException e){}
10            }
11        }
12    }
13    /* 创建第二个子线程类 ThreadSecond */
14    class ThreadSecond extends Thread
15    {
16        public void run()
17        {
18            System.out.println(getName() + "Thread started:" );        //注意与第 6 行比较
19            for(int i = 0;i < 6;i++){
20                System.out.print(getName() + ":    b = " + i + "\n");
21                try{ sleep(300);} catch(InterruptedException e){}
22            }
23        }
24    }
25    /* 下面构造主类,在 main 方法中创建并启动两个线程对象 */
26    public class    Example7_5
27    {
28        public static void main(String args[])
29        {
30            System.out.println("Starting ThreadTest");
31            ThreadFirst thread1 = new ThreadFirst();
32            thread1.start();
33            ThreadSecond thread2 = new ThreadSecond();
34            thread2.start();
35            for(int i = 0;i < 150;i++)
36                System.out.print("main()" + ":    main = " + i + "\n");
37        }
38    }
```

**【程序说明】**

在运行这个 Example7_5 类后,发现每次执行它时会产生不同的结果,因为它无法准确地控制什么时候执行哪个线程,读者可以多次执行这个程序,观察其效果,如图 7-8 所示。

对于程序员来说,在编程时要注意给每个线程执行的时间和机会,主要是通过让线程睡眠的办法(调用 sleep 方法)让当前线程暂停执行,然后由其他线程争夺执行的机会。如果上面的程序中没有用到 sleep 方法,则就是第一个线程先执行完毕,然后第二个线程再执行完毕。

这个例子说明两个线程在独立地运行。实际不只有两个线程,还有第 3 个线程:其中两个线程是在 main()中创建的;另一个线程在运行 main(),负责启动每个线程,并运行自己的一个循环。

这个例子说明了以下事实。

(1) 创建独立执行线程比较容易,Java 负责处理了大部分细节。

(2) 各线程并发运行,共同争抢 CPU 资源,线程抢夺到 CPU 资源后,就开始执行,无法准确知道某线程能在什么时候开始执行。

(3) 线程间的执行是相互独立的。

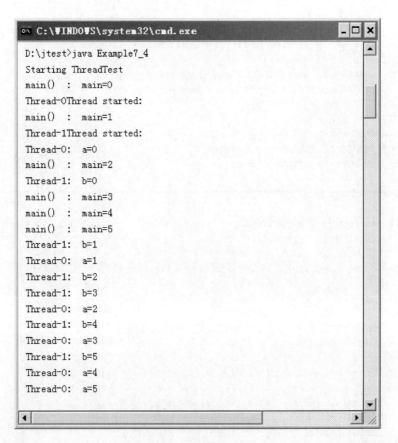

图 7-8 运行线程结果

（4）线程独立于启动它的线程（或程序）。

## 2．线程的暂停和恢复

以下方法可以暂停一个线程的执行，并在适当的时候再恢复其执行。

1）sleep 方法

sleep 方法指定线程休眠一段时间。例如：

```
Thread  thread1 = new  Thread();
thread1.start();
try{  thread1.sleep(2000);  }
catch(InterruptedException e)  {}
```

这个例子可以看到，通过调用 sleep 方法使得 thread1 线程休眠了 2s（2000ms），这时即使 CPU 空闲，也不能执行该线程。严格地说，并不是 thread1 线程休眠，而是让当前正在运行的线程休眠。

通常线程休眠到指定的时间后，不会立刻进入执行状态，而是可以参与调度执行。这是因为当前线程在运行时，不会立刻放弃 CPU，除非这时有高优先级的线程参与调度，或是当前线程主动退出，使其他线程有执行的机会。时间片方式最适合在一定时间内完成一个动作的线程。为了达到这种定期调度的目的，线程 run 方法的主循环中应包含一个定时的 sleep() 调用。这个调用确保余下的循环体以固定的时间间隔执行。

2）yield 方法

yield 方法可以暂时中止当前正在执行线程对象的运行。若存在其他同优先级线程,则随即调用下一个同优先级线程。如果当前不存在其他同优先级线程,则这个被中断的线程继续运行。显然这个方法可以保证 CPU 不空闲。sleep 方法有可能浪费 CPU 时间,若所有线程都处于休眠状态,则 CPU 什么也不做。

3）wait 和 notify 方法

wait 方法使线程进入等待状态,直到被另一线程唤醒。notify 方法把线程状态的变化通知并唤醒另一等待线程。

## 7.3.2　实现 Runnable 接口构造线程

Runnable 接口是在程序中使用线程的一种方法。在许多情况下,一个类已经扩展了 JFrame,因而这样的类就不能再继承 Thread。Runnable 接口为一个类提供了一种手段,无须扩展 Thread 类就可以执行一个新的线程或被一个新的线程控制。这样,就通过建立一个实现了 Runnable 接口的对象,并以它作为线程的目标对象来构造线程。它打破了单一继承方式的限制。

Java 语言源码中,Runnable 接口只包含一个抽象方法,其定义如下。

```
public interface Runnable
{
  public abstract void run();
}
```

所有实现了 Runnable 接口类的对象都可以以线程方式执行。这种 Runnable 接口构造线程的方法是,在一个类中实现 public void run 方法,并且建立一个 Thread 类型的域。当实例化一个线程时,这个线程本身就会作为参数,将它的 run 方法与 Thread 对象联系在一起,这样就可以用 start()和 sleep()控制这个线程。

实现 Runnable 接口类的一般框架为:

```
[修饰符] class 类名[extends 超类名]implements Runnable [,其他接口]
{
  Thread T;
  Public void run()
    {
       /* run 方法代码 */
    }
}
```

使用 Runnable 接口,一个类可以避开单继承,去继承另一个类,同时使用多个线程。为了实现 Runnable 对象的线程,可使用下列方法生成 Thread 对象。

- Thread(Runnable 对象名);
- Thread(Runnable 对象名,String 线程名)。

【例 7-6】 创建一个实现 Runnable 接口的线程类,在另一个类中建立两个线程对象来测试,观察具体会发生什么现象。

```
1  /* 构造一个实现 Runnable 接口的类 */
2  class ThreadCounting　　implements Runnable　　//实现接口
```

```
3  {
4      public void run()
5      {
6          for(int i = 0; i < 10; i++){
7              System.out.print(Thread.currentThread().getName() + ":    i = " + i + "\n");
8              try{ Thread.sleep(200); }
9              catch(InterruptedException e){ System.out.print(e); }
10         }
11     }
12  }
13  /* 下面构造主类,在它的 main()中创建并启动两个线程对象 */
14  public class    Example7_6
15  {
16      public static void main(String args[])
17      {
18          System.out.println("Starting ThreadTest");
19          ThreadCounting t = new ThreadCounting();
20          Thread thread1 = new Thread(t,"t1");              //线程体为 t,线程名为 t1
21          Thread thread2 = new Thread(t,"t2");              //线程体为 t,线程名为 t2
22          thread1.start();                                  //启动线程
23          thread2.start();                                  //启动线程
24          for(int i = 0; i < 10; i++)
25              System.out.print("main()" + ":    i = " + i + "\n");
26      }
27  }
```

程序运行结果如图 7-9 所示。

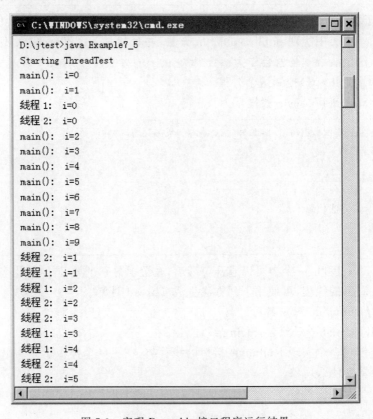

图 7-9  实现 Runnable 接口程序运行结果

通过建立 Thread 子类和实现 Runnable 接口都可以创建多线程,那么在使用上它们有什么区别呢? 来看下面这个例子。

【例 7-7】 用 Thread 子类程序模拟航班售票系统,实现 4 个售票窗口发售某班次航班的 100 张机票。一个售票窗口用一个线程表示。

```
1   /* 构造一个 Thread 子类,模拟航班售票窗口 */
2   class Threadsale extends Thread
3   {
4      int tickets = 100;
5      public void run()
6      {
7        while(true)
8        {
9          if(tickets > 0)
10             System.out.println(getName() + "售机票第" + tickets-- + "号");
11         else
12             System.exit(0);
13        }
14     }
15  }
16  /* 再构造另一个类,在它的 main()中创建并启动 4 个线程对象 */
17  public class    Example7_7
18  {
19     public static void main(String args[])
20     {
21       Threadsale t1 = new Threadsale();
22       Threadsale t2 = new Threadsale();
23       Threadsale t3 = new Threadsale();
24       Threadsale t4 = new Threadsale();
25       t1.start();
26       t2.start();
27       t3.start();
28       t4.start();
29     }
30  }
```

程序运行结果如图 7-10 所示。

【程序说明】

从图 7-10 中可以看到,每张机票被卖了 4 次,即 4 个线程各自卖 100 张机票,而不是去卖共同的 100 张机票。为什么会这样呢? 这里需要的是,多个线程去处理同一资源,一个资源只能对应一个对象,在上面的程序中,创建了 4 个 Threadsale 对象,每个 Threadsale 对象中都有 100 张机票,每个线程都在独立地处理各自的资源。

【例 7-8】 用 Runnable 接口程序模拟航班售票系统,实现 4 个售票窗口发售某班次航班的 100 张机票。一个售票窗口用一个线程表示。

```
1   /* 构造一个 Runnable 接口类,模拟航班售票窗口 */
2   class Threadsale implements Runnable
3   {
4      int tickets = 100;
```

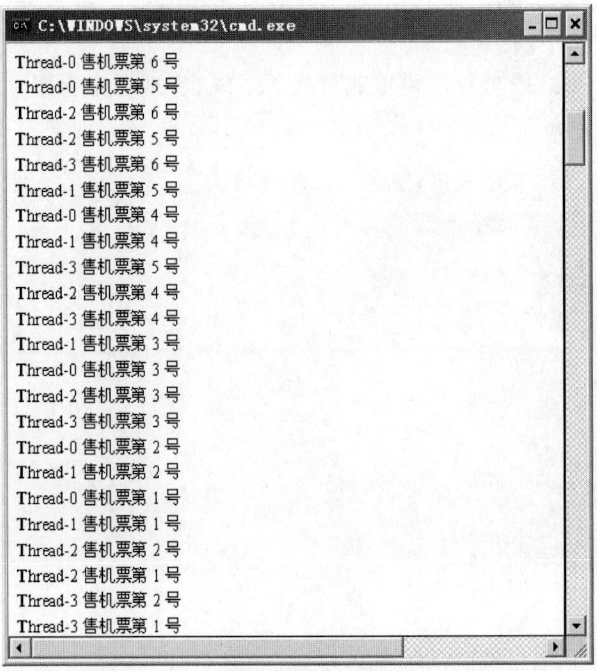

图 7-10　Thread 子类程序模拟航班售票

```java
5     public void run()
6     {
7       while(true)
8        {
9         if(tickets > 0)
10          System.out.println(Thread.currentThread().getName() + "售机票第" +
11          tickets-- + "号");
12        else
13          System.exit(0);
14       }
15    }
16  }
17  /*再构造主类,在它的 main()中创建并启动 4 个线程对象 */
18  public class    Example7_8
19  {
20    public static void main(String args[])
21    {
22      Threadsale t = new Threadsale();                        //实例化线程
23      Thread    t1 = new Thread (t,"第 1 售票窗口");
24      Thread    t2 = new Thread (t,"第 2 售票窗口");
25      Thread    t3 = new Thread (t,"第 3 售票窗口");
26      Thread    t4 = new Thread (t,"第 4 售票窗口");
27      t1.start();
28      t2.start();
29      t3.start();
30      t4.start();
31    }
32  }
```

程序运行结果如图 7-11 所示。

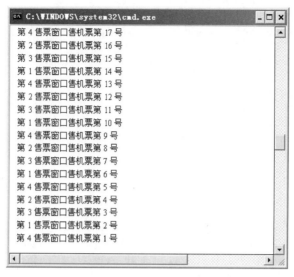

图 7-11    Runnable 接口程序模拟航班售票

**【程序说明】**

在上面的程序中,创建了 4 个线程,每个线程调用的是同一个 Threadsale 对象中的 run 方法,访问的是同一个对象中的变量(tickets)的实例。因此,这个程序能满足要求。

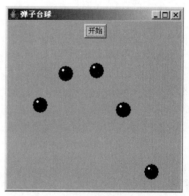

通过上面两个例子的比较,可以看到,Runnable 接口适合处理多个线程处理同一资源的情况,并且可以避免由于 Java 的单继承性带来的局限。

**【例 7-9】** 设计一个多线程的应用程序,模拟一个台子上有多个弹子在上面滚动。"弹子"在碰到"台子"的边缘时会被弹回来,如图 7-12 所示。

图 7-12    "弹子"在碰到"台子"的 边缘被弹回来

```
1    import java.awt. * ;      import javax.swing. * ;
2    import java.awt.event. * ;
3     /* 定义弹子类 */
4    class Marble extends Thread
5    {
6      Table table = null;
7      int x, y, xdir, ydir;
8      public Marble(Table _table, int _x, int _y, int _xdir, int _ydir)
9      {
10       table = _table;          使用该参数,是为了能获取球台窗体的大小
11       x = _x;                              //x 坐标
12       y = _y;                              //y 坐标
13       xdir = _xdir;                        //x 方向速度
14       ydir = _ydir;                        //y 方向速度
15     }
16
17     public void run()
18     {
19       while(true)
```

```
20      {
21          if((x>(table.getSize().width) - 25)||(x<0))
22              xdir *= (-1);                    //超过台子 x 方向边界后,反方向运行
23          if((y>(table.getSize().width) - 25)||(y<0))
24              ydir *= (-1);                    //超过台子 y 方向边界后,反方向运行
25          x += xdir;                            //坐标递增,以实现移动
26          y += ydir;
27          try{ sleep(30);      ◀── 延时(单位为ms)
28            } catch(InterruptedException e)
29                {System.err.println("Thread interrupted");}
30        table.repaint();      ◀── 重绘图形
31      }
32  }
33
34    public void draw(Graphics g)
35    {
36        g.setColor(Color.black);           //弹子为黑色
37        g.fillOval(x, y, 30, 30);          //画圆
38        g.setColor(Color.white);           //弹子上的亮点为白色
39        g.fillOval(x + 5, y + 5, 8, 6);
40    }
41  }
42
43  /* 定义球台类 */
44  class Table extends JFrame implements ActionListener
45  {
46      JButton start = new JButton("开始");
47      Marble marbles[] = new Marble[5];  //建立弹子线程类对象数组
48      int v = 2;                          //速度最小值
49      public Table()
50      {
51        super("弹子台球");
52        setSize(300,300);
53        setBackground(Color.cyan);        //设置球台的背景颜色
54        setVisible(true);
55        setLayout(new FlowLayout());
56        setDefaultCloseOperation(EXIT_ON_CLOSE);
57        add(start);
58        start.addActionListener(this);
59        validate();
60      }
61  public void actionPerformed(ActionEvent ae)
62    {
63      for(int i = 0; i < marbles.length; i++)
64      {
65          //随机产生弹子的速度和坐标
66          int xdir = i * (1 - i * (int)Math.round(Math.random())) + v;
67          int ydir = i * (1 - i * (int)Math.round(Math.random())) + v;
68          int x = (int)(getSize().width * Math.random());
69          int y = (int)(getSize().height * Math.random());
70          //实例化弹子线程对象
71          marbles[i] = new Marble(this,x,y,xdir,ydir);
72          marbles[i].start();
73      }
74    }
```

```
75      public void paint(Graphics g)
76      { super.paint(g);
77        for(int i = 0; i < marbles.length; i++)
78          if(marbles[i] != null)
79            marbles[i].draw(g);
80      }
81    }
82
83    /* 定义主类 */
84    public class Example7_9
85    {
86      public static void main(String args[])
87      {
88        Table table = new Table();
89      }
90    }
```

**【程序说明】**

（1）程序的第 4～41 行，建立了一个"弹子"Marble 类，它是 Thread 类的子类，负责控制自身的移动。

（2）在"弹子"Marble 类中，设置两个变量 x、y，作为弹子的当前坐标。为了移动弹子到一个新的 x,y 坐标，在每个线程的 run 方法的第 25 行和第 26 行重新计算它的坐标，使它产生移动效果。

（3）由于有多个要移动的弹子，所以在每个线程的 run 方法中应该调用 sleep 方法，这样就可以让出时间使系统去移动其他的弹子。

（4）为了保证"弹子"在碰到台子的边缘时弹回来，需要知道台子的大小，因而在第 9 行的构造函数中，把"台子"对象作为参数，以便把其宽和高的大小传过来。

（5）在第 21～23 行检查"弹子"是否超出了"台子"的范围，如果超出，则使弹子朝相反方向运动，也就是改变相应坐标的符号，实现了弹子的"弹回"。

（6）第 34～40 行的 draw 方法，为每个线程绘制了一个带亮点的弹子上。

（7）在程序的第 44～81 行，建立一个"弹子球台"Table 类，在它的窗体中显示"弹子"。

（8）在第 47 行，建立了一个弹子线程类对象数组 marbles[]，在第 71 行和第 72 行用循环逐个例化弹子线程对象，并启动线程。第 66～69 行，随机产生弹子的坐标和弹子在 x、y 方向的移动量（速度），通过线程对象的构造函数传递到"弹子"Marble 类。

（9）要使每个弹子能在窗体上独立显示，但是没有一个图形对象供绘图。为了解决这一问题，在第 75～80 行从 Table 的 paint 方法中传递一个图形对象到各个弹子类的 draw 方法中，在那里画出弹子。

（10）由于线程启动后，会不断地改变应该画出弹子的坐标。真正完成绘图的方法是 Table 类的 paint 方法。为了反映动态图形变化，在 Marble 类的 run 方法中通过调用 Table 类的 repaint 方法刷新画面（程序的第 30 行）。

（11）用一个带 main() 的主类 Example7_9 调用 Table 类，使之独立运行。

# 7.4　线程同步

　　Java 提供了多线程机制，通过多线程的并发运行可以提高系统资源的利用率，改善系统性能。由于多线程要共享内存资源，因此有一个线程正在使用某个资源，而另一个线程却在更新它,这样会造成数据的不正确。对于多个线程共享的资源,必须采取措施,使得每次只有一个线程能使用它,这就是多线程中的同步(synchronization)问题。在 Java 语言中,属于同一个主程序的线程会使用相同的堆栈来放置实例和成员变量,而局部变量则会存放在另外的堆栈中,因此需特别注意实例和成员变量的使用。

## 7.4.1　使用多线程造成的数据混乱

多线程使用不当可能造成数据混乱。例如,两个线程都要访问同一个共享变量,一个线程读这个变量的值并在这个值的基础上完成某些操作,但就在此时,另一个线程改变了这个变量值,但第一个线程并不知道,这可能造成数据混乱。下面是模拟两个用户从银行取款的操作造成数据混乱的例子。

【例 7-10】　设计一个模拟用户从银行取款的应用程序。设某银行账户存款额的初值是 2000 元,用线程模拟两个用户从银行取款的情况。

```
1    /* 模拟银行账户类 */
2    class Mbank
3    {
4      private static int sum = 2000;
5      public static void take(int k)
6      {
7        int temp = sum;
8        temp -= k;
9        try{Thread.sleep((int)(1000 * Math.random()));}
10       catch(InterruptedException e){}
11       sum = temp;
12       System.out.println("sum = " + sum);
13      }
14   }
15
16   /* 模拟用户取款的线程类 */
17   class Customer extends Thread
18   {
19     public void run()
20     {
21       for (int i = 1;i <= 4 ;i++)
22       {
23         Mbank.take(100);
24       }
25     }
26   }
27
28   /* 调用线程的主类 */
29   public class Example7_10
30   {
31     public static void main(String args[])
32     {
33       Customer c1  =  new Customer();
34       Customer c2  =  new Customer();
35       c1.start();
36       c2.start();
37     }
38   }
```

程序运行结果如图 7-13 所示。

**【程序说明】**

该程序的本意是通过两个线程分多次从一个共享变量中减去一定数值,以模拟两个用户从银行取款的操作。

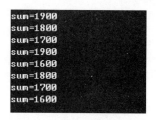

图 7-13 模拟两个用户从银行取款

（1）类 Mbank 用来模拟银行账户,其中静态变量 sum 表示账户现有存款额,表示取款操作；take 方法中的参数 k 表示每次的取款数。为了模拟银行取款过程中的网路阻塞,让系统休眠一段时间,再来显示最新存款额。

（2）Customer 是模拟用户取款的线程类,在 run 方法中,通过循环 4 次调用 Mbank 类的静态方法 take(),从而实现分 4 次从存款额中取出 400 元的功能。

（3）Example7_10 类启动创建两个 Customer 类的线程对象,模拟两个用户从同一账户中取款。

账户现有存款额 sum 的初值是 2000 元,如果每个用户各取出 400 元,存款额的最后余额应该是 1200 元,但程序的运行结果却并非如此,并且运行结果是随机的,每次不同。

之所以会出现这种结果,是由于线程 c1 和 c2 的并发运行引起的。例如,当 c1 从存款额 sum 中取出 100 元,c1 中的临时变量 temp 的初始值是 2000 元,则将 temp 的值改变为 1900,在将 temp 的新值写回 sum 之前,c1 睡眠了一段时间。正在 c1 睡眠的这段时间内,c2 来读取 sum 的值,其值仍然是 2000,然后将 temp 的值改变为 1900,在将 temp 的新值写回 sum 之前,c2 睡眠了一段时间。这时,c1 睡眠结束,将 sum 更改为其 temp 的值 1900,并输出 1900。接着进行下一轮循环,将 sum 的值改为 1800,并输出后,再继续循环,在将 temp 的值改变为 1700 之后,还未来得及将 temp 的新值写回 sum 之前,c1 进入睡眠状态。这时,c2 睡眠结束,将他的 temp 的值 1900 写入 sum 中,并输出 sum 的现在值 1900,如此继续,直到每个线程结束,出现了和原来设想不符合的结果。

通过对该程序的分析,发现出现错误结果的根本原因是两个并发线程共享同一内存变量所引起的。后一线程对变量的更改结果覆盖了前一线程对变量的更改结果,造成数据混乱。为了防止这种错误的发生,Java 提供了一种简单而又强大的同步机制。

## 7.4.2 同步线程

使用同步线程是为了保证在一个进程中多个线程能协同工作,所以线程的同步很重要。所谓线程同步就是在执行多线程任务时,一次只能有一个线程访问共享资源,其他线程只能等待,只有当该线程完成自己的执行后,另外的线程才可以进入。

### 1. Synchronized 方法

当两个或多个线程要同时访问共享数据时,一次只允许一个线程访问共享资源,支持这种互斥的机制称为监视器(MiW)。在一段时间内只有一个线程拥有监视器,拥有监视器的线程才能访问相应的资源,并锁定资源不让其他线程访问。所有其他的线程在试图访问被锁定的资源时被挂起,等待监视器解锁。那么,Java 是如何表示这些监视器对象的呢？事实上,所有 Java 对象都有与它们相关的隐含监视器。进入对象监视器的办法是调用对象由 Synchronized 修饰的方法。只要一个线程进入由 Synchronized 修饰的方法,同类对象的其他线程就不能进入这个方法而必须等待,直到该线程执行完毕,再释放这个 Synchronized 所修饰的方法。

如图 7-14 所示,用 Synchronized 标识的区域或方法即为监视器监视的部分,当有线程访问该方法时,其他线程不能进入。

图 7-14　用 Synchronized 锁定资源

声明 Synchronized 方法的一般格式为:

```
public synchronized 返回类型 方法名()
  {
     …      /* 方法体 */
  }
```

Synchronized 关键字除了可以放在方法声明中,表示整个方法为同步方法外,还可以放在对象前面限制一段代码的执行。

例如:

```
public synchronized 返回类型 方法名()
  {
     Synchronized(this)
       {
          …                            /* 一段代码 */
       }
  }
```

如果 Synchronized 用在类声明中,则表示该类中的所有方法都是 Synchronized 的。

【例 7-11】 改写例 7-10,用线程同步的方法设计用户从银行取款的应用程序。

```
1   /* 模拟银行账户类 */
2   class Mbank
3   {
4     private static int sum = 2000;
5     public synchronized static void take(int k)
6     {
7       int temp = sum;
8       temp -= k;
9       try{Thread.sleep((int)(1000 * Math.random()));}
10      catch(InterruptedException e){}
11      sum = temp;
12      System.out.println("sum = " + sum);
13      }
14  }
15
16  /* 模拟用户取款的线程类 */
17  class Customer extends Thread
18  {
19    public void run()
20    {
21        for (int i = 1;i <= 4;i++)
22        {
23          Mbank.take(100);
24        }
```

```
25      }
26   }
27
28   /*  调用线程的主类  */
29   public class Example7_11
30   {
31     public static void main(String args[ ])
32     {
33       Customer c1 = new Customer();
34       Customer c2 = new Customer();
35       c1.start();
36       c2.start();
37     }
38   }
```

程序运行结果如图 7-15 所示。

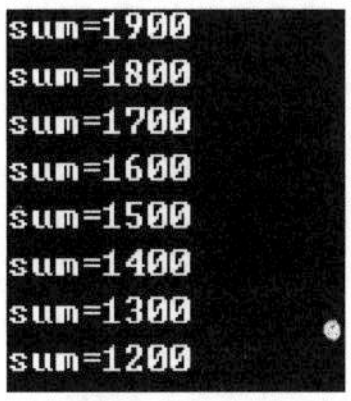

【程序说明】

该程序与例 7-10 比较,只是在程序的第 5 行将

public static void take( int k)

改成

图 7-15  模拟两个用户从
银行取款

public synchronized static void take( int k)

即将 take 方法用 synchronized 修饰成线程同步的方法。由于对 take 方法增加了同步限制,所以在线程 c1 结束 take 方法运行之前,线程 c2 无法进入 take 方法。同理,在线程 c2 结束 take 方法运行之前,线程 c1 无法进入 take 方法。从而避免了一个线程对 sum 变量的更改结果覆盖了另一线程对 sum 变量的更改结果。

### 2. 管程及 wait()、notify()

在 Java 中,运行环境使用管程(monitor)来解决线程同步的问题。能够拒绝线程访问和通知线程允许访问某个线程的一个对象称为管程。管程(有时称为互斥锁机制)是一对并发同步机制,包括用于分配一个特定的共享资源或一组共享资源的数据和方法。Java 为每一个拥有 Synchronized 方法的实例对象提供了一个唯一的管程(互斥锁)。为了完成分配资源的功能,线程必须调用管程入口或拥有互斥锁。管程入口就是 Synchronized 方法入口。当调用同步方法时,该线程就获得了该管程。管程实行严格的互斥,在同一时刻,只允许一个线程进入。如果调用管程入口的线程发现资源已被分配,管程中的这个线程将调用等待操作 wait()。进入 wait()后,该线程放弃管理的拥有权,在管程外面等待,以便其他线程进入管程。最终,占用资源的线程将资源归还给系统,此时,该线程需调用一个通知操作 notify(),通知系统允许其中一个正在等待的线程获得管程并得到资源。被通知的线程是排队的,从而避免无限拖延。

在 Java 中还提供了用来编写同步执行线程的两个方法: wait()和 notify()。此外,还有 notifyAll(),它通知所有等待的线程,使它们竞争管程(互斥锁),其中一个获得管程(互斥锁),其余返回等待状态。

Java 中的每个类都是由基本类 Object 扩展而来,因而每个类都可以从那里继承 wait()和 notify(),这两种方法都可以在 Synchronized 方法中调用。

wait()的定义如下。

```
public final void wait() throws InteruptedException
```

该方法引起线程释放它对管程的拥有权而处于等待状态,直到被另一个线程唤醒。唤醒后该线程重新获得管程的拥有权并继续执行。如果一个方法没有被任何线程唤醒,则它将永远等待下去。

notify()的定义如下。

```
public final native void notify()
```

该方法通知一个等待的线程:某个对象的状态已改变,等待的线程有机会重新获得线程管程的拥有权。

在完成同步过程中,也可不必调用 wait()和 notify()。如果调用了 wait(),就必须保证一个匹配的 notify()被调用。不然,这个等待的线程将无休止地等待下去。因此,wait()和notify()使用不当,就可能造成死锁。

死锁是在特定应用程序中所有的线程处在等待状态,并且相互等待其他线程唤醒。Java对死锁无能为力。解决死锁的任务完全落在程序员身上,程序员必须保证在他的代码结构中不会产生死锁。

【例 7-12】 设计一个模拟车辆通过交叉路口的程序。

本示例创建了 3 个类:一个是车辆类 ICar,由线程绘制两辆不同方向行驶的小车;第二个是交通警察类 TrafficCop,控制两辆车的线程同步(根据车辆的位置)。第三个是车辆在道路上行驶的窗体类 Road,该类绘制了两条相互垂直的道路,调用车辆线程(车辆行驶)。

```
1   /* 线程同步示例,十字交叉路口 */
2   import javax.swing. * ;
3   import java.awt. * ;
4   class Road extends JFrame
5   {
6     ICar  LRcar,TBcar;          ← 声明小车对象
7     TrafficCop tCop;            ← 声明交通警察(线程同步)对象
8     Road()
9   {
10      setSize(400,400);
11      setVisible(true);
12      setTitle("线程同步示例");
13      setDefaultCloseOperation(EXIT_ON_CLOSE);   //设置窗体关闭按钮的关闭动作
14      tCop  = new TrafficCop();                  //创建交通警察(线程同步)对象
15      LRcar = new ICar(tCop,ICar.leftToRight,16); //创建从左往右行驶小车对象
16      TBcar = new ICar(tCop,ICar.topToBotton,17); //声明从上往下行驶小车对象
17      start();
18    }
19    public void start()
20    {
21      LRcar.start();                             //从左往右行驶线程
22      TBcar.start();                             //从上往下行驶线程
23      while(true)
24      {
25        try{ Thread.sleep(50);  }                 ← 刷新画面
26        catch(Exception e){    }
27        repaint();
28      }
```

```
29    }
30    public void paint(Graphics g)
31    {
32      super.paint(g);                          //调用父类的构造方法 paint()
33      Color saveColor = g.getColor();
34      g.setColor(Color.black);
35      g.fillRect(0,180,400,40);                //绘制横向通道
36      g.fillRect(180,0,40,400);                //绘制纵向通道
37      LRcar.drawCar(g);                        //绘制小车
38      TBcar.drawCar(g);                        //绘制小车
39    }
40  }
41
42  class ICar extends Thread
43  {
44    public int lastPos = -1;                   //小车最后位置
45    public int carPos = 0;                     //小车当前位置
46    public int speed = 10;                     //初始化小车速度
47    public int direction = 1;                  //初始化小车的行驶方向
48    public TrafficCop tCop;                    //声明交通警察对象(线程同步)
49    public final static int leftToRight = 1;
50    public final static int topToBotton = 2;
51
52    public ICar(TrafficCop tCop, int direction, int speed)
53    {                                          //参数的局部变量转换为成员变量
54      this.tCop = tCop;
55      this.speed = speed;
56      this.direction = direction;
57    }
58
59  public void run()
60  {
61    while(true)
62    {
63      tCop.checkAndGo(carPos,speed);           //线程同步
64      carPos += speed;                         //小车行驶,每次增加速度
65      if (carPos >= 400)                       //若到达边界,则重新开始
66        { carPos = 0;}
67          try{Thread.sleep(200);}
68      catch(InterruptedException e){}
69    }
70  }
71
72  public void drawCar(Graphics g)  ◄── 绘制小车
73  {
74    if(direction == ICar.leftToRight)  ◄── 方向判断,从西往东行驶(从左往右)的小车
75    {
76        g.setColor(Color.gray);
77        g.fillOval(2 + carPos,185,10,10);
78        g.fillOval(26 + carPos,185,10,10);   ◄── 绘制4个车轮
79        g.fillOval(2 + carPos,205,10,10);
80        g.fillOval(26 + carPos,205,10,10);
81        g.setColor(Color.green);
82        g.fillOval(0 + carPos,190,40,20);    ◄── 绘制车身
83      lastPos = carPos;  ◄── 获取小车当前位置
```

```
84        }
85      else  ◄──── 绘制从北往南行驶(从上往下)的小车
86      {
87        g.setColor(Color.gray);
88        g.fillOval(185,2 + carPos,10,10);
89        g.fillOval(185,26 + carPos,10,10);  ◄──── 绘制四个车轮
90        g.fillOval(205,2 + carPos,10,10);
91        g.fillOval(205,26 + carPos,10,10);
92        g.setColor(Color.yellow);
93        g.fillRect(190,0 + carPos,20,40);  ◄──── 绘制车身
94        lastPos = carPos;  ◄──── 获取小车当前位置
95      }
96    }
97  }
98
99  class TrafficCop  ◄──── 该类用于ICar线程的控制(交通警察)
100 {
101   private boolean IntersectionBusy = false;
102   //定义同步化方法 checkAndGo()
103   public synchronized void checkAndGo( int carPos, int speed)
104   {
105       if( carPos + 40 < 180 && carPos + 40 + speed > = 180 && carPos + speed < = 220)
106     {
107       while(IntersectionBusy)
108       {
109           try{ wait();}  ◄──── 使线程处于等待状态
110           catch(InterruptedException e){}
111         }
112           IntersectionBusy = true;
113         }
114       if(carPos + speed > 220)
115       {
116           IntersectionBusy = false;
117       }
118   notify();  ◄──── 线程退出等待状态
119   }
120 }
121
122 public class Example7_12
123 {
124   public static void main(String args[])
125   {
126     new Road();
127   }
128 }
```

程序运行结果如图 7-16 所示。

**【程序说明】**

TrafficCop 类的功能是防止 Icar 线程发生碰撞。
在本程序的第 109 行和第 118 行中,使用由 Object 类
提供的 wait()和 notify()来协同线程。wait()的调
用将导致线程释放它的锁。调用 wait()线程将被挂
起,直到另一个线程通过 notify()或 notifyAll()的调

图 7-16    模拟车辆通过交叉路口

用来通知它。处于等待状态的线程随后将被唤醒，并试图重新获得对象锁的所有权。在 TrafficCop 类中，使用 wait()和 notify()来协调汽车在路口的交叉通过。notify()仅是激活等待时间最长的线程。

# 实验 7

## 【实验目的】

(1) 线程的概念、线程的生命周期。

(2) 多线程的编程：继承 Thread 类与使用 Runnable 接口。

(3) 使用多线程机制实现动画。

## 【实验内容】

(1) 运行下列程序，注意观察其输出结果。

```java
import javax.swing. * ;
import java.awt. * ;
import java.awt.event. * ;
public class Ex7_1 extends JFrame implements Runnable
{
    Thread 红色球,蓝色球;
    Graphics redPen,bluePen;
    double t = 0;
    Ex7_1()
    {
        setTitle("自由落体与平抛运动");
        setBounds(100,100,300,300);
        setVisible(true);
        setLayout(new FlowLayout());
        setDefaultCloseOperation(EXIT_ON_CLOSE);
        红色球 = new Thread(this);
        蓝色球 = new Thread(this);
        redPen = getGraphics();
        bluePen = getGraphics();
        redPen.setColor(Color.red);
        bluePen.setColor(Color.blue);
        红色球.start();
        蓝色球.start();
    }
    public void run()
    {   while(true)
        {   t = t + 0.2;
            if(Thread.currentThread() == 红色球)
                {   if(t > 20) t = 0;
                    redPen.clearRect(0,0,38,300);
                    redPen.fillOval(20,(int)(1.0/2 * t * t * 3.8),16,16);
                    try{ 红色球.sleep(50);
                        }
                    catch(InterruptedException e){}
                }
            else if(Thread.currentThread() == 蓝色球)
                {   bluePen.clearRect(38,0,500,300);
                    bluePen.fillOval(38 + (int)(16 * t),(int)(1.0/2 * t * t * 3.8),16,16);
```

```
                try{ 蓝色球.sleep(50);
                    }
                catch(InterruptedException e){}
            }
        }
    }
    public static void main(String args[])
      {
          new Ex7_1();
      }
}
```

(2) 运行下列程序,并写出其输出结果。

```
public class Ex7_2
{
public static void main(String args[])
    { Lefthand left;
      Righthand right;
      left = new Lefthand();
      right = new Righthand();
      left.start();
      right.start();
    }
}
class Lefthand extends Thread
{   public void run()
    {   for(int i = 1;i <= 5;i++)
        {   System.out.print("A");
            try {
                    sleep(500);
                }
            catch(InterruptedException e){}
        }
    }
}
class Righthand extends Thread
{   public void run()
    {   for(int i = 1;i <= 5;i++)
        {   System.out.print("B");
            try{ sleep(300); }
            catch(InterruptedException e){}
        }
    }
}
```

(3) 编写一个多线程的小应用程序,模拟小球碰壁反弹。

## 习题 7

1. Java 为什么要引入线程机制? 线程、程序和进程之间的关系是怎样的?

2. 线程有哪几种基本状态? 试描述它们之间的转换图。

3. Runnable 接口中包括哪些抽象方法? Thread 类有哪些主要域和方法?

4. 创建线程有几种方式？为什么有时必须采用其中一种方式,试写出使用这种方式创建线程的一般模式。

5. 举例说明 Java 线程的同步概念。

6. 试用线程的方法编写两个 4×4 矩阵相乘的计算程序,用 4 个线程完成结果矩阵每一行的计算。

7. 编写一个模拟龟兔赛跑的窗体应用程序,绘制不同颜色的两个矩形分别代表乌龟和兔子,再设置一个按钮,单击按钮后,龟兔开始赛跑。

8. 编写一个程序,让一个小球在窗体中跳动,当撞到边缘时,则选择一个角度反弹回去。

# 第8章

# 文件和输入输出流

## 8.1 输入输出流

输入与输出(I/O)是计算机的最基本操作,也是程序设计语言的一项重要的基本功能。例如,从键盘输入数据、从文件中读取数据或向文件中写数据、通过网络上传或下载数据等。每种计算机语言必须提供输入输出方法。

Java 与其他编程语言一样,文件操作在程序设计中占有很重要的地位。Java 语言中的文件操作是通过它的输入输出类库(即 java.io)来实现的。java.io 包提供了丰富的 I/O 流操作类。

### 8.1.1 流的概念

流是一个比文件所包含范围更广的概念。流是一个可被顺序访问的数据序列,是对计算机输入数据和输出数据的抽象。

按流的运行方向,流分为输入流和输出流。输入流将外部数据引入到计算机 CPU 中,如

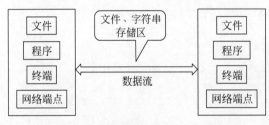

图 8-1 "流"是数据从一种设备流向
另一种设备的过程

从磁盘中读取信息、从网络中读取信息或从扫描仪中读取图像信息等;输出流将数据引导到外部设备,如向磁盘保存文件、向网络中发送信息或在屏幕上显示文件内容等。因此,可以将"流"看作数据从一种设备流向另一种设备的过程(如图 8-1 所示)。它最大的特点是数据的获取和发送均按数据序列顺序进行:每一个数据都必须等待排在它前面的数据读入或送出之后才能被读写,而不

能随意选择输入输出的位置。

在 Java 中,java.io 包提供了许多处理输入输出流任务的类,这些类能非常灵活地在文件中保存数据或从中读取数据,网络数据的传输也能用这些类来完成。

### 8.1.2 io 类库

流序列中的数据既可以是未经加工的原始二进制数据,也可以是经一定编码处理后符合某种格式规定的特定数据,所以 Java 中的数据流有字节流和字符流之分。

在 java.io 包中有 4 个基本类:InputStream、OutputStream 及 Reader、Writer 类,它们分

别处理字节流和字符流,如图 8-2 所示。

$$
\text{I/O 流}
\begin{cases}
\text{字节流:处理字节数据(基本类为 InputStream、OutputStream)} \\
\text{字符流:处理字符数据(基本类为 Reader、Writer)}
\end{cases}
$$

图 8-2 流的分类

字节流与字符流主要的区别是它们处理数据的类型不同。二进制数据的字节流是最基本的数据表示方式,InputStream 和 OutputStream 及其子类,都用于处理二进制数据,是按每 8 位一字节的方式来处理数据的。

实际应用中有很多的数据是文本型的,因此又提出了字符流的概念,它是按虚拟机的每 16 位一个字符的 Unicode 码来处理字符数据,其内部要进行字符型数据与字节型数据之间字符集的转化,它们是通过 InputStreamReader、OutputStreamWriter 来关联的,其实质是通过字节型数组 byte[]和字符串 String 进行关联的。

InputStreamReader 是字节流通向字符流的桥梁,把读取的字节型数据解码为字符型数据。OutputStreamWriter 是字符流通向字节流的桥梁,将要写入的字符型数据编码为字节型数据。

在实际开发中,经常出现汉字显示不正确的问题实际上都是在字符流和字节流之间转化不统一而造成的。

在从字节流转化为字符流时,其实质是将字节数组 byte[]转化为字符串 String:

```
public String(byte bytes[], String charsetName);
```

而在字符流转化为字节流时,其实质是将字符串 String 转化为字节数组 byte[]:

```
byte[] String.getBytes(String charsetName);
```

### 1. 字节流的层次结构

在 java.io 类库中,InputStream 和 OutputStream 是处理字节数据的基本输入输出类,处于 java.io 包最顶层。这两个类均为抽象类,也就是说它们不能被实例化,必须生成子类之后才能实现一定的功能。因此,在 java.io 包中定义了很多这两个基本类具体实现输入输出功能的子类,表 8-1 所示为部分常用字节输入流类和字节输出流子类的功能。

表 8-1 部分常用字节输入流类和输出流类的功能

| 类 名 | 说 明 | 功 能 |
|---|---|---|
| PipedInputStream 和 PipedOutputStream | 管道流 | 实现程序之间或线程之间的通信 |
| FileInputStream 和 FileOutputStream | 文件流 | 实现在本地磁盘文件系统中的文件进行顺序读写操作 |
| ByteArrayInputStream 和 ByteArrayOutputStream | 字节型数组流 | 实现与内存缓冲区的同步读写及对 CPU 寄存器的读写操作 |
| ObjectInputStream 和 ObjectOutputStream | 对象流 | 将对象作为一个数据通过流进行传输和存储 |
| FilterInputStream 和 FilterOutputStream | 过滤流 | 是一个抽象类。它们都有实现具体功能的子类 |
| DataInputStream 和 DataOutputStream | 数据流 | 是过滤流的子类,实现独立于具体机器的带格式的读写操作 |
| BufferedInputStream 和 BufferedOutputStream | 缓冲流 | 是过滤流的子类,将数据读写到缓冲区 |

由于 java.io 包中的所有处理字节流的类都是从这两个类继承而来的,因此这些类都具有某些相同的方法。图 8-3 所示为 java.io 包中的部分常用字节输入流类和字节输出流类层次结构关系。

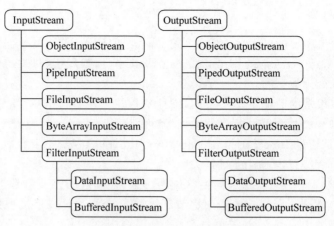

图 8-3　字节输入流和字节输出流层次结构关系

### 2．字符流的层次结构

处理字符数据的基本输入输出的类是 Reader 和 Writer,它们也处于 java.io 包最顶层,且这两个类均为抽象类,java.io 包中其他处理字符流的类都是从这两个类继承而来的。图 8-4 所示是 java.io 包中的部分常用字符输入流类和字符输出流类层次结构关系。

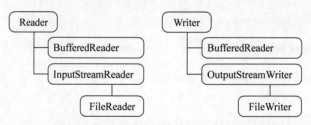

图 8-4　部分字符输入流类和字符输出流类层次结构关系

由于 Reader 和 Writer 是抽象类,因此,在 java.io 包中定义了许多这两个处理字符流基本类具体实现输入输出功能的子类,表 8-2 所示为部分常用字符输入流类和字符输出流类的功能。

表 8-2　部分常用字符输入流类和输出流类的功能

| 类　　名 | 功　　能 |
| --- | --- |
| BufferedReader 和 BufferedWriter | 用于字符流读写缓冲存储 |
| InputStreamReader 和 OutputStreamWriter | 用于将字节码与字符码相互转换 |
| FileReader 和 FileWriter | 用于字符文件的输入输出 |

## 8.2　文件处理

### 8.2.1　文件与目录管理

在 Java 语言的 java.io 包中,由 File 类提供了描述文件和目录的操作与管理方法。File

类不是 InputStream、OutputStream 或 Reader、Writer 的子类,因为它不负责数据的输入输出,而专门用来管理磁盘文件与目录。

### 1. 创建 File 类文件对象

每个 File 类的对象都对应了系统的一个磁盘文件或目录,所以创建 File 类对象时需指明它所对应的文件或目录名。为了便于建立 File 对象,File 类提供了 3 个不同的构造函数,以不同的参数形式灵活地接收文件和目录名信息。

1) File(String path)

这个构造方法的字符串参数 path 指明了新创建的 File 对象对应的磁盘文件或目录名及其路径名。这里的 path 可以是带绝对路径的文件名,如 c:\myProgram\Sample.java,表示 c 盘下 myProgram 目录中的文件 Sample.java;带相对路径文件名,如"\myProgram\Sample.java",表示运行该程序的当前目录下的子目录 myProgram 中的文件 Sample.java。一般说来,为保证程序的可移植性,使用相对路径较好。例如:

```
File f1 = new File (" c:\myProgram\jtest");
String s = "myProgram\jtest");
File f2 = new File(s);
File f3 = new File("testfile.dat");
```

2) File(String path, String name)

第二个构造方法有两个参数,path 表示所对应的文件或目录的绝对或相对路径,name 表示文件或目录名。将路径与名称分开的优点是相同路径的文件或目录可共享同一个路径字符串,这样管理和修改都较方便。例如:

```
File f4 = new File(" \docs", "file.dat");
```

3) File(File dir, String name)

第三个构造方法使用另一个已有的某磁盘目录的 File 对象作为第一个参数,表示文件或目录的路径,第二个字符串参数表述文件或目录名。例如:

```
String sdir = "myProgram" + System.dirSep + "jtest";
String sfile = "FileIO.data";
File Fdir = new File(sdir);
File Ffile = new File(Fdir, sfile);
```

其中,System.dirSep 为当前系统的目录分隔符(/或\)。

### 2. 获取文件及目录属性

一个对应于某磁盘文件或目录的 File 对象一经创建,就可以通过调用它的方法来获得文件或目录的属性。建立文件类的一个实例后,可以查询这个文件对象,用测试方法获得有关文件或目录的有关信息,如检测文件和目录的属性。其中,常用的方法如下。

1) 判断文件或目录是否存在

public boolean exists():若文件或目录存在,则返回 true,否则返回 false。

2) 判断是文件还是目录

public boolean isFile():若对象代表有效文件,则返回 true。

public boolean isDirectory():若对象代表有效目录,则返回 true。

3）获取文件或目录名称与路径

public String getName()：返回文件名或目录名。

public String getPath()：返回文件或目录的路径。

4）获取文件的长度

public long length()：返回文件的字节数。

5）获取文件读写属性

public boolean canRead()：若文件为可读文件，则返回 true，否则返回 false。

public boolean canWrite()：若文件为可读文件，返回 true，否则返回 false。

6）列出目录中的文件

public String[] list()：将目录中所有文件名保存在字符串数组中返回。

7）比较两个文件或目录

public boolean equals(File f)：若两个 File 对象相同，则返回 true。

许多测试是通过调用 Java 环境所驻留的底层操作系统和操作平台的内部方法实现的。

### 3. 文件及目录操作

File 类中还定义了一些对文件或目录进行管理、操作的方法。常用的方法如下。

1）重命名文件

public boolean renameTo(File newFile)：将文件重命名成 newFile 对应的文件名。

2）删除文件

public void delete()：将当前文件删除。

3）创建目录

public boolean mkdir()：创建当前目录的子目录。

## 8.2.2　文件流

文件的操作对于任何程序设计语言来说都是十分重要的。在 Java 中，操作二进制文件使用字节输入输出流，操作字符文件使用字符输入输出流。字节流也可以操作字符文件，但不提倡这样做。下面介绍对文件进行输入输出处理的 4 个类。

- FileInputStream：字节文件输入流。
- FileOutputStream：字节文件输出流。
- FileReader：字符文件输入流。
- FileWriter：字符文件输出流。

### 1. 字节文件输入流读取文件

1）FileInputStream 类

FileInputStream 类是从 InputStream 类中派生出来的输入流类，用于处理二进制文件的输入操作。它的构造方法有下面 3 种形式。

```
• FileInputStream(String  filename);
• FileInputStream(File  file);
• FileInputStream(FileDescriptor  fdObj);
```

其中,各参数的含义分别如下所述。

- String filename：指定的文件名,包括路径。
- File file：指定的文件对象。
- FileDescriptor fdObj：指定的文件描述符。

2) 从文件输入流中读取字节

文件输入流只是建立了一条通往数据的通道,应用程序可以通过这个通道读取数据,要实现读取数据的操作,需要使用 read 方法。

使用 read 方法有以下 3 种格式。

```
•  int read();
•  int read(byte b[ ]);
•  int read(byte b[ ],int off, int len);
```

第一种格式每次只能从输入流中读取一个字节的数据。该方法返回的是 0～255 的一个整数值,若为文本类型的数据返回的是 ASCII 值。如果该方法到达输入流的末尾,则返回 -1。

第二种格式和第三种格式以字节型数组作为参数,一次可以读取多字节,读入的字节数据直接放入字节数组 b 中,并返回实际读取的字节个数。如果该方法到达输入流的末尾,则返回 -1。

第三种格式设置了偏移量 off。这里的偏移量是指可以从字节型数组的第 off 位置起,读取 len 个数据。

【例 8-1】 在下面的程序中,读取一个文本文件 test.dat,并将其显示到对话框上。

在编写程序之前,至少需要知道以下两件事。

(1) 怎样把一个流与一个文件联系起来。

(2) 用什么方法把从文件中读取的数据显示到一个对话框中。

下面是程序清单。

```
1   /* 读取文件 */
2   import java.io.FileInputStream;
3   import javax.swing.JOptionPane;
4   class Example8_1
5   {
6     public static void main(String args[ ])
7     { byte buffer[ ] = new byte[2056];      ← 建立存放读取数据的字节数组
8         int bytes;
9         String str;
10        try{
11          File file = new File("d:/jtest/test.dat");
12          FileInputStream fileInput = new FileInputStream(file);
13          bytes = fileInput.read(buffer);
14          fileInput.close();
15          str = new String(buffer, 0, bytes);      ← 将字节数组转化为字符串
16        }
17        catch(Exception e)
18        {   str = e.toString();}
19        JOptionPane.showMessageDialog(null,str);
20          System.exit(0);                        //退出程序
21      }
22    }
```

**【程序说明】**

(1) 程序的第 9 行建立一个文件 File 的对象 file,指向要读取的文件。第 10 行使用文件输入流构造器 FileInputStream 建立文件输入流对象 fileInput,并由文件对象来指定要打开的文件。

(2) 程序的第 11 行和第 12 行用一个对象作为另一个对象参数的连接方式是很典型的用法:

```
File file = new File("d:/jtest/test.dat");
FileInputStream fileInput = new FileInputStream(file);
```

在流的程序设计中,总是使用这种连接方式来实现数据的传递。

(3) 程序的第 13 行,由 read 方法实现输入流读取数据功能,将读取的数据存放到字节数组 buffer 中,并返回实际读取的字节数。

(4) 程序的第 14 行,用字节数组 buffer 中的数据构建字符串,详见第 4 章。

(5) 由于对文件的读写操作可能产生异常,因此,程序的第 10~17 行将文件操作语句放置到异常处理 try…catch…结构中。

(6) 程序的第 14 行关闭输入流。

(7) 由于使用字节流读取文本文件,如果文件中有汉字,可能会出现乱码现象,这是因为字节流不能直接操作 Unicode 字符所致。因此,Java 不提倡使用字节流读写文本文件,而建议使用字符流操作文本文件。

**2. 字节文件输出流写入文件**

1) FileOutputStream 类

FileOutputStream 类是从 OutputStream 类派生的输出类,具有向文件中写数据的能力。该类主要应用于处理字节文件流,如图像文件或声音文件等。它的构造方法有以下 3 种形式。

```
• FileOutputStream(String  filename);
• FileOutputStream(File  file);
• FileOutputStream(FileDescriptor  fdObj);
```

其各参数的含义同 FileInputStream 一样。

2) 把字节发送到文件输出流

与输入流的功能类似,输出流只是建立了一条通往数据目的地的通道,数据并不会自动进入输出流通道,要使用 write 方法把字节发送到输出流。

使用 write 方法有以下 3 种格式。

```
• write(int b);
• write(byte[ ] b);
• write(byte[ ] b, int off, int len);
```

- write(int b):将指定字节写入此文件输出流。
- write(byte[] b):将 b.length 字节从指定字节数组写入此文件输出流中。
- write(byte[]b,int off, int len):将指定字节数组中从偏移量 off 开始的 len 字节写入此文件输出流。

**【例 8-2】** 复制图像文件 a.jpg,并且更名为 b.jpg。

```
1  /* 读写图像文件 */
```

```
2   import javax.swing.JOptionPane;
3   import java.io. * ;
4   class FileRW
5   {
6      int     bytes;
7      byte    buffer[ ] = new byte[65560];
8      FileInput Stream fileInput;
9      FileOutput Stream fileOutput;
10     FileRW(){
11       takeimg();
12       loadimg();
13       JOptionPane.showMessageDialog(null,"文件复制并更名成功!
14                                           \n文件大小为: " + bytes);
15       System.exit(0);                          //退出程序
16     }
17     //将图像文件 a.jpg 数据读取到字节数组中
18     public void takeimg()
19     {
20           File file = new File("a.jpg");
21       try {
22           fileInput = new FileInputStream(file);
23           bytes = fileInput.read(buffer);
24           fileInput.close();
25         } catch(IOException ei) { System.out.println(ei); }
26     }
27     //将字节数组中的数据写入到文件 b.jpg 中
28     public void loadimg()
29      {
30       try {
31            fileOutput = new FileOutputStream("b.jpg");
32            fileOutput.write(buffer) ;
33            fileOutput.close()
34          } catch(IOException eo) { System.out.println(eo); }
35       }
36    }
37
38  public class Example8_2
39  {
40    public static void main(String args[])
41  { new FileRW(); }
42  }
```

**【程序说明】**

(1) 在类 FileRW 中,创建了 takeimg( )和 loadimg( )两个方法。takeimg( )将图像文件
a.jpg 数据读取到字节数组 buffer 中,loadimg( )将字节数组中的数据写入由输出流建立的文
件 b.jpg 中,从而实现了复制文件并且更名的操作。

(2) 由于本例的 a.jpg 文件大小为 65 536 字节,因此,字节数组 buffer 的容量要大于这个
数值,故有第 7 行中的 buffer[ ] = new byte[65560]。

(3) 程序的第 33 行执行从字节数组中获取数据后写入输出流 fileOutput 的操作,而输出
流 fileOutput 在第 32 行已经建立了一条通往文件 b.jpg 的通道,因此数据源源不断地流入文

件 b.jpg 中,如图 8-5 所示。

图 8-5  复制文件

### 3. 字符文件流读写文本文件

1) FileReader 和 FileWriter

处理字符文件有两个与处理二进制文件 FileInputStream 和 FileOutputStream 等价的类:FileReader 和 FileWriter,它们分别是 Reader 和 Writer 类的子类。

它们的构造方法分别有 3 种形式,如下所述。

```
FileReader(String  filename);
FileReader(File  file);
FileReader(FileDescriptor  fdObj);

FileWriter(String  filename);
FileWriter(File  file);
FileWriter(FileDescriptor  fdObj);
```

其各参数的含义同前面介绍的 FileInputStream 一样。

另外,Java 还提供了 BufferedReader 类和 BufferedWriter 类,与 FileReader 类和 FileWriter 类配合使用,将字符输入或输出到缓冲区,使数据处理速度大大加快,提高了读写效率。

BufferedReader 的构造方法为:

```
BufferedReader(Reader in);
```

BufferedWriter 的构造方法为:

```
BufferedWriter(Writer out);
```

其中,参数 in 和 out 分别为 FileReader 对象和 FileWriter 对象。

2) 用字符流进行读写操作的方法

与字节输入输出流的功能一样,Reader 和 Writer 只是建立一条通往字符文件的通道,而要实现对字符数据的读写操作,还需要读方法和写方法来完成。

从输入流中按行读取字符的方法:

```
String readLine();
```

向输出流写入多个字符的方法:

```
write(String s, int off, int len);
```

将指定的字符串 s 从偏移量 off 开始的 len 字符写入文件输出流。

刷新 BufferedWriter 所建立的缓冲区,一次性将缓冲区中的数据写入文件的方法如下。

```
flush();
```

一般情况下,write 方法向输出流写数据时,先把数据存放到缓冲区,这时缓冲区中的数据不会自动写入输出流,只有当缓冲区满时,才会一次性地将缓冲区中的数据写入到输出流,即写入到文件。为了把尚未填满的缓冲区中的数据送出去,这时就要使用 flush 方法。

关闭流的方法如下。

```
close();
```

【例 8-3】　将文件 a. txt 读取到文本区,经修改后,另存为 b. txt。

```
1   /* 文件的读取和写入 */
2   import java.io. * ;
3   import java.awt. * ;
4   import java.awt.event. * ;
5   import javax.swing. * ;
6   class   Win extends JFrame implements ActionListener
7   {
8       FileReader      r_file;
9       FileWriter      w_file;
10      BufferedReader  buf_reader;
11      BufferedWriter  buf_writer;
12      JTextArea       txt;
13      JButton         btn1, btn2;
14      JPanel          p;
15      Win()
16      {
17        setSize(200,200);
18        setVisible(true);
19        txt = new JTextArea(10,10);
20        btn1 = new JButton("Read");
21        btn2 = new JButton("Write");
22        btn1.addActionListener(this);
23        btn2.addActionListener(this);
24        p = new JPanel();
25        add(txt,"Center");
26        add(p,"South");
27        p.setLayout(new FlowLayout());
28        p.add(btn1);
29        p.add(btn2);
30        validate();
31        setDefaultCloseOperation(EXIT_ON_CLOSE);
32      }
33
34  public void actionPerformed(ActionEvent e)
35  {
36    if (e.getSource() == btn1)
37        { readFile(); }
```

```
38   if (e.getSource() == btn2)
39       {   writeFile(); }
40   }
41
42     //读取文件
43   public void readFile()
44   {
45     String s;
46       try{
47           File f = new File("D:/jtest/","a.txt");
48           r_file = new FileReader(f);
49           buf_reader = new BufferedReader(r_file);
50         }
51     catch(IOException ef)
52         { System.out.println(ef); }
53     try{
54           while ((s = buf_reader.readLine()) != null)
55             { txt.append(s + '\n'); }
56         }
57     catch(IOException er)
58         { System.out.println(er); }
59   }
60
61     //写入文件
62   public void writeFile()
63   {
64       try{
65           w_file = new FileWriter("b.txt");
66           buf_writer = new BufferedWriter(w_file);
67           String str = txt.getText();
68           buf_writer.write(str,0,str.length());
69           buf_writer.flush();
70          }
71       catch(IOException ew){ System.out.println(ew); }
72     }
73   }
74
75   public class Example8_3
76   {
77     public static void main(String args[])
78       {
79         Win w = new Win();
80       }
81   }
```

【程序说明】

程序的结构如图 8-6 所示。

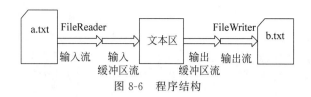

图 8-6 程序结构

#### 4. try…with…resources 语法

在使用完输出文件流后,必须调用 close()方法将其关闭。如果没有调用该方法,数据可能无法完整地保存在文件中。而对于输入文件流,虽然关闭操作不是必要的,但使用后将其关闭可以有效地释放被占用的系统资源。

由于开发者常常会忘记关闭文件流,所以从 JDK1.7 开始,引入了新的 try…with…resources 语法来自动关闭文件流。该语法的形式如下。

```
try(声明和创建流对象) {
    使用流对象处理文件
}
```

采用这种语法,例 8-2 的 takeimg()和 loadimg()两个方法可分别改为:

```java
public void takeimg()
{
    File file = new File("a.jpg");
    try(fileInput = new FileInputStream(file);) {
        bytes = fileInput.read(buffer);
    } catch(IOException ei) { System.out.println(ei); }
}
```

和

```java
public void loadimg()
{
    try(fileOutput = new FileOutputStream("b.jpg");) {
        fileOutput.write(buffer) ;
    } catch(IOException eo) { System.out.println(eo); }
}
```

**注意**:使用这种语法时,流对象的声明和创建要写在同一行语句中。

# 8.3 随机存取文件和本地可执行文件

## 8.3.1 随机存取文件流

前面学习的文件流都是按顺序访问的,文件操作中经常要用到随机访问。随机存取文件流 RandomAccessFile 类可以读写文件中任意位置上的字节、文本等数据。它有以下两个构造方法。

(1) RandomAccessFile(String filename,String mode)。

在这个构造方法中,Filename 为指定的文件名,mode 为操作方式,说明文件是 r 或 rw,即文件为"只读"或可"读写"。

(2) RandomAccessFile(File file,String mode)。

在这个构造方法中,file 指定文件对象。但用户必须有对这个文件的访问权限。例如,执行读操作至少要有读权限,而执行通常的修改操作必须要使用读写方式。

随机存取文件的行为可以理解为存储在文件系统中有一个隐含的大型字节数组,并且存在指向该隐含数组的光标或索引,暂且称为文件指针。当作"读"操作时,文件指针从开始位置读取字节,并随着对字节的读取而前移。如果随机存取文件以读取/写入模式创建,则输出操作也是依此办法进行。输出操作从文件指针开始位置写入字节,并随着对字节的写入而前移此文件指针。该文件指针可以通过 getFilePointer 方法读取,并通过 seek 方法设置。

由于 RandomAccessFile 类并不是单纯的输入或输出流,因此它不是 InputStream、OutputStream 类的子类。RandomAccessFile 直接继承了类 Object,并在其中实现了 DataInput 和 DataOutput 接口。这就要求该类实现这两个接口描述的方法。

【例 8-4】 用随机存取文件流读写文件。

```
1   /* 随机流 */
2   import java.io. * ;
3   class   Example8_4
4     {
5       public static void main(String args[])
6         {
7         try{
8             RandomAccessFile f = new RandomAccessFile("a.txt","rw");
9             f.writeBytes("Zhang si ming");
10            f.close();
11           }
12        catch(IOException e){
13               System.out.println(e);
14         }
15      }
16  }
```

【程序说明】

(1) 程序的第 8 行创建一个随机存取文件流对象 f,该对象指向文件 a.txt,并且执行有读写权限的操作。

(2) 程序的第 9 行的方法 writeBytes(String s)为向文件写入一个字符串。若文件存在,则用字符串 s 覆盖原有内容;若文件不存在,则新建一个文件,并写入新的内容。

随机存取文件流 RandomAccessFile 的常用方法如表 8-3 所示。

表 8-3　随机存取文件流 RandomAccessFile 的常用方法

| 方　　法 | 功　　能 |
| --- | --- |
| close() | 关闭随机存取文件流并释放资源 |
| getFilePointer() | 返回文件中的当前偏移量 |
| length() | 返回文件的长度 |
| read() | 从此文件中读取一数据字节 |
| read(byte[] b, int off, int len) | 将最多 len 字节数据从文件读入到字节数组 |
| readLine() | 从文件中读取一个文本行 |
| readUTF() | 从文件中读取一个 UTF 字符串 |
| seek(long pos) | 设置文件指针偏移量,在该位置发生下一个读取或写入操作 |
| write(byte[] b) | 将 b.length 字节从指定字节数组写入到此文件,并从当前文件指针开始 |
| write(int b) | 向文件写入指定的字节 |

| 方　　法 | 功　　能 |
|---|---|
| writeByte(int v) | 向文件写入一字节 |
| writeBytes(String s) | 向文件写入一个字符串 |
| writeUTF(String str) | 使用 UTF-8 编码以与机器无关的方式将一个字符串写入该文件 |

**【例 8-5】** 使用随机存取文件流 RandomAccessFile 实现一个英汉小词典程序。

```
1   /* 英汉小词典 */
2   import java.io.*;
3   import javax.swing.*;
4   import java.awt.*;
5   import java.awt.event.*;
6
7   class RandWin extends JFrame implements ActionListener
8   {
9     File file = new File("英汉小词典.txt");
10    JButton writeBtn = new JButton("录入");
11    JButton viewBtn = new JButton("显示");
12    JTextField word = new JTextField(8);
13    JTextField note = new JTextField(8);
14    JTextArea txt = new JTextArea(5,30); ;
15    JPanel p1 = new JPanel();
16    JPanel p2 = new JPanel();
17
18    RandWin()
19    {
20      setTitle("英汉小词典");
21      setVisible(true);
22      setBounds(100,50,400,250);
23      setDefaultCloseOperation(EXIT_ON_CLOSE);
24
25      add(p1,"North");
26      p1.setBackground(Color.cyan);
27      p1.add(new JLabel("输入单词"));
28      p1.add(word);
29      p1.add(new JLabel("输入解释"));
30      p1.add(note);
31      p1.add(writeBtn);
32      writeBtn.addActionListener(this);
33
34      add(p2,"Center");
35      p2.add(viewBtn);
36      p2.add(txt);
37      viewBtn.addActionListener(this);
38      validate();
39    }
40
41    public void actionPerformed(ActionEvent e)
42    {
43      if(e.getSource() == writeBtn)
44        { inputWord();  }
45      if(e.getSource() == viewBtn)
46        { viewWord();  }
```

```
47          }
48
49     public void viewWord()    ◄──  显示汉语解释
50     {
51          int number = 1;
52          try{
53               RandomAccessFile infile = new RandomAccessFile(file,"r");
54               String 单词 = null;
55               while((单词 = infile.readUTF())!= null)
56                { txt.append("\n" + number + " " + 单词);
57                    txt.append("   " + infile.readUTF());    ◄──  读取汉语解释
58                    txt.append("\n------------------------- ");
59                    number++;
60                }
61              in.close();
62                }
63          catch(Exception ee){}
64     }
65
66     public void inputWord()    ◄──  处理输入单词
67     {
68          try{
69               RandomAccessFile outfile = new RandomAccessFile(file,"rw");
70               if(file.exists())
71                { long length = file.length();
72                    outfile.seek(length);
73                }
74               outfile.writeUTF("单词: " + word.getText());
75               outfile.writeUTF("解释: " + note.getText());
76               outfile.close();
77             }
78          catch(IOException ee){}
79     }
80 }
81
82 public class   Example8_5
83 {
84     public static void main(String args[])
85        { new RandWin(); }
86 }
```

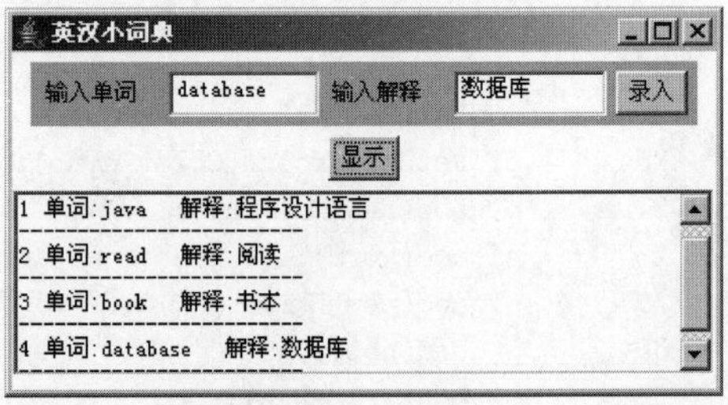

图 8-7  随机存取文件流 RandomAccessFile
实现的英汉小词典

程序运行结果如图 8-7 所示。

## 8.3.2  本地可执行文件

在 Java 语言中,使用 java.lang 包中的 Runtime 类可以运行本地机的可执行文件。每个 Java 应用程序都有一个 Runtime 类实例对象,使应用程序能够与其运行的环境相连接。但应用程序不能创建自己的 Runtime 类实例对象,而要通过该类的静态方法 getRuntime()创建 Runtime 类对象。

Runtime 类对象有如下常用方法。

(1) exit(int status)。

它通过启动虚拟机的关闭序列,退出当前正在运行的 Java 虚拟机。

（2）gc()。

gc()运行垃圾回收器。

（3）getRuntime()。

它返回与当前 Java 应用程序相关的运行时对象，使用该方法创建 Runtime 类对象。

创建 Runtime 类对象的语句如下。

```
Runtime rt = Runtime. getRuntime();
```

（4）exec(String command)。

调用该方法可以在单独的进程中运行由字符串命令指定本地机上的可执行文件。

**【例 8-6】** 使用 Runtime 类对象运行例 8-5。

```
1   public class Example8_6
2   {   public static void main(String args[])
3       {
4           try{
5               Runtime rt = Runtime.getRuntime();        创建执行本地文件对象
6               rt.exec("java Example8_5");
7           }
8           catch(Exception e){ System.out.println(e); }
9       }
10  }
```

运行本程序，可以看到，调用了例 8-5 的 Example8_5. class 程序。

**【例 8-7】** 调用 Windows 系统自带的计算器。

```
1   public class Example8_7
2   {   public static void main(String args[])
3       {
4           try{
5               Runtime rt = Runtime.getRuntime();        创建执行本地文件对象
6               rt.exec("c:/windows/system32/calc.exe");
7           }
8           catch(Exception e){ System.out.println(e); }
9       }
10  }
```

设 Windows 系统自带的计算器文件 calc. exe 安装在
c:\windows\system32 下，运行结果如图 8-8 所示。

**【例 8-8】** 应用 Runtime 类设计一个 Java 语言简易编
译器，该编译器具有编写源程序、编译和运行程序的功能。

```
1   /* Runtime 类应用——Java 语言简易编译器 */
2   import java.awt. * ;
3   import java.io. * ;
4   import java.awt.event. * ;
5   import javax. swing. * ;
6   public class Example8_8
7   {
8       public static void main(String args[])
9       {   FileWindow win = new FileWindow();    }
10  }
```

图 8-8　调用 Windows 系统自带
的计算器

```
11
12    class   FileWindow extends JFrame implements ActionListener
13    {
14      File        file_saved = null;
15      JButton    compileBtn, run_commdBtn;
16      JTextArea input_txt = new JTextArea("/* 源程序 */",10,40);       //源程序输入区
17      JTextArea compile_txt = new JTextArea("编译结果:",2,20);        //编译出错显示区
18      JTextArea dos_out_txt = new JTextArea("运行结果:",2,20);        //程序的输出信息
19      JTextField input_fileName_txt = new JTextField("源程序文件名");
20      JTextField run_fileName_txt = new JTextField("主类");
21
22      FileWindow()
23      {
24        setTitle("Java 语言编译器");
25        setBounds(200,180,550,300);
26        setVisible(true);
27        setDefaultCloseOperation(EXIT_ON_CLOSE);
28        compileBtn = new JButton("编译程序");
29        run_commdBtn = new JButton("运行应用程序");
30        JPanel p1 = new JPanel();
31        JScrollPane txtScroll = new JScrollPane(input_txt);
32        p1.add(txtScroll);
33         add(p1,"Center");
34        JPanel p2 = new JPanel();
35         p2.setLayout(new GridLayout(2,3));
36        p2.add(new JLabel("输入源程序文件名(.java) :"));
37        p2.add(input_fileName_txt);
38        p2.add(compileBtn);
39        p2.add(new JLabel("输入应用程序主类名:"));
40        p2.add(run_fileName_txt);
41        p2.add(run_commdBtn);
42        add(p2,"North");
43        JPanel p3 = new JPanel();
44        p3.setLayout(new FlowLayout());
45        p3.add(compile_txt);
46        compile_txt.setBackground (Color.cyan);     //文本区背景
47        compile_txt.setForeground (Color.black);     //字体颜色
48        p3.add(new JLabel(""));
49        p3.add(dos_out_txt);
50        dos_out_txt.setBackground (Color.cyan);
51        dos_out_txt.setForeground (Color.black);      //字体颜色
52        add(p3, "South");
53        compileBtn.addActionListener(this);
54        run_commdBtn.addActionListener(this);
55        validate();
56      }
57
58      public void actionPerformed(ActionEvent e)
59      {
60       if(e.getSource() == compileBtn)
61          { compile(); }
62       else if(e.getSource() == run_commdBtn)
63          { run_commd(); }
64      }
65
```

定义面板p1,放置编辑源程序的文本区组件,安放在中部

定义面板p2,设置为表格布局,安放在上部

定义面板p3,放置编译结果和运行结果的文本组件, 安放在下部

```
66    public void compile()          编译源程序,并将编译的结果显示出来
67    {
68      String temp = input_txt.getText().trim();
69      byte buffer[] = temp.getBytes();
70      int b = buffer.length;
71      String flie_name;
72      flie_name = input_fileName_txt.getText().trim();
73      try{
74          file_saved = new File(flie_name);                保存编辑区中的源程序,
75          FileOutputStream writefile;                      其文件名取至输入文本框
76          writefile = new FileOutputStream(file_saved);
77          writefile.write(buffer, 0, b);
78          writefile.close();
79          }
80      catch(IOException e1){   System.out.println(e1); }
81      try{
82          Runtime rt = Runtime.getRuntime();
83          //通过该进程的错误流,可知晓编译情况            核心语句,使用
84          InputStream in =                                 Runtime类编译
85                  rt.exec("javac " + flie_name).getErrorStream();   源程序
86          BufferedInputStream bin = new BufferedInputStream(in);
87          byte shuzu[] = new byte[100];
88          int n;
89          while((n = bin.read(shuzu,0,100)) != -1)
90          {
91            String s = null;
92            s = new String(shuzu,0,n);                      获取编译信息,将取出的
93            compile_txt.append(s);                          信息放到文本框中显示
94          }
95          compile_txt.append("\n 编译完成");
96          }
97      catch(IOException e2){ System.out.println(e2);}
98    }
99
100   public void run_commd()          运行字节码程序,显示运行结果
101   {
102     dos_out_txt.append("\n   ");
103     try{
104         Runtime rt = Runtime.getRuntime();
105         String path = run_fileName_txt.getText().trim();
106         InputStream in = rt.exec("java  " + path).getInputStream();
107         BufferedInputStream bin = new BufferedInputStream(in);
108         byte zu[] = new byte[150];
109         int m;
110         String s = null;
111         while((m = bin.read(zu,0,150)) != -1)      取出运行结果放到输出框中显示
112           {
113             s = new String(zu,0,m);
114             dos_out_txt.append(s);
115           }
116         }
117     catch(IOException e3){ System.out.println(e3);}
118   }
119   }
```

**【程序说明】**

(1) 在功能窗体类 FileWindow 的布局设置为：整个窗体有三块面板，面板 p1 安排在窗体的中部(第 33～33 行)，用于安放编辑源程序的文本区；面板 p2 安排在窗体的上方(第 34～42 行)；面板 p3 安排在窗体的下方(第 34～42 行)，用于安放显示编译结果和运行结果的文本区。

(2) 程序的第 72 行，将文本框 input_file_name_txt 中的字符串作为文件名；第 73～80 行将文本区 input_txt 中的源程序取出来，通过字节数组 buffer[]，将源程序写(保存)到文件中。

(3) 程序的第 117～119 行，应用 Runtime 类的 exec 方法对源程序文件进行编译，并使用 Runtime 类的 getErrorStream 方法获取错误信息，进而由此构建一个输入流，以得到编译信息(第 119～130 行)。

(4) 程序的第 134～148 行，应用 Runtime 类的 exec 方法执行应用程序主类(第 138 行)，并使用 Runtime 类的 getInputStream 方法建立一个输入流，以得到进程运行时产生的输出结果。

程序运行结果如图 8-9 所示。

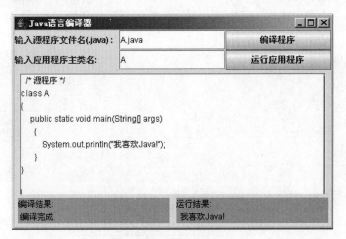

图 8-9　Java 语言编译器

# 8.4　数据流与对象流

## 8.4.1　数据流

到此为止，总是把输入输出流类作为字节流数据或字符流数据来处理，但有许多应用程序需要将处理的数据作为 Java 的一种基本类型(如布尔型、字节、整数和浮点数)来使用。这就要用到数据流类 DataInputStream 类和 DataOutputStream 类。这两个数据流类是很实用的，允许程序按与机器无关的格式读取 Java 原始数据。两个数据流的常用方法如表 8-4 所示。

用下面的构造方法可以建立 DataInputStream 类和 DataOutputStream 类的实例。

```
public DataInputStream(InputStream in);
public DataOutputStream(OutputStream out);
```

表 8-4 数据流类 DataInputStream 类和 DataOutputStream 类的常用方法

| 方　　法 | 功　　能 |
|---|---|
| close( ) | 关闭流并释放资源 |
| readBoolean( ) | 读取一个布尔值 |
| readByte( ) | 读取一字节 |
| readInt( ) | 从文件中读取一个 int 值 |
| readUTF( ) | 从文件中读取一个 UTF 字符串 |
| seekByte(int pos) | 设置文件指针偏移量,在该位置发生下一个读取或写入操作 |
| writeBoolean(boolean b) | 把一个布尔值作为单字节值写入 |
| writeChars(String s) | 向文件写入一个字符串 |
| writeInt(int v) | 向文件写入一个 int 值 |
| writeBytes(String s) | 向文件写入一个字符串 |
| writeUTF(String str) | 使用 UTF-8 编码以与机器无关的方式将一个字符串写入该文件 |

下面是使用 DataInputStream 的一个程序段。

```
DataInputStream  dis;
FileInputStream  fis;
fis = new FileInputStream("records.dat");
dis = new DataInputStream(fis);   ← 以数据流的形式读入文件records.dat中的数据
    for( ; ; )
      {
          int fld1;
          long fld2;        ← 设记录由int、long、double型数据组成
          double fld3;
          try {
                  fld1 = dis.readInt();
                  fld2 = dis.readLong();
                  fld3 = dis.readDouble();
              }
          catch(EOFException e) { break; }
      }
```

for 循环中读一个包含 int、long 和 double 值的记录。如果发现 IOException 例外,如 EOFException,就退出 for 循环。上面的代码也说明了例外 EOFException 检查文件结束的用途。EOFException 是 IOException 类的子类。使用 EOFException 例外,就不必测试 InputStream 的 read 方法的状态码是否为−1 了。

DataOutputStream 类扩展了类 FilterOutputStream,并实现了 DataOutput 接口,其构造为:

```
public class DataOutputStream extends FilterOutputStream implements DataOutput
{
    …
}
```

使用下面的底层方法可以建立 DataOutputStream 的一个实例。

```
public DataOutputStream(OutputStream out);
```

下面是使用 DataOutputStream 实例的一个程序段。

```
FileOutputStream  fileout = new FileOutputStream("records.dat");
DataOutputStream dos = new DataOutputStream(fileout);    以数据流的形式将数据
for(int x = 1; x < = 100; x++)                            写入文件records.dat中
    {
        //设记录由 int、long、double 型数据组成
        int fld1;
        long fld2;
        fld1 = x + 5;
        fld2 = x * 5;
        fld3 = x * 25;
        try {
            dos.writeInt(fld1);
            dos.writeLong(fld2);
            dos.writeDouble(fld3);
        }
        catch(IOException e) {
            System.out.println(e);
            break;
        }
    }
```

【例 8-9】　应用 DataInputStream 类和 DataOutputStream 类复制声音文件。

```
1   /* 数据流的应用 */
2   import javax.swing.JOptionPane;
3   import java.io. * ;
4   import java.util. * ;
5   class FileRW
6   {
7      int      bytes, f_length;
8      byte     buffer[];
9      FileInputStream     fileInput;
10     FileOutputStream    fileOutput;
11     DataInputStream     dataInput;
12     DataOutputStream    dataOutput;
13     FileRW()
14     {
15        File file = new File("求佛.wma");
16        f_length = (int)file.length();         获取文件大小,以便设置字节数组容量
17        buffer = new byte[f_length];
18        takeimg();
19        loadimg();
20        JOptionPane.showMessageDialog(null,
21                 "文件复制并更名成功!\n 文件大小为: " + f_length);
22        System.exit(0);                         //退出程序
23      }
24
25     public void takeimg()    以数据流形式读取声音文件
26     {
27        try {
28           fileInput = new FileInputStream("求佛.wma");
29           dataInput = new DataInputStream(fileInput);
30           bytes = dataInput.read(buffer);
31           } catch(IOException ei) { System.out.println(ei); }
32     }
```

```
33
34    public void loadimg( )    ◄──── 用数据流把数据写入新文件中
35     {
36      try {
37              fileOutput = new FileOutputStream("aa.wma");
38              dataOutput = new DataOutputStream(fileOutput);
39              dataOutput.write(buffer, 0, bytes);
40          } catch(IOException eo) { System.out.println(eo); }
41       }
42   }
43
44  public class Example8_9
45   {
46       public static void main(String args[])
47      { new FileRW(); }
48   }
```

## 8.4.2  对象流

Java 可以将对象作为一个整体通过对象流进行传输和存储。

### 1. 对象流的构造方法

ObjectInputStream 类和 ObjectOutputStream 类的构造方法为：

```
ObjectInputStream(InputStream in);
ObjectOutputStream(OutputStream out);
```

创建数据输入流：

```
FileInputStream file_in = new FileInputStream("sample.dat");
ObjectInputStream object_in = new ObjectInputStream(file_in);
```

创建数据输出流：

```
FileOutputStream file = new FileOutputStream("sample.dat");
ObjectOutputStream out = new ObjectOutputStream(file);
```

对象输出流使用 writeObject(Object obj)方法将一个对象 obj 写入输出流，对象输入流使用 readObject 方法从输入流中读取一个对象到程序中。

【例 8-10】 编写一个程序，在窗体中实例化球面板对象，当单击"写入文件"按钮后，能将球面板对象写入一个文件中。当单击"读取对象"按钮后，再将该球面板对象从文件中取出，并在窗体中显示，如图 8-10 所示。

图 8-10  对象的写入与读出

```
1   /* 对象流的应用 */
2   import java.awt.*;
3   import javax.swing.*;
4   import java.awt.event.*;
5   import java.io.*;
6   class ObjectRW extends JFrame implements ActionListener
7   {
8       Ball                  ball_Panel = null;        //声明球面板类对象
9       FileInputStream       file_in = null;
10      FileOutputStream      file_out = null;
11      ObjectInputStream     object_in = null;         //对象输入流
12      ObjectOutputStream    object_out = null;        //对象输出流
13      JButton readBtn = null, writeBtn = null;
14      ObjectRW()
15      {
16        setTitle("对象流示例");
17        setSize(200,200);
18        setVisible(true);
19        setDefaultCloseOperation(EXIT_ON_CLOSE);
20        ball_Panel = new Ball();                      //实例化球面板对象
21        readBtn = new JButton("读取对象");
22        writeBtn = new JButton("写入文件");
23        Panel p = new Panel();
24        add(ball_Panel,"Center");
25        add(p,"South");
26        p.setLayout(new FlowLayout());
27        p.add(writeBtn);
28        p.add(readBtn);
29        readBtn.addActionListener(this);
30        writeBtn.addActionListener(this);
31        readBtn.setEnabled(false);                    //设置 readBtn 按钮为不能单击
32        validate();
33      }
34    public void actionPerformed(ActionEvent e)
35      {
36        if(e.getSource() == writeBtn)
37        {
38          try{
39            file_out = new FileOutputStream("ball.dat");
40            object_out = new ObjectOutputStream(file_out);  ◀── 创建对象输出流
41            object_out.writeObject(ball_Panel);     //将 ball_Panel 对象写入对象流
42            object_out.close();
43            readBtn.setEnabled(true);  ◀── 设置readBtn按钮为可单击
44            this.validate();
45          }
46         catch(IOException event)
47         { System.out.println(event);}
48        }
49       else if(e.getSource() == readBtn)
50        {
51          try{
52              file_in = new FileInputStream("ball.dat");
53              object_in = new ObjectInputStream(file_in);  ◀── 创建对象输入流
54              Ball temp_Panel = (Ball)object_in.readObject();  //从对象流中读入对象
```

```
55          JFrame win = new JFrame("读取对象流");  ◄─── [新建一个窗体]
56          win.setBounds(200,200,300,300);    win.setVisible(true);
57          win.add(temp_Panel);  ◄─── [添加该对象到新窗体中]
58          object_in.close();
59          }
60        catch(Exception event)
61          {  System.out.println("can not read file");  }
62      }
63    }
64  }
65  //球对象面板类
66  class Ball extends Panel
67  {
68    public void paint(Graphics g)
69    { g.setColor(Color.black);
70      g.fillOval(50,50,30,30);
71      g.setColor(Color.white);
72      g.fillOval(55,55,8,6);
73    }
74  }
75  //主类
76  public class Example8_10
77  {
78    public static void main(String args[])
79      { new ObjectRW(); }
80  }
```

### 2．对象序列化

序列化是一个很重要的概念，当使用对象流写入或读出一个对象时，其前提是这个对象必须是序列化的。这是因为把一个对象写入文件后，能再把这个对象正确地读回程序中。人们把将一个对象转化为适合传输或磁盘存储数据流的过程称为对象序列化。

Java 提供的绝大多数类对象都是序列化对象，如组件等。用户自己定义的类需要序列化时，必须实现 Serializable 接口。这个接口非常简单，因为它不包含任何需要实现的方法。Serializable 接口包含在 java.io 包中。另外，一个已序列化类的子类也是序列化的。

【例 8-11】　编写一个简单的程序，保存日期、地址对象到一个对象流中。

程序的第一个任务就是保证 Address 类序列化，因此必须使这个类实现 Serializable 接口。

```
import java.io. * ;
public class Address implements Serializable
  {
    protected String first, email;
    public Address();
    {   first = email = "";   }
    public Address(String _first, String _ email)
    {   first = _ first;
        email = _email;
    }
  public String toString()
      {   return first + " (" + email + ")";   }
}
```

要存储对象数据,还需要建立一个 ObjectOutputStream 对象:

```
ObjectOutputStream    out;
out = new ObjectOutputStream(new FileOutputStream("sample.data"));
```

其次,还应简单地使用 ObjectOutputStream 类中的 writeObject 方法。例如:

```
Address address = new Address("abc", "abc@zsm8.com");
out.writeObject(address);
```

根据 Date 类的定义,它是已序列化的,所以要写入流中的所有对象都已序列化,因而可以编写如下程序。

```
1    import java.io. * ;
2    import java.util. * ;
3    class Address implements Serializable
4    {
5       protected String first, email;
6        public Address()
7          {
8            first = email = "";
9          }
10        public Address(String _first, String _email)
11          {
12            first = _first;
13            email = _email;
14          }
15        public String toString()
16        {
17           return first + " (" + email + ")";
18        }
19    }
20    //主类
21    public class Example8_11
22      {
23       public static void main(String args[ ])
24        {
25        try{
26            FileOutputStream file = new FileOutputStream("test.dat");
27             ObjectOutputStream out = new ObjectOutputStream(file);
28            //定义对象
29            Date now = new Date();
30            Address address = new Address("abc", "abc@zsm8.com");
31            //把对象写入对象流
32            out.writeObject(now);
33            out.writeObject(address);
34            out.close();
35          }
36        catch(IOException ioe)
37          {  System.out.println(ioe); }
38        }
39    }
```

当这个类执行时,它创建一个包含恢复对象(即对对象进行反序列化信息的 Sample. dat 数据文件)。要知道这个程序是否正确地存储数据,最好的办法还要看是否能够成功地读出所保存的数据。

【**例 8-12**】 应用对象流读取例 8-11 保存在 test. dat 中的数据。

```
1    import java.io. * ;
2    import java.util. * ;
3    class ReadDat
4    {
5    FileInputStream file;
6    ObjectInputStream in;
7    public ReadDat()
8      {
9       try
10        {
11            file = new FileInputStream("test.dat");
12            in = new ObjectInputStream(file);
13        }
14      catch(IOException ioe)
15        {  System.out.println(ioe + "文件打开错误");  }
16      try
17        {
18         Date date = (Date)in.readObject();
19          Address address = (Address)in.readObject();
20          in.close();
21          System.out.println("Date:" + date);
22          System.out.println("Address:" + address);
23        }
24      catch(ClassNotFoundException e)
25        {  System.out.println(e + "对象错误");  }
26      catch(IOException ioe)
27        {  System.out.println(ioe + "读文件数据错误");  }
28      }
29    }
30  //主类
31   public class Example8_12
32    {
33       public static void main(String args[ ])
34        {
35           new ReadDat();
36        }
37     }
```

程序运行后,输出结果为:

```
Date:  Mon Sep 25 08:39:49 CST 2006
Address:  abc (abc@zsm8.com)
```

从上面的例子中可以看出,当读取存储对象时,必须小心地保证它们在被存储时的对象数、顺序和它们的类型保持不变。每次对 readObject 的调用,都读入 Object 类型的另一个对象,然后要把它转换成它的正确类型。

# 8.5 Java 多媒体技术

## 8.5.1 应用输入流播放音频文件

在 Sun 公司的 JDK 自带的 rt. jar 包文件中,有 AudioStream. class、AudioPlayer. class 类,使用以下语句进行引用:

```
import sun.audio. * ;
```

播放声音文件时,要使用输入流:

```
FileInputStream file = new FileInputStream("声音文件.wav");
AudioStreamaudio = new AudioStream(file);
```

使用 AudioPlayer 类的 start()进行播放:

```
AudioPlayer.player.start(audio);
```

【例 8-13】 应用输入流播放音频文件。

```
1   import sun.audio. * ;
2   import java.io. * ;
3   import java.awt. * ;
4   import java.awt.event. * ;
5   import javax.swing. * ;
6   class Sound
7   {
8     FileInputStream file;
9     BufferedInputStream buf;
10    public Sound()
11      {
12        try
13          {
14            file = new FileInputStream("茉莉花.wav");
15            buf = new BufferedInputStream(file);
16            AudioStream audio = new AudioStream(buf);
17            AudioPlayer.player.start(audio);
18          }
19        catch (Exception e) {System.out.println("音频文件读取错误"); }
20      }
21  }
22
23  public class Example8_13 extends JFrame implements ActionListener
24  {
25    Example8_13()
26    {
27      super("音频播放器");
28      setBounds(300,300,200,100);
29      setVisible(true);
30      JButton btn = new JButton("播放");
31      setLayout(new FlowLayout());
32      add(btn);
33      btn.addActionListener(this);
```

```
34        validate();
35      setDefaultCloseOperation(EXIT_ON_CLOSE);
36      }
37
38    public void actionPerformed(ActionEvent e)
39    {
40        Sound play = new Sound();
41    }
42
43    public static void main(String args[])
44    {
45        new Example8_13();
46    }
47  }
```

## 8.5.2  Java 多媒体包 JMF 的应用

Java 有一个多媒体包 JMF(Java Media Framework)，用来编写多媒体应用程序。Sun 公司的网站有 JMF 多媒体包下载，其文件名为 jmf-2_1_1e-windows-i586.exe。JMF 提供编写多媒体程序的包为 javax.media。应用 JMF 建立的多媒体程序可以播放 mpg、avi、mp3 等格式的音频及视频文件。

建立一个多媒体程序有下列步骤。

### 1. 创建多媒体播放对象

使用 javax.media 包中 manager 类的静态方法 createPlayer()创建一个多媒体播放对象 player。

```
try{
    MediaLocator mrl = new MediaLocator(多媒体文件名);
    player = Manager.createPlayer(mrl);
}
catch(MalformedURLException e){}
catch(IOException e){}
catch(NoPlayerException e){}
```

### 2. 向多媒体播放对象注册控制监视器

在 javax.media 包中有一个接口 ControllerListener，应用该接口向多媒体播放对象注册控制监视器：

```
player.addControllerListener(监视器);
```

同时，实现 ControllerListener 接口的方法：

```
public void controllerUpdate(ControllerEvent event)
```

在该方法中进行创建播放组件及控制媒体的播放操作。

### 3. 让多媒体播放对象对播放媒体进行预提取

```
player.prefetch();
```

多媒体播放对象进行播放媒体预提取时，将不断获得媒体文件的有关信息，每当得到

一个新的信息将触发 ControllerEvent 事件的发生,并通过监视器调用方法 controllerUpdate
(ControllerEvent event)开始播放多媒体文件。

### 4. 启动多媒体播放对象

```
player.start();
```

### 5. 停止并释放多媒体播放对象

```
player.stop();
player.deallocate();
player.close();
```

【例 8-14】 设计一个简易多媒体播放器。

```
1   import javax.swing. * ;
2   import java.awt. * ;
3   import javax.media. * ;
4   public class Example8_14
5   {
6     public static void main(String args[])
7       {     new MediaPlay();    }
8   }
9
10   class MediaPlay extends JFrame implements ControllerListener
11   {
12     String mediaFile;
13     Component comp1,comp2;;
14     Player player;
15     MediaPlay()
16     {
17       super("多媒体播放器");
18       setVisible(true);
19       setBounds(300,100,350,300);
20       mediaFile = "file:///D:/jtest/music01.mpg";   ←——  音频或视频文件
21       validate();
22       setDefaultCloseOperation(EXIT_ON_CLOSE);
23       play();
24     }
25
26     public synchronized void controllerUpdate(ControllerEvent event)
27     {
28       if(event   instanceof   RealizeCompleteEvent)
29         { if((comp1 = player.getVisualComponent())!= null)
30             add("Center",comp1);
31           if((comp2 = player.getControlPanelComponent())!= null)
32             add("South",comp2);
33           validate();
34         }
35       else if(event   instanceof   PrefetchCompleteEvent)
36         {   player.start();   }
37     }
38
39     public void play()
40     {
```

```
41      String str = new String(mediaFile);
42      try{
43          MediaLocator mrl = new MediaLocator(str);
44          player = Manager.createPlayer(mrl);
45          player.addControllerListener(this);
46        }
47      catch(Exception e)
48        {  System.out.println("URL for" + mediaFile + "is invalid");   }
49      if(player!= null)
50      {
51          player.prefetch();
52      }
53    }
54 }
```

程序运行结果如图 8-11 所示。

图 8-11　视频播放

 实验 8

【实验目的】

（1）了解输入输出流的基本原理。

（2）主要掌握 File、FileReader、FileWriter 等类的使用方法。

【实验内容】

（1）运行下列程序，说明其运行结果。

```
import javax.swing.*;
import java.io.*;
import java.awt.*;
class Ex8_1
{
 public static void main(String args[])
   {
      int b;
      JTextArea text;
      JFrame window = new JFrame();
      byte tom[] = new byte[25];
      window.setSize(100,100);
      text = new JTextArea(10,16);
      window.setVisible(true);
```

```
            window.add(text,BorderLayout.CENTER);
            window.pack();
            window.setDefaultCloseOperation(JFrame.EXIT_ON_CLOSE);
            try{    File file = new File("D:\\jtest","test.txt");
                    FileInputStream readfile = new FileInputStream(file);
                    while((b = readfile.read(tom,0,25))!= - 1)
                        {
                            String s = new String(tom,0,b);
                            System.out.println(s);
                            text.append(s);
                        }
                    readfile.close();
                }
            catch(IOException e)
                {    System.out.println("File read Error");
                }
            }
        }
```

(2) 运行下列程序,说明运行结果。

```
import java.io. * ;
class Ex8_2
{
    public static void main(String args[ ])
    {
        int b;
        byte buffer[ ] = new byte[100];
        try{    System.out.println("输入一行文本,并存入磁盘: ");
                b = System.in.read(buffer);              //把从键盘输入的字符存入 buffer
                FileOutputStream writefile = new FileOutputStream("line.txt");
                writefile.write(buffer,0,b);             //通过流把 buffer 写入文件 line.txt
            }
        catch(IOException e)
            {    System.out.println("Error ");
            }
        }
    }
```

(3) 应用 java.util.zip 包中的 ZipOutputStream 类、ZipInputStream 类对指定文件进行压缩和解压缩。

① 压缩文件。

```
import java.io. * ;
import java.util.zip. * ;
public class Ex8_3_Compress
{
    public static void main(String[ ] args)throws IOException
    {
        FileInputStream fileIn;
        FileOutputStream fileOut;
        DataInputStream input;
        DataOutputStream output;
        ZipOutputStream zipoutput;
        fileIn = new FileInputStream("source.txt");
```

```
        input = new DataInputStream(fileIn);
        fileOut = new FileOutputStream("dest.zip");
        zipoutput = new ZipOutputStream(fileOut);
        zipoutput.setMethod(ZipOutputStream.DEFLATED);
        zipoutput.putNextEntry(new ZipEntry("source.txt"));
        output = new DataOutputStream(zipoutput);
        int ch;
        while((ch = input.read())!= -1)  output.write(ch);
        output.close();
        input.close();
    }
}
```

② 解压缩文件。

```
//DeCompress.java
import java.io. * ;
import java.util.zip. * ;
public class Ex8_3_DeCompress
{
    public static void main(String[ ] args)throws IOException
    {
        FileInputStream fileIn;
        FileOutputStream fileOut;
        DataInputStream input;
        DataOutputStream output;
        ZipInputStream zipinput;
        fileIn = new FileInputStream("dest.zip");
        zipinput = new ZipInputStream(fileIn);
        zipinput.getNextEntry();
        input = new DataInputStream(zipinput);
        fileOut = new FileOutputStream("source1.txt");
        output = new DataOutputStream(fileOut);
        int ch;
        while((ch = input.read())!= -1)  output.write(ch);
        output.close();
        input.close();
    }
}
```

(4) 根据实验内容(3),编写一个窗体程序,选择多个文件进行压缩和解压缩。

(5) 编写一个播放音乐的应用程序,当用户选择某个音乐文件之后,程序在适当的位置显示一幅图像。

# 习题 8

1. 简述 Java 流的概念、特点及表示。
2. 描述 Java.io 包中输入输出流的类层次结构。
3. 说明输入流及输出流的概念及作用。如何实现输入和输出流类的读、写方法的传递?
4. 解释字节流、字符流、字节文件输入流和字符文件输出流的含义。
5. 简述 File 类在文件与目录管理中的作用与使用方法。
6. 计算 Fibonacii 数列,$a_1 = 1, a_2 = 1, \cdots, a_n = a_{n-1} + a_{n-2}$,即前二个数是 1,从第三个数开

始,每个数是前两个数的和。计算该数列的前 20 项,并用字节文件流方式输出到一个文件,要求每 5 项 1 行。

7. 利用文件输入输出流类编程实现一个信函文件的显示与复制。

8. 建立一个文本文件,输入一段短文,编写一个程序,统计该文件中字符的个数,并将结果写入一个文本文件。

9. 建立一个文本文件,输入学生三门课成绩,编写一个程序,读入这个文件中的数据,输出每门课的成绩的最小值、最大值和平均值。

10. 对象流的作用是什么?

11. 编写一个程序,保存一个文本对象并检索该对象数据。

12. 利用 File 类的 delete 方法,编写程序,删除某一个指定的文件。

13. 改写例 8-13,使其能打开一文件对话框,从而播放选取的音频文件。

# 第9章

# 网络通信

网络应用的核心思想是使联入网络的不同计算机能够跨越空间协同工作,这首先要求它们之间能够准确、迅速地传递信息。Java 是一门非常适合于分布计算环境的语言,网络应用是它的重要应用之一,尤其是它具有非常好的 Internet 网络程序设计功能。Java 的这种特性来源于其独有的一套适用于网络的 API,这些 API 是一系列的类和接口,均位于包 java.net 和 javax.net 中。

本章将介绍 Java 用于编写网络通信程序的一些实例。其中,重点介绍如何用 Java 语言编写客户机/服务器的应用程序。

## 9.1 网络编程的基础知识

### 9.1.1 IP 地址和端口号

#### 1. IP 地址

如图 9-1 所示,网络中连接了很多计算机,假设计算机 A 向计算机 B 发送信息,若网络中还有第三台计算机 C,那么主机 A 怎么知道信息被正确传送到主机 B 而不是被传送到主机 C 中了呢?

网络中的每台计算机都必须有一个唯一的 IP 地址作为标识,这个数通常为一组由“.”号分隔的十进制数。例如,思维论坛的服务器地址为 218.5.77.187。IP 地址均由四部分组成,每个部分的范围都是 0～255,以表示 8 位地址。

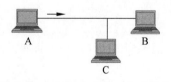

图 9-1　主机 A 向主机 B 发送信息

**注意**:IP 地址都是 32 位地址,这是 IP 版本 4(简称 IPv4)规定的。目前,由于 IPv4 地址已近耗尽,所以 IPv6 地址正逐渐代替 IPv4 地址,IPv6 地址则是 128 位无符号整数。

在 java.net 包中,IP 地址由一个称作 InetAddress 的特殊类来描述。这个类提供了 3 个用来获得一个 InetAddress 类的实例的静态方法。这 3 个方法如下所述。

- getLocalHost():返回一个本地主机的 IP 地址。
- getByName(String host):返回对应于指定主机的 IP 地址。
- getAllByName(String host):对于某个主机有多个 IP 地址(多宿主机)可用于得到一个 IP 地址数组。

此外,对一个 InetAddress 的实例可以使用如下方法。

- getAddress()获得一个用字节数组形式表示的 IP 地址。
- getHostName()作反向查询,获得对应于某个 IP 地址的主机名。

**【例 9-1】** 通过域名查找 IP 地址。

```
1    /* 查找 IP 地址 */
2    import java.net. * ;
3    import javax. swing. * ;
4    public class Example9_1
5    {
6      public static void main(String args[])
7      {
8        String str;
9        try{  InetAddress zsm_address = InetAddress.getByName("www. zsm8.com");
10             str = "思维论坛的 IP 地址为: " + zsm_address.toString();
11          }
12        catch(UnknownHostException e)
13         {
14              str = "无法找到思维论坛";
15         }
16       JOptionPane. showMessageDialog(null,str);
17       System. exit(0);           //退出程序
18      }
19   }
```

图 9-2　通过域名查找 IP 地址

程序运行结果如图 9-2 所示。

下面的例子是应用 InetAddress 的 getLocalHost 方法显示本地主机的计算机名和 IP 地址。

**【例 9-2】** 查找本机 IP 地址。

```
1    /* 查找本机 IP 地址 */
2    import java.net. * ;
3    import javax. swing. * ;
4    public class Example9_2
5    {
6      public static void main(String args[])
7      {
8         String str;
9        try{  InetAddress host_address = InetAddress.getLocalHost();
10             str = "本机的 IP 地址为: " + host_address.toString();
11          }
12        catch(UnknownHostException e)
13         {
14              str = "本机没有安装网卡,无法找到 IP.";
15         }
16       JOptionPane. showMessageDialog(null,str);
17       System. exit(0);             //退出程序
18      }
19   }
```

**2. 端口**

　　由于一台计算机上可同时运行多个网络程序,IP 地址只能保证把数据信息送到该计算机,但无法知道要把这些数据交给该主机上的哪个网络程序,因此用"端口号"标识正在计算机上运行的进程(程序)。每个被发送的网络数据包也都包含"端口号",用于将该数据帧交给具有相同端口号的应用程序来处理。

　　例如,一个网络程序指定了所用的端口号为52000,那么其他网络程序(如端口号为13)发送给这个网络程序的数据包必须包含52000端口号,当数据到达计算机后,驱动程序根据数据包中的端口号,就知道要将这个数据包交给这个网络程序,如图9-3所示。

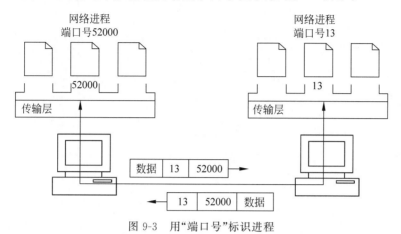

图9-3　用"端口号"标识进程

　　端口号是一个整数,其取值为0~65 535。同一台计算机上不能同时运行两个有相同端口号的进程。通常0~1023的端口号作为保留端口号,用于一些网络系统服务和应用;用户的普通网络应用程序应该使用1024以后的端口号,从而避免端口号冲突。

### 3. TCP 与 UDP

　　在网络协议中,有两个高级协议是网络应用程序编写中常用的,它们是传输控制协议(Transmission Control Protocol,TCP)和用户数据报协议(User Datagram Protocol,UDP)。

　　TCP是面向连接的通信协议,提供两台计算机之间的可靠无差错的数据传输。应用程序利用TCP进行通信时,信息源与信息目标之间会建立一个虚连接。这个连接一旦建立成功,两台计算机之间就可以把数据当作一个双向字节流进行交换。接收方对于接收到的每一个数据包都会发送一个确认信息,发送方只有收到接收方的确认信息后才发送下一个数据包。通过这种确认机制保证数据传输无差错。

　　UDP是无连接通信协议,UDP不保证可靠数据的传输。简单地说,如果一个主机向另一台主机发送数据,这一数据就会立即发送,而不管另外一台主机是否已准备接收数据。如果另一台主机收到了数据,它不会确认收到与否。这一过程,类似于从邮局发送信件,无法确定收信人一定收到了信件。

## 9.1.2　套接字

### 1. 什么是套接字

　　通过IP地址可以在网络上找到主机,通过端口可以找到主机上正在运行的网络程序。在TCP/IP中,套接字(socket)就是IP地址与端口号的组合。如图9-4所示,IP地址193.14.26.7与端口号13组成一个套接字。

　　Java使用了TCP/IP套接字机制,并使用一些类来实现套接字中的概念。Java中的套接字提供了在一台处理机上执行的应用程序与在另一台处理机上执行的应用程序之间进行连接

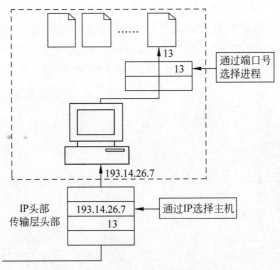

图 9-4 套接字是 IP 地址和端口号组合

的功能。

网络通信,准确地说,不仅是两台计算机之间在通信,还有两台计算机上执行的网络应用程序(进程)之间在收发数据。

当两个网络程序需要通信时,可以通过使用 Socket 类建立套接字连接。可以把套接字连接想象为一个电话呼叫,当呼叫完成后,通话的任何一方都可以随时讲话。但最初建立呼叫时,必须有一方主动呼叫,而另一方则正在监听铃声。这时,把呼叫方称为客户端,负责监听的一方称为服务器端。

### 2. 客户端建立套接字 Socket 对象

在客户端使用 Socket 类,建立向指定服务器 IP 和端口号连接的套接字,其构造方法是:

```
Socket(host_IP, prot);
```

其中,host_IP 是服务器的 IP 地址;prot 是一个端口号。

由于建立 Socket 对象可能发生 IOException 异常,因此在建立 Socket 对象时要使用 try…catch 结构处理异常事件。

Socket 主要方法如下。

• getInputStream():获得一个输入流,读取从网络线路上传送的数据信息。

• getOutputStream():获得一个输出流,用这个输出流将数据信息写入网络线路。

### 3. 服务器端建立套接字 Socket 对象

编写 TCP 网络服务器程序时,首先要用 ServerSocket 类来创建服务器 Socket,ServerSocket 类的构造方法为:

```
ServerSocket(int port);
```

创建 ServerSocket 实例不需要指定 IP 地址,ServerSocket 总是处于监听本机端口的状态。ServerSocket 类的主要方法为:

```
Socket accept();
```

该方法用于在服务器端的指定端口监听客户机发起的连接请求,并与之连接,其返回值为 Socket 对象。

# 9.2　基于 TCP 的网络程序设计

## 9.2.1　客户机/服务器模式

利用 Socket 方式进行数据通信与传输,大致有如下步骤。

(1) 创建服务器端 ServerSocket,设置建立连接的端口号。

(2) 创建客户端 Socket 对象,设置绑定的主机名称或 IP 地址,指定连接端口号。

(3) 客户机 Socket 发起连接请求。

(4) 建立连接。

(5) 取得 InputStream 和 OutputStream。

(6) 利用 InputStream 和 OutputStream 进行数据传输。

(7) 关闭 Socket 和 ServerSocket。

客户机/服务器模式的连接请求与响应过程如图 9-5 所示。

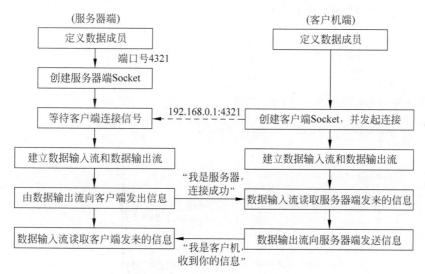

图 9-5　客户机/服务器模式

【例 9-3】　远程数据通信示例,由客户端程序和服务器程序两部分组成。

(1) 客户端程序。

```
1   /* 客户端程序,使用套接字连接服务器 */
2   import java.net. * ;
3   import java.io. * ;
4   import javax.swing. * ;
5
6   public class SClient
7   {
8    public static void main(String args[])
```

```java
9    {
10        String              s = null;
11        Socket              c_socket;
12        DataInputStream     in = null;
13        DataOutputStream    out = null;
14        try{
15            c_socket = new Socket("localhost",4321);
16            in = new DataInputStream(c_socket.getInputStream());
17            out = new DataOutputStream(c_socket.getOutputStream());
18            while(true)
19            {
20              s = in.readUTF();
21              if (s!= null)  break;
22            }
23            out.writeUTF("我是客户机,收到你返回的信息.");
24            c_socket.close();
25            }
26        catch(IOException e){ s = "无法连接"; }
27        JOptionPane.showMessageDialog(null,"客户机收到: " + s);
28        System.exit(0);            //退出程序
29    }
30  }
```

行 20–22 标注：从线路上读取数据
行 23 标注：向线路发送数据

(2) 服务器端程序。

```java
1  /* 远程数据传输服务器端程序 */
2  import java.io.*;
3  import java.net.*;
4  import javax.swing.*;
5  public class SServer
6  {
7      public static void main(String args[])
8      {
9          ServerSocket        s_socket = null;
10         Socket              socket = null;
11         String              s = null;
12         DataOutputStream    out = null;
13         DataInputStream     in = null;
14         try{s_socket = new ServerSocket(4321);}
15         catch(IOException e1){System.out.println("ERRO:" + e1);}
16         try{
17             socket = s_socket.accept();
18             in = new DataInputStream(socket.getInputStream());
19             out = new DataOutputStream(socket.getOutputStream());
20             out.writeUTF("你好,我是服务器,连接成功.");
21             while(true)
22             {
23                 s = in.readUTF();
24                 if (s!= null) break;
25             }
26             JOptionPane.showMessageDialog(null,"服务器收到: " + s);
27             socket.close();
28         }
29         catch (IOException e)
30         {
31             System.out.println("ERRO:" + e);
```

行 20 标注：向线路发送数据
行 23 标注：从线路上读取数据

```
32                }
33            }
34        }
```

**【程序说明】**

程序由客户机程序和服务器端程序两部分组成。

（1）客户机程序。

① 程序的第 15 行创建一个可以连接服务器的套接字,其端口为 4321。由于本例的客户机程序和服务器端程序在同一台计算机上运行,故其服务器 IP 地址是本机 IP 地址,可以使用 localhost 表示。运行程序时,当程序执行到该语句,立即向服务器发起连接。

② 程序的第 16 行创建一个套接字的数据输入流 in,在套接字建立的连接中通过输入流读出信息,并由套接字将字节转换成字符,这个转换是基于平台默认字符集之上的。

③ 程序的第 17 行创建一个套接字的数据输出流 out,用来把信息发送到由套接字建立的连接线路上,这时套接字会将字符转换成字节后再送往线路上。

④ 程序的第 18 行~第 22 行通过循环和数据输入流读取客户机放在“线路”里的信息。

⑤ 程序的第 23 行通过数据输出流向由套接字建立的连接“线路”(向服务器端方向)发送信息。

⑥ 程序的第 24 行关闭套接字连接。

（2）服务器端程序。

① 程序的第 14 行创建服务器端套接字,设定其端口号为 4321。注意,这里要使用 try…catch 结构处理异常事件。

② 程序的第 17 行服务器端套接字对象使用 accept 方法监听端口,等待接收客户机传来的连接信号。

③ 程序的第 18 行和第 19 行建立套接字的数据输入流 in 及数据输出流 out。

④ 程序的第 20 行通过数据输出流向由套接字建立的连接“线路”(向客户机方向)发送“连接已经建立”的信息。

⑤ 程序的第 21 行~第 25 行通过循环和数据输入流读取客户机放在“线路”里的信息。

⑥ 程序的第 26 行在对话框中显示接收到的信息。

⑦ 程序的第 27 行关闭套接字连接。

将客户机程序保存为 SClient.java,编译程序(暂时不运行)。将服务器端程序保存为 SServer.java,编译程序。运行程序时,先打开一个控制台窗口,用命令执行服务器端程序后,然后再重新打开一个新的控制台窗口,用命令执行客户机程序。

程序运行结果如图 9-6 所示(先运行服务器端程序,再运行客户端程序)。

(a) 客户端运行结果

(b) 服务器端运行结果

图 9-6　远程数据传输

## 9.2.2　同时服务于多个客户的解决方案

例 9-3 中,服务器只能处理一个客户机的连接请求。为了使服务器具备同时连接多个客户机的能力,有以下解决方案。

### 1. 启动多个服务程序

在服务器端启动多个服务程序,等待客户机的连接请求,每个服务程序处理一个客户机数据,它们只是监听的端口号不同,如图 9-7 所示。

显然,这个方案耗用资源太多。

### 2. 应用多线程

在服务程序中应用多线程技术,不同的线程为不同的客户服务。主线程负责等待客户机的连接请求,各个线程负责网络连接,接收客户发送的信息,如图 9-8 所示。

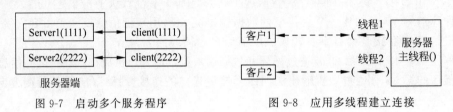

图 9-7　启动多个服务程序　　　　图 9-8　应用多线程建立连接

【例 9-4】　服务程序应用多线程技术同时处理多个客户机的连接请求。
(1) 客户端程序。

```
1   /* 客户机端程序 */
2   import java.net. * ;
3   import java.io. * ;
4   import javax.swing. * ;
5   import java.awt. * ;
6   import java.awt.event. * ;
7   class C_client extends Frame implements ActionListener
8   {
9       JTextArea      txt1;
10      JButton        btn;
11      JPanel         p;
12      int            srvPort;           //服务器端口号
13      DataInputStream   in = null;      //数据输入流
14      DataOutputStream  out = null;     //数据输出流
15      Socket          c_socket;         //套接字
16      InputStream      in_data;         //接收的输入流
17      OutputStream     out_data;        //发送的输出流
18      String          str;             //存放接收的数据
19      int            i = 0;            //计数
20      JTextField      txtPort;
21      JLabel          lb;
22      C_client()
23      {
24       super("客户端");
25       setSize(300,200);  setVisible(true);
26       txt1 = new JTextArea(5, 4); add(txt1, BorderLayout.CENTER);
27       p = new JPanel();           add(p, BorderLayout.NORTH);
28       lb = new JLabel("连接服务器端口: "); txtPort = new JTextField(10);
29       btn = new JButton("连接");
30       p.add(lb);  p.add(txtPort);  p.add(btn);
```

```
31        btn.addActionListener(this);
32        validate();
33    }
34
35    public static void main(String[ ] args)
36    {    new C_client();    }
37
38    public void actionPerformed(ActionEvent eee)
39    {   srvPort = Integer.parseInt(txtPort.getText());
40        try{
41            c_socket = new Socket("192.168.1.1", srvPort);
42            }catch(IOException e){ System.out.println("找不到服务器"); }
43        try{
44            in_data = c_socket.getInputStream();
45            out_data = c_socket.getOutputStream();
46            in = new DataInputStream(in_data);
47            out = new DataOutputStream(out_data);
48            //获取对方及本机的端口号
49            int p1 = c_socket.getPort();
50            int p2 = c_socket.getLocalPort();
51            txt1.append("获取对方的端口号：   " + p1 + "\n");
52            txt1.append("本机的端口号：   " + p2 + "\n");
53            }catch(IOException e){ System.out.println("建立输入输出流出错"); }
54        try{
55            str = in.readUTF();
56            txt1.append("客户收到:" + str + "\n");
57            if (i > 10) {
58               out.writeUTF("end");
59               in.close();
60               out.close();
61               c_socket.close();
62               System.exit(0);
63               }                  //发出 end 信息,关闭连接
64            else
65               { out.writeUTF("I am Client");
66                  i++;
67               }
68        }catch(IOException e){ System.out.println("线路读写出错"); }
69    }
70  }
```

(2) 服务器端程序。

```
1   /* 服务器端程序 */
2   import java.net.*;import java.io.*;import javax.swing.*;
3   import java.awt.*;import java.awt.event.*;
4   class S_server extends JFrame implements ActionListener,Runnable
5   {
6     ServerSocket      s_socket;        //服务器端套接字
7     Socket            c_socket;        //套接字
8     DataInputStream   in = null;       //数据输入流
9     DataOutputStream  out = null;      //数据输出流
10    InputStream       in_data;         //接收的输入流
11    OutputStream      out_data;        //发送的输出流
12    int               i = 0;           //计数(连接的客户数)
13    int               srvPort;         //服务器端口号
```

```
14   JTextArea       txt1;
15   JTextField      txtPort;
16   JButton         btn;
17   JPanel          p;
18   JLabel          lb;
19   String          str;
20   S_server()
21   { super("server");
22     setSize(300,200);      setVisible(true);
23     txt1 = new JTextArea(5,4);
24     add(txt1, BorderLayout.CENTER);
25     p = new JPanel();
26     add(p, BorderLayout.NORTH);
27     lb = new JLabel("设置端口: "); txtPort = new JTextField(10);
28     btn = new JButton("监听端口");
29     p.add(lb); p.add(txtPort); p.add(btn);
30     validate();
31     btn.addActionListener(this);
32   }
33   public void actionPerformed(ActionEvent eee)
34   { srvPort = Integer.parseInt(txtPort.getText());
35     try{
36         s_socket = new ServerSocket(srvPort);
37       while(true)
38       {
39       c_socket = s_socket.accept();
40       Thread t = new Thread(this);
41       t.start();
42       i++;
43       }
44     }catch(IOException e){ System.out.println("建立连接出错");   }
45   }
46     //线程
47   public void run()
48     {
49       try {
50       while(true)
51       {
52         in_data = c_socket.getInputStream();
53         out_data = c_socket.getOutputStream();
54         in = new DataInputStream(in_data);
55         out = new DataOutputStream(out_data);
56         out.writeUTF("Hello,我是服务器");
57         str = in.readUTF();
58         if (str.equals("end"))                    //接收到 end 信息,则断开连接
59         {
60             in.close();
61             out.close();
62             c_socket.close();
63         }
64         txt1.append("第" + i + "个客户发来:" + str + "\n");
65         Thread.sleep(200);
66       }                                           //循环结束
67     }
68       catch(IOException e){ System.out.println("线路上读写信息出错"); }
```

```
69        catch(Exception ee){ System.out.println("线程出错"); } //Thread_catch
70    }
71    public static void main(String[ ] args)
72    {new  S_server();}
73    }
```

**【程序说明】**

（1）客户机程序。

① 程序的第 49 行和第 50 行，通过 Socket 获取对方进程的端口号及本机发起的连接的端口号。

② 在程序的第 57～67 行，客户发出 10 次信息后，退出系统，并通知服务器关闭连接。

（2）服务器端程序。

① 程序的第 39 行监听客户机的连接请求，一旦连接成功，就交给线程去处理，而主线程则继续监听端口（循环是无限次的）。

② 程序的第 58～63 行，当接收到客户端发送的 end 后，关闭连接。

程序运行结果如图 9-9 所示。图 9-9(a)为服务器端的运行结果（需要先运行），图 9-9(b)为某一客户端的运行结果。

(a) 服务器端运行结果　　　　(b) 某一客户端运行结果

图 9-9　多客户连接

# 9.3　基于 UDP 的网络程序设计

## 9.3.1　基于 UDP 的数据报套接字

基于 UDP 编写网络应用程序，要使用以下两个类。

### 1. DatagramSocket 类

数据报套接字 DatagramSocket 类的构造方法如下。

（1）DatagramSocket()：构造数据报套接字并将其绑定到本地主机上的由系统分配的端口。

（2）protected DatagramSocket(DatagramSocketImpl impl)：创建带有指定 DatagramSocketImpl 的未绑定数据报套接字。

（3）DatagramSocket(int port)：创建数据报套接字，并将其绑定到本地主机上的指定端口。

（4）DatagramSocket(int port，InetAddress laddr)：创建数据报套接字，并将其绑定到指

定的本地地址。

（5）DatagramSocket(SocketAddress bindaddr)：创建数据报套接字，并将其绑定到指定的本地套接字地址。

发送数据时，由数据报套接字的实例对象用 send 方法发送数据；接收数据时，由数据报套接字的实例对象用 receive 方法接收数据。

### 2. DatagramPacket 类

DatagramPacket 用于将要发送的数据打包或将已经接收到的数据进行拆包。其构造方法如下。

（1）DatagramPacket(byte[] buf, int length)：构造 DatagramPacket，用来接收长度为 length 的数据包。

（2）DatagramPacket(byte[] buf, int length, InetAddress address, int port)：构造数据报包，用来将长度为 length 的包发送到指定主机上的指定端口号。

（3）DatagramPacket(byte[] buf, int offset, int length)：构造 DatagramPacket，用来接收长度为 length 的包，在缓冲区中指定了偏移量。

（4）DatagramPacket(byte[] buf, int offset, int length, InetAddress address, int port)：构造数据报包，用来将长度为 length 偏移量为 offset 的包发送到指定主机上的指定端口号。

（5）DatagramPacket(byte[] buf, int offset, int length, SocketAddress address)：构造数据报包，用来将长度为 length 偏移量为 offset 的包发送到指定主机上的指定端口号。

（6）DatagramPacket(byte[] buf, int length, SocketAddress address)：构造数据报包，用来将长度为 length 的包发送到指定主机上的指定端口号。

发送数据时先要将数据打包，包由数据、接收地址、端口号组成；接收数据时拆包，取出包中的数据、接收地址、端口号。

## 9.3.2  数据报的程序设计过程

数据报套接字主要是强调发送方和接收方的区别，同时也有服务器端和客户机之分。

### 1. 服务器端发出报文的步骤

（1）定义数据成员。

```
DatagramSocket socket;
DatagramPacket packet;
InetAddress address;                                    //用来存放接收方的地址
int port;                                               //用来存放接收方的端口号
```

（2）创建数据报文 Socket 对象。

```
try {socket = new DatagramSocket(1111);}
catch(java.net.SocketException e){}
```

socket 绑定到一个本地的可用端口，等待接收客户的请求。

（3）分配并填写数据缓冲区（一个字节类型的数组）。

```
byte[ ] Buf = new byte[256];
```

存放从客户端接收的请求信息。

（4）创建一个 DatagramPacket。

```
packet = new DatagramPacket(Buf 数组, 256 字节长度);
```

用来从 socket 接收数据，它只有两个参数。

（5）服务器阻塞。

```
socket.receive(packet);
```

在客户的请求报道来之前一直等待。

（6）从到来的包中得到地址和端口号。

```
InetAddress address = packet.getAddress();
int port = packet.getPort();
```

（7）将数据送入缓冲区。数据来自文件，或从键盘输入。

（8）建立报文包，用来从 socket 上发送信息。

```
Packet = new DatagramPacket(buf, buf.length, address, port);
```

（9）发送数据包。

```
socket.send(packet);
```

（10）关闭 socket。

```
socket.close();
```

### 2. 客户端接收包的步骤

（1）定义数据成员。

```
int port; InetAddress address;
DatagramSocket socket;
DatagramPacket packet;
byte[] sendBuf = new byte[256];
```

（2）建立 socket。

```
socket = new DatagramSocket();
```

（3）向服务器发出请求报文。

```
address = InetAddress.getByName(args[0]);
port = parseInt(args[1]);
packet = new  DatagramPacket(sendBuf, 256, address, port);
socket.send(packet);
```

这个包本身带有客户端的信息。

（4）客户机等待应答。

```
packet = new DatagramPacket(sendBuf, 256);
socket.receive(packet);//如果没有收到报文就一直等待,因此程序要设置时间限度
```

（5）处理接收到的数据。

```
String received = new String(packet.getData(), 0, packet.getLength());
```

```
System.out.println(received);
```

数据报的工作过程如图 9-10 所示。

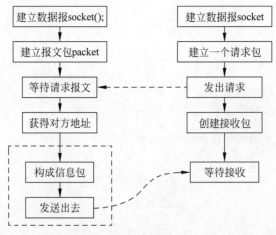

图 9-10　UDP 数据报工作过程

【例 9-5】　一个简单的数据报示例。

(1) 主机 1(数据发送方)。

```
1   import java.net.*;
2   public class UdpSend
3   {
4       public static void main(String[] args) throws Exception
5       {
6        DatagramSocket ds = new DatagramSocket();
7          String str = "hello,world";
8          DatagramPacket dp = new DatagramPacket(str.getBytes(), str.length(),
9                          InetAddress.getByName("127.0.0.1"),4321);
10          ds.send(dp);
11          ds.close();
12      }
13   }
```

(2) 主机 2(数据接收方)。

```
1   import java.net.*;
2   public class UdpRecv
3   {
4       public static void main(String[] args) throws Exception
5       {
6          DatagramSocket ds = new DatagramSocket(4321);
7          byte[] buf = new byte[1024];
8          DatagramPacket dp = new DatagramPacket(buf,1024);
9          ds.receive(dp);
10          String strRecv = new String(dp.getData(),0,dp.getLength()) +
11              "from" + dp.getAddress().getHostAddress() + ":" + dp.getPort();
12          System.out.println(strRecv);
13          ds.close();
14      }
15   }
```

## 9.3.3  广播数据报套接字

广播数据报套接字类似于电台广播,进行广播的电台需要在指定的波段和频率上广播信息,接收者只有将收音机调到指定的波段、频率上才能收听到广播的内容。

网络上的 IP 地址可分为 A、B、C、D 四类,分别如下。

A 类地址为 0.0.0.0～127.255.255.255。

B 类地址为 128.0.0.0～191.255.255.255。

C 类地址为 192.0.0.0～223.255.255.255。

D 类地址为 224.0.0.0～239.255.255.255。

其中,D 类地址是保留地址。

广播数据报套接字就是利用网络系统保留的 D 类地址进行发送和接收数据。一个 D 类地址称为一个广播组,把要广播或接收广播的主机都加入同一个广播组,即设置为相同的 D 类 IP 地址。

在 Java 中,广播数据报套接字用 MulticastSocket 类实现,MulticastSocket 是 UDP 套接字 DatagramSocket 的子类,其构造方法如下。

(1) MulticastSocket():创建多播套接字。

(2) MulticastSocket(int port):创建多播套接字并将其绑定到指定端口。

MulticastSocket 类的常用方法如下。

(1) void joinGroup(InetAddress mcastaddr):加入多播组。

(2) void setTimeToLive(int ttl):设置在此 MulticastSocket 上发出的多播数据包的默认生存时间,以便控制多播的范围。

【例 9-6】 一个广播数据报套接字的演示示例。

在这个例子中,一个主机不断地重复播发图像文件,加入同一组的主机可以随时接收广播的数据内容。接收方接收信息后,将接收到的信息在窗体中显示出来。

(1) 信息广播发送方。

```
1   import java.net. * ;
2   import java.io. * ;
3   public class BroadCast
4   {
5     int port = 1234;              //组播的端口
6     InetAddress group = null;      //组播组的地址
7     MulticastSocket socket = null;  //多点广播套接字
8     FileInputStream file;
9
10  BroadCast()
11  {
12    try {
13      //设置广播组的地址为 224.224.224.1
14      group = InetAddress.getByName("224.224.224.1");
15      //设置多点广播套接字将在 port 端口广播
16      socket = new MulticastSocket(port);
17      //设置多点广播套接字发送数据报范围为本地网络
18      socket.setTimeToLive(1);
19      //加入广播组 group, group 中的成员可以接收到 socket 发送的数据报
20      socket.joinGroup(group);
21    } catch(IOException e)
```

```
22        { System. out. println("设置广播组不成功"); }
23        byte data[ ] = new byte[20560];          //存放广播内容的字节数组
24        while(true) {    ◄───── 无限循环,重复播发报文
25          try {
26            file = new FileInputStream("t1.jpg");  ◄───── 指定要播发的图像文件
27            DatagramPacket packet = null;   //定义广播数据包
28            file. read(data);                 //将广播内容放入字节数组中
29            packet = new DatagramPacket(data,data. length,group,port); //创建广播包
30            socket. send(packet);             //发送广播数据报的报文
31            Thread. sleep(2000);              //延时 2 秒后重发
32            System. out. println("正在播发图片文件,请大家接收!");
33          }
34          catch(Exception e){ System. out. println("发送广播数据包失败" + e); }
35        }
36      }
37      public static void main(String args[])
38      {
39          new BroadCast();
40      }
41 }
```

(2) 信息接收方。

```
1    import java.io. * ;
2    import java. net. * ;
3    import java. awt. * ;
4    import javax. swing. * ;
5
6    public class Receive extends JFrame implements Runnable
7    {
8      int port = 1234;                    //设置组播组的监听端口
9      InetAddress group = null;            //组播组的地址
10     MulticastSocket socket = null;       //多点广播套接字
11     Thread thread;                       //负责接收信息的线程
12     FileOutputStream fileout;
13     ImageIcon imgicon;
14     Image img;
15
16     public Receive()
17     {
18     super("接收广播信息");
19       setBounds(100,50,360,380);
20       setVisible(true);
21       setDefaultCloseOperation(EXIT_ON_CLOSE);
22       try{
23         group = InetAddress. getByName("224.224.224.1");  ┐
24         socket = new MulticastSocket(port);                ├── 设置广播组地址、端口
25         socket. joinGroup(group);                          │
26       }                                                    ┘
27       catch(Exception e)
28         {System. out. println("设置广播组不成功"); }
29       thread = new Thread(this);
30       thread. start();
31     }
32
33     public void run()
```

```
34   {
35       byte data[] = new byte[20560];
36       DatagramPacket packet = null;
37       packet = new DatagramPacket(data,data.length,group,port);
38   try {
39           socket.receive(packet);          //通过广播数据报套接字接收数据包
40           data = packet.getData();          //将接收到的数据包存放到字节数组中
41           imgicon = new ImageIcon(data);   //建立图像对象
42           img = imgicon.getImage();         //获取像素 Image 对象
43           System.out.println("接收成功");
44       }
45       catch(Exception e){System.out.println("线程没执行 "); }
46   }
47
48   public void paint(Graphics g)
49   {
50       g.drawImage(img, 0, 0, this);    ◄── 通过Graphics对象将像素img绘制成图像
51   }
52
53   public static void main(String args[])
54   {
55       new Receive();
56   }
57 }
```

程序运行结果如图 9-11 所示。

(a) 信息发送方播发信息          (b) 显示接收的信息内容(图像文件)

图 9-11　广播数据报套接字的演示

# 9.4　JApplet 编程

## 9.4.1　JApplet 及其常用方法

JApplet 是一个能够嵌入 HTML 页面并在浏览器中运行的 Java 程序。当使用浏览器对一个包含 JApplet 的 Web 页面进行浏览时,浏览器将从 Web 服务器下载 JApplet 程序到本地执行。

### 1. JApplet 的主要特性

JApplet 类是一个很特殊的容器,是 Applet 的子类。Applet 是从 Java 的抽象窗口工具集

java.awt.Panel
  └─ java.applet.Applet
     └─ javax.swing.JApplet

图 9-12　JApplet 类的继承关系

类库中的 Panel 类扩展而来的,将继承 Panel 的所有属性。因此,JApplet 类具有容器的特性,在其内部可以放置 swing 组件。其继承关系如图 9-12 所示。

### 2. JApplet 的常用方法

JApplet 主要继承了父类 Applet 的方法,其常用方法如表 9-1 所示。

表 9-1　JApplet 的常用方法

| 方　法　名 | 功　　能 |
| --- | --- |
| JApplet() | JApplet 的构造方法 |
| void init() | 由浏览器调用,完成初始化 |
| void start() | 由浏览器调用,开始 applet 运行 |
| void stop() | 由浏览器调用,终止 applet 执行 |
| void destroy() | 由浏览器调用,回收分配给 applet 的资源 |
| void play(URL url) | 播放在 URL 指定的音频剪辑 |
| AudioClip getAudioClip(URL url) | 返回 URL 参数指定的 AudioClip 对象 |
| Image getImage(URL url) | 返回能被绘制到屏幕上的 Image 对象 |
| URL getDocumentBase() | 返回文档的 URL 路径 |
| void setJMenuBar(JMenuBar menuBar) | 设置 JApplet 的菜单栏 |

### 3. JApplet 程序的一般形式

一个 JApplet 程序必须是 JApplet 的子类,且必须是 public 的。JApplet 程序的一般形式为:

```
import javax.JApplet. * ;
public 类名 extends JApplet
{
    public void init(){ … }
    public void start(){ … }
    public void stop(){ … }
    public void destroy(){ … }
    …
}
```

上述的 4 个方法称为 JApplet 的生命周期,即 JApplet 的生命周期是由初始化、开始运行、停止运行和结束 JApplet 生命 4 个过程构成。

- init():程序首先自动调用这个方法完成初始化工作。
- start():初始化之后,自动调用本方法。在程序的执行过程中,init()只被调用执行一次,但 start()可以多次被调用执行。
- stop():stop()与 start()对应,每当用户离开这个页面时,该方法就要被调用。该方法可以被覆盖,使得用户每次离开这个 Web 页面时引发一个动作。当用户不浏览某个 Applet 页面时,stop()将暂停 Applet 的执行,使它不再占用系统的资源。
- destroy():完成撤销清理工作,准备卸载。

并不是每一个 Applet 都要覆盖这 4 个方法中的每一个方法,有些较简单的 JApplet 可能不覆盖任何方法。例如,一个简单的 Applet 除了做点简单的操作(如显示一个字符串)以外什么事也不做,因此它可以不覆盖任何方法。

#### 4. JApplet 程序的运行

为了执行 Applet,必须在 HTML 文档中使用特殊的标记,即< applet >标记来调用 Applet。例如:

```
< html >
< applet code = "Example9_x.class" width = "200" height = "300">
</applet >
</html >
```

< applet >标记的 code 属性告诉浏览器要装载的 JApplet 类的名字是 Example9 _ x . class,它与这个文档处于同一个目录下,并指明了 Applet 窗口的位置大小,width、height 是 JApplet 在浏览器遇到这个标记,就按指定的高度和宽度的像素数。Applet 不能改变大小。当浏览器遇到这个标记时,就按指定的宽度和高度为这个 JApplet 开辟一个显示区,装载它的字节码,创建子类的实例,然后调用这个 JApplet 类的 init()和 start()。

### 9.4.2 JApplet 应用示例

【例 9-7】 在浏览器中运行 JApplet 程序。

```
1   import javax.swing. * ;
2   public class Example9_7 extends JApplet
3   {
4       public void init()
5       {
6         JButton btn = new JButton("确定");
7           add(btn);        添加组件到JApplet容器中,
                             JApplet默认FlowLayout布局
8       }
9   }
```

编译这个源程序,得到一个 Example9_7. class 字节码文件。

编译后的 JApplet 程序必须由浏览器来执行,因此我们要编写一个超文本文件(含有 applet 标记的 Web 页),通知浏览器来运行这个 JApplet 程序。

使用记事本之类的文本编辑工具,编写一个 HTML 文件如下。

```
< applet   code = Example9_7.class   height = 100   width = 300 >
</applet >
```

将这个超文本文件保存为 e9 _ 7. html,并且与 Example9_7. class 在同一文件目录下。现在使用浏览器打开文件 e9 _ 7. html 就可看到 JApplet 程序的运行结果。程序运行如图 9-13 所示。

【例 9-8】 用 getImage()和 drawImage()加载和显示图像。

这是一个加载和显示简单图像文件 flaw. jpg 的 JApplet 程序示例。

图 9-13 在浏览器中运行 JApplet 程序

```
1    /* 加载和显示图像 */
```

```
2    import java.awt. * ;
3    import javax.swing. * ;
4
5    public class Example9_8 extends Applet
6    {
7        Image img;
8
9        public void init() {
10         img = getImage(getDocumentBase(), getParameter("img"));
11        }
12
13        public void paint(Graphics g) {
14         g.drawImage(img, 0, 0, this);
15        }
16   }
17    / *
18     * < applet code = "Example9_8.class" width = 248 height = 146 >
19     * < param name = "img" value = "flaw.jpg">
20     * </applet >
21     * /
```

【程序说明】

第 9 行 init ( )中，变量 img 代表 getImage ( )返回的 Image 图像。getImage ( )以 getParameter()返回的字符串为图像的文件。这个图像的路径从 getDocumentBase()中获得。第 10 行方法 getParameter("img")返回的文件名来自于第 19 行标记< param name = "img" value= "flaw.jpg">。程序运行如图 9-14 所示。

图 9-14　在浏览器中运行 JApplet 程序

【例 9-9】　在 JApplet 程序中使用 play()播放声音文件。

在 Java 中,可以使用 JApplet 的静态方法编写播放 wav 等格式音频文件的程序。

```
1    import java.swing. * ;
2    import java.awt.Graphics;
3    public class Example9_9 extends JApplet {
4      public void paint(Graphics g) {
```

```
5      g.drawString("Listen to the music!", 25, 25);
6      play(getDocumentBase(), "茉莉花.wav");
7    }
8  }
```

【例 9-10】 使用 getAudioClip()播放声音文件。

用 getAudioClip()方法建立的 AudioClip 对象可以处理声音：

play()：开始播放。

loop()：循环播放。

stop()：停止播放。

```
1  import java.applet.*;
2  import javax.swing.*;
3  import java.awt.*;
4  import java.awt.event.*;
5
6  public class Example9_10 extends JApplet
7  {
8    JButton play,loop,stop;
9    AudioClip audio = null;
10
11   public void init()
12   {
13       resize(200,30);
14       play = new JButton("play");
15       loop = new JButton("Loop");
16       stop = new JButton("Stop");
17       stop.setEnabled(false);
18       audio = getAudioClip(getCodeBase(),"茉莉花.wav");
19
20     add(play);
21     play.addActionListener(
22     new ActionListener() {
23       public void actionPerformed(ActionEvent event) {
24         playActionPerformed(event);
25       }
26       }
27     );
28
29     add(loop);
30     loop.addActionListener(
31      new ActionListener() {
32         public void actionPerformed(ActionEvent event) {
33            loopActionPerformed(event);
34         }
35       }
36     );
37
38     add(stop);
39     stop.addActionListener(
40       new ActionListener() {
41         public void actionPerformed(ActionEvent event) {
42            stopActionPerformed(event);
43         }
```

```
44          }
45      );
46  }
47
48  private void playActionPerformed(ActionEvent event)
49  {
50      if(audio!= null)
51      {
52          audio.play();
53          play.setEnabled(false);
54          loop.setEnabled(false);
55          stop.setEnabled(true);
56          showStatus("playing sound only once!");
57      }
58      else
59          showStatus("Sound file no loaded");
60  }
61
62  private void loopActionPerformed(ActionEvent event)
63  {
64      if(audio!= null)
65      {
66          audio.loop();
67          play.setEnabled(false);
68          loop.setEnabled(false);
69          stop.setEnabled(true);
70          showStatus("Playing sound all the time!");
71      }
72      else
73          showStatus("Sound file not loaded");
74  }
75
76  private void stopActionPerformed(ActionEvent event)
77  {
78      audio.stop();
79      loop.setEnabled(true);
80      stop.setEnabled(false);
81      showStatus("Stop playing sound!");
82  }
83  }
```

程序运行结果如图 9-15 所示。

图 9-15 在 JApplet 播放声音文件

# 实验 9

**【实验目的】**

掌握 Socket 的概念和编程方法。

**【实验内容】**

(1) 运行下列程序,并写出其输出结果。

① 客户端程序。

```
import java.io. * ;
```

```
import java.net. * ;
public class Ex9_1_Client
{
    public static void main(String args[ ])
    {
        String s = null;
        Socket mysocket;
        DataInputStream in = null;
        DataOutputStream out = null;
        try{
            mysocket = new Socket("localhost",4331);
            in = new DataInputStream(mysocket.getInputStream());
            out = new DataOutputStream(mysocket.getOutputStream());
            out.writeUTF("你好!");            //通过 out 向"线路"写入信息
            while(true)
            {
                s = in.readUTF();              //通过使用 in 读取服务器放入"线路"里的信息
                out.writeUTF(":" + Math.random());
                System.out.println("客户收到:" + s);
                Thread.sleep(500);
            }
        }
        catch(IOException e)
        {   System.out.println("无法连接");
        }
        catch(InterruptedException e){ }
    }
}
```

② 服务器程序。

```
import java.io. * ;
import java.net. * ;
public class Ex9_1_Server
{
 public static void main(String args[ ])
  {
        ServerSocket server = null;
        Socket you = null;String s = null;
        DataOutputStream out = null;
        DataInputStream  in = null;
        try{ server = new ServerSocket(4331);}
        catch(IOException e1){System.out.println("ERRO:" + e1);}
        try{  you = server.accept();
            in = new DataInputStream(you.getInputStream());
            out = new DataOutputStream(you.getOutputStream());
            while(true)
            {
                s = in.readUTF();             //通过使用 in 读取客户放入"线路"里的信息,堵塞状态
                out.writeUTF("你好:我是服务器");   //通过 out 向"线路"写入信息
                out.writeUTF("你说的数是:" + s);
                System.out.println("服务器收到:" + s);
                Thread.sleep(500);
            }
        }
        catch(IOException e)
```

```
            {   System.out.println("" + e);
            }
        catch(InterruptedException e){}
    }
}
```

（2）用套接字实现客户—服务器交互计算，客户端输入三角形三边的长度并发送给服务器，服务器把计算出的三角形面积返回给客户。

# 习题 9

1. Java 语言提供了哪几种网络通信模式？

2. Java 语言中的套接字网络通信方式分为哪几种？

3. 什么叫 Socket？怎样建立 Socket 连接？建立连接时，客户端和服务器端有什么不同？

4. 请列举几种常用的协议及其使用的端口号。

5. 试描述用 Socket 建立连接的基本程序框架。

6. 说明客户端如何同服务器连接。

7. 说明一个客户端如何从服务器上读取一行文本。

8. 说明服务器如何将数据发送到客户端。

9. 采用套接字的连接方式编写一个程序，允许客户向服务器提出一个文件的名字，如果这个文件存在，就把文件内容发送给客户，否则回答文件不存在。

10. 写出使用多线程方法使得一个服务器同时为多个客户程序服务的基本框架。

11. 编写简易云计算程序，一个客户同时有多个服务器为他提供产生 10 个 100 以内随机整数的服务。

# 第10章
# Java 数据库连接

## 10.1　JDBC 概述

　　Java 数据库连接(Java Database Connectivity,JDBC)由一组用 Java 语言编写的类和接口组成。JDBC 为数据库提供了一个标准的应用程序接口(Application Program Interface, API),使用户能够用纯 Java 来编写数据库应用程序。

　　Java 具有坚固、安全、易于使用、易于理解等特性,是编写数据库应用程序的优秀语言,所需要的只是 Java 应用程序与各种不同数据库之间进行连接和交互的方法。JDBC 正是作为此用途的一种机制。

　　JDBC 的基本结构由 Java 应用程序、JDBC 管理器、驱动程序或 JDBC-ODBC 桥和数据库 4 部分组成,如图 10-1 所示。

　　从图 10-1 中可以看出,Java 应用程序、JDBC 及数据库系统为三层结构,JDBC 起到了连接 Java 应用程序和数据库的桥梁作用。

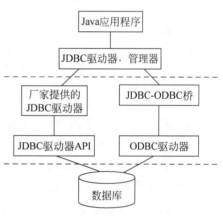

图 10-1　JDBC 的基本结构

## 10.2　SQL 语句简介

　　结构化查询语言(Structured Query Language,SQL)的主要功能是同各种数据库建立联系,进行沟通。按照美国国家标准协会(ANSI)的规定,SQL 被作为关系型数据库管理系统的标准语言。目前,绝大多数的关系型数据库都采用 SQL 语言标准。尽管很多数据库对 SQL 语句进行了再开发和扩展,但是包括 SELECT、INSERT、UPDATE、DELETE、CREATE 以及 DROP 在内的标准 SQL 命令仍然可以用来完成几乎所有的数据库操作。

### 1. 关系型数据库

　　一个典型的关系型数据库通常由一个或多个数据表组成。数据库中的所有数据或信息都被保存在这些数据表中。数据库中的每一个表都有唯一的表名,数据表由行和列组成。其中,列称为字段,包括了字段名称、数据类型以及字段属性等信息;行称为记录,包含每一字段的具体数据值。

　　数据库的组成如图 10-2 所示。

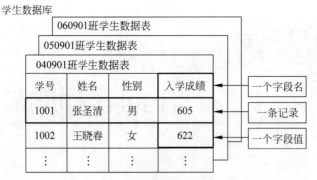

图 10-2    数据库的组成

### 2．数据查询

在众多的 SQL 命令中，SELECT 语句是使用最频繁的。SELECT 语句主要被用来对数据库进行查询并返回符合用户查询要求的结果。

SELECT 语句的语法格式如下。

```
SELECT 字段 1[,字段 2, … ] FROM 表名[WHERE 限制条件];
```

其中，[ ]表示可选项。

SELECT 语句中位于 SELECT 关键词之后的字段名将作为查询结果返回。用户可以按照自己的需要选择任意字段，还可以使用通配符 * 表示要求返回所有字段。该语句中位于 FROM 关键词之后的表名为要进行查询操作的数据表。其中的 WHERE 可选句用来设定符合条件的记录将作为查询结果返回或显示。

在 WHERE 条件从句中可以使用以下运算符来设定查询标准。

```
= (等于)          >(大于)          <(小于)
> = (不小于)      < = (不大于)      <>(不等于)
```

除了上面提到的运算符之外，在 where 条件从句中可以使用 LIKE 运算符，通过使用 LIKE 运算符可以设定只选择与用户指定内容相同的记录。此外，还可以使用通配符％来代替任何字符串，常用于模糊查询。例如：

```
SELECT 学号,姓名, 年龄, 家庭住址
FROM 学生情况表
WHERE 姓名 LIKE '李 % ';
```

上述 SQL 语句将会查询所有姓李的学生记录。

### 3．创建数据表

SQL 语言中的 CREATE TABLE 语句用来建立新的数据表。CREATE TABLE 语句的语法格式如下。

```
CREATE TABLE 表名(字段 1    数据类型,    字段 2    数据类型,…);
```

如果用户希望在建立新数据表时规定字段的限制条件,可以使用可选的条件选项如下。

```
CREATE TABLE 表名(字段 1    数据类型[限制条件],字段 2    数据类型[限制条件],…);
```

例如：

```
CREATE TABLE 学生情况表(学号 varchar(6),姓名 varchar(15),年龄 number(3),家庭住址 varchar(20),
联系电话 varchar(20));
```

创建新数据表时，在关键词 CREATE TABLE 后面加入所要建立数据表的名称，然后在括号内顺次设定各字段的名称、数据类型以及可选的限制条件等。

使用 SQL 语句创建的数据表及表中的字段的名称必须以字母开头，后面可以使用字母、数字或下画线，名称的长度不能超过 30 个字符。

数据类型用来设定某一个具体字段的数据的类型。

在创建新数据表时，还需要注意的是表中字段的限制条件。所谓限制条件就是当向某字段输入数据时所应遵守的规则。

### 4. 向数据表中插入数据

SQL 语言使用 INSERT 语句向数据表中插入或添加新的数据行（或称为记录）。INSERT 语句的使用格式如下。

```
INSERT INTO 表名(字段 1, …,字段 n) VALUES(字段值 1, …,字段值 n);
```

例如：

```
INSERT INTO   学生情况表(姓名,年龄,家庭住址,联系电话)
       VALUES('李明',22,'北京市西祠胡同', '87654321');
```

在向数据表中添加新记录时，在关键词 INSERT INTO 之后是所要添加的表名，然后在括号中列出将要添加新值的字段的名称。在关键词 VALUES 之后是按照前面字段的顺序对应输入的记录值。

### 5. 更新记录

SQL 语言使用 UPDATE 语句更新或修改记录。UPDATE 语句的使用格式如下。

```
UPDATE 表名
SET   字段 1 = 新值 1[,字段 2 = 新值 2, …]
WHERE 限制条件;
```

例如：

```
UPDATE 学生情况表
SET 年龄 = 年龄 +  1
WHERE 姓名 =  '李明';
```

使用 UPDATE 语句时，关键是要设定好用于进行判断的 WHERE 从句条件。

### 6. 删除记录

SQL 语言使用 DELETE 语句删除数据表中的行或记录。DELETE 语句格式如下。

```
DELETE FROM 表名
WHERE 限制条件;
```

例如：

```
DELETE FROM 学生情况表
WHERE 姓名 = '李明';
```

当需要删除某一行或某个记录时，在 DELETE FORM 关键词之后输入表名，然后在从句中设定删除记录的判断条件。如果在使用 DELETE 语句时不设定 WHERE 从句，则数据表中所有的记录将全部被删除。

### 7. 删除数据表

在 SQL 语言中使用 DROP TABLE 命令删除某个数据表以及该表中的所有记录。如果用户希望将某个数据表完全删除，只需在 DROP TABLE 命令后输入希望删除的数据表名即可。DROP TABLE 命令的使用格式如下。

```
DROP TABLE 表名;
```

例如：

```
DROP TABLE 学生情况表;
```

则将数据库中的学生情况表删除了。

DROP TABLE 命令的作用与用 DELETE 命令删除数据表中的所有记录不同。DELETE 命令删除表中的全部记录之后，该数据表的结构仍然存在，即数据表中字段的信息不会改变。使用 DROP TABLE 命令则会将整个数据表的所有信息全部删除。

要进一步了解 SQL 语言的内容，请参阅有关数据库原理及应用方面的文献。

## 10.3　JDBC API

### 10.3.1　JDBC API 简介

简单地说，JDBC 要完成以下三件事。

（1）建立数据库的连接。

（2）向数据库发出请求，通过 SQL 命令操作数据库中的数据，包括查询、添加、修改、删除等操作。

（3）获取并处理数据库返回的结果。

JDBC API 中的类和接口均在包 java.sql 中，其主要的类和接口如表 10-1 所示。

表 10-1　JDBC 中主要的类和接口

| 类 或 接 口 | 作　　用 |
| --- | --- |
| DriverManager 类 | 数据库驱动程序的加载，及与数据库建立连接 |
| Connection 接口 | 建立与指定数据库的连接 |
| Statement 接口 | 向已经建立了连接的数据库发送及处理 SQL 命令 |
| ResultSet 接口 | 返回数据库中执行 SQL 命令的结果 |

### 1．DriverManager 类

DriverManager 类是 JDBC 的管理器，负责管理 JDBC 驱动程序，跟踪可用的驱动程序并在数据库和相应驱动程序之间建立连接，它提供了用于管理一个或多个数据库驱动程序所必需的功能。如果要使用 JDBC 驱动程序，必须加载 JDBC 驱动程序并向 DriverManage 注册后才能使用。加载和注册驱动程序可以使用 Class.forName()来完成。此外，DriverManager 类还处理驱动程序登录时间限制及登录和跟踪消息的显示等事务。

DriverManager 类提供的常用成员方法如表 10-2 所示。

表 10-2 **DriverManager 类的常用方法**

| 成 员 方 法 | 功 能 |
|---|---|
| getConnection(String url) | 使用指定的数据库 URL 创建一个连接 |
| getConnection(String url，String user，String password) | 使用指定的数据库 URL、用户名和用户密码创建一个连接 |

### 2．Connection 接口

Connection 这个接口抽象了大部分与数据库的交互活动。通过建立的连接，可以向数据库发送 SQL 语句并返回执行的结果。

由 DriverManager.getConnection()创建 Connection 对象，建立起一条 Java 应用程序连接数据库的通道。

下面的代码说明如何打开一个与位于 URL "jdbc:odbc:testDB"的数据库的连接。所用的用户标识符为 myName，口令为 Java。

```
String url = "jdbc:odbc:testDB";
Connection con = DriverManager.getConnection(url, "myName", "Java");
```

Connection 接口提供的常用成员方法如表 10-3 所示。

表 10-3 **Connection 接口的常用方法**

| 成 员 方 法 | 功 能 |
|---|---|
| createStatement() | 创建 Statement 接口对象 |
| prepareStatement(String sql) | 创建 PreparedStatement 接口对象 |
| commit() | 提交对数据库执行添加、删除或修改记录的操作 |
| getAutoCommit() | 获取 Connection 对象的 Auto_Commit(自动提交)状态 |
| rollback() | 取消对数据库执行过的添加、删除或修改记录等操作，将数据库恢复到执行这些操作前的状态 |
| close() | 断开 Connection 对象与数据库的连接 |

### 3．Statement 接口

当建立连接后，可以向数据库发送 SQL 语句访问数据库和读取访问的结果。Statement 这个接口可在这个连接中执行和处理 SQL 语句。

Statement 接口提供的常用成员方法如表 10-4 所示。

表 10-4    Statement 接口的常用方法

| 成 员 方 法 | 功　　能 |
|---|---|
| execute(String sql) | 执行给定的 SQL 语句,该语句可能返回多个结果 |
| executeQuery(String sql) | 执行给定的 SQL 语句,该语句返回单个 ResultSet 对象 |
| executeUpdate(String sql) | 执行给定 SQL 语句,其 SQL 语句为 INSERT、UPDATE 或 DELETE 语句 |
| close() | 立即释放此 Statement 对象的数据库和 JDBC 资源,而不是等待该对象自动关闭时发生此操作 |

### 4. ResultSet 接口

ResultSet 对象表示数据库结果集的数据表,通常通过执行查询数据库的语句生成。ResultSet 对象具有指向其当前数据行的指针。最初,指针被置于第一条记录之前,通过 next() 可以将指针移动到下一记录。

ResultSet 对象的常用方法如表 10-5 所示。

表 10-5    ResultSet 对象的常用方法

| 方　　法 | 功 能 说 明 |
|---|---|
| boolean absolute(int row) | 移动记录指针到指定记录 |
| boolean first() | 移动记录指针到第一个记录 |
| void    beforeFirst() | 移动记录指针到第一个记录之前 |
| boolean last() | 移动记录指针到最后一个记录 |
| void afterLast() | 移动记录指针到最后一个记录之后 |
| boolean previous() | 移动记录指针到上一个记录 |
| boolean next() | 移动记录指针到下一个记录 |
| void insertRow() | 插入一个记录到数据表中 |
| void updateRow() | 修改数据表中的一个记录 |
| void deleteRow() | 删除记录指针指向的记录 |

## 10.3.2    JDBC 驱动程序及 URL 格式

### 1. 数据库的 JDBC 驱动程序

JDBC 具有连接各种不同数据库的能力,对于不同的数据库 JDBC 对应不同的驱动程序,常见数据库所对应的 JDBC 驱动程序名称如表 10-6 所示。

表 10-6    常见数据库对应的 JDBC 驱动程序名称

| 数 　据 　库 | JDBC 驱动程序名称 |
|---|---|
| Oracle | oracle. jdbc. driver. OracleDriver |
| Microsoft SQL Server 2000 | com. microsoft. jdbc. sqlserver. SQLServerDriver |
| MySQL 5.0 | org. gjt. mm. mySQL. Driver |
| ODBC 数据源 | sun. jdbc. odbc. JdbcOdbcDriver |

说明:连接 ODBC 数据源的 JDBC 又称为 JDBC-ODBC 桥。

当连接数据库时,必须加载 JDBC 驱动程序并向 DriverManage 注册。加载和注册驱动程序可以使用 Class. forName()来完成。Class 类的实例表示正在运行的 Java 应用程序中的类和接口。Class 类的 forName(String className)方法返回值为给定字符串名的类或接口的 Class 对象。例如：

（1）ODBC 数据源的 JDBC 驱动程序名称为 sun. jdbc. odbc. JdbcOdbcDriver，通过以下语句加载和注册这个驱动程序：

```
Class.forName("sun.jdbc.odbc.JdbcOdbcDriver ");
```

（2）Microsoft SQL Server 2000 的 JDBC 驱动程序名称为 com. microsoft. jdbc. sqlserver . SQLServerDriver。同样，通过以下语句加载和注册这个驱动程序：

```
Class.forName("com.microsoft.jdbc.sqlserver.SQLServerDriver ");
```

### 2. JDBC URL 的一般格式

JDBC URL 提供了一种标识数据库的方法，可以使相应的驱动程序能识别该数据库并与之建立连接。

JDBC URL 的一般格式如图 10-3 所示。

图 10-3　JDBC URL 的一般格式

例如，设驱动程序类型为"ODBC 数据源"，数据源名称为 testbook，则：

```
String url = "jdbc:odbc:testbook";
```

建立数据库连接：

```
Connection con = DriverManager.getConnection(url);
```

再如，设连接的数据库驱动程序为 Microsoft SQL Server 2000，数据库服务器 IP 地址为本机地址 localhost，端口号为 1433，数据库名称为 testDB，用户名为 sa，密码为空。

```
String url = "jdbc:microsoft:sqlserver://localhost:1433;DatabaseName = testDB ";
String USER = "sa";
String PWD = "";
```

建立数据库连接：

```
Connection con = DriverManager.getConnection(url,USER,PWD);
```

# 10.4　JDBC 编程实例

## 10.4.1　数据库编程的一般步骤

在 Java 中，用 JDBC 编写数据库应用程序需要以下几个步骤（以 JDBC-ODBC 桥为例，假设已经设置数据源名称为 testbook,数据源的用户名为 admin,密码为 abc)。

### 1．加载和注册驱动程序

要连接数据库,首先要加载和注册 JDBC 驱动程序。加载和注册驱动程序的语句如下。

```
Class.forName("JDBC 驱动程序名称");
```

例如:

```
try {Class.forName("sun.jdbc.odbc.JdbcOdbcDriver"); }
catch(ClassNotFoundException e){ System.out.println(e); }
```

为加载和注册 JDBC-ODBC 桥驱动程序。

**注意**:加载 JDBC 驱动程序可能发生异常,因此必须捕获这个异常。

### 2．连接数据库

连接数据库的语句如下。

```
Connection 连接变量;
连接变量 = DriverManager.getConnection("jdbc:odbc:数据源名称","用户名","密码");
```

例如:

```
try {
    Connection con;
    con = DriverManager.getConnection("jdbc:odbc:testbook","admin","abc");
    }
catch(SQLException e){ System.out.println(e); }
```

**注意**:连接数据库时应捕获 SQLException 异常。

### 3．向数据库发送 SQL 语句并处理结果

要对已经连接成功的数据库进行各种操作,必须通过 SQL 语句来完成。因此必须先建立 SQL 语句对象。

(1) 建立 SQL 语句对象的语句如下。

```
Statement SQL 语句对象名;
SQL 语句对象名 = 连接变量.createStatement();
```

例如:

```
try {
    Statement sql = con.createStatement();
    }
catch(SQLException e){ System.out.println(e); }
```

(2) 处理 SQL 语句的执行结果。

由 SQL 语句对象执行 executeQuery()或 executeUpdate(),并将从数据库中返回的结果存放到 ResultSet 结果集对象中。

处理查询记录或添加记录的 SQL 语句为:

```
ResultSet 结果集对象名 = SQL 语句对象名.executeQuery("SQL 语句");
```

处理修改记录或删除记录的 SQL 语句为：

结果集对象名 = SQL 语句对象名.executeUpdate ("SQL 语句");

#### 4．关闭数据库的连接

对数据库操作完毕后，应该将与数据库的连接关闭：

连接变量.close();

同时还应该将 SQL 语句对象释放。

## 10.4.2　数据表操作

#### 1．创建数据表

【例 10-1】　创建学生表 student。此表有 3 个字段：学号（id）、姓名（name）及成绩（score）。

```
1   /* 创建数据表 */
2   import java.sql.*;                              //引入 java.sql 包
3   public class Example10_1
4   {
5    public static void main(String args[])
6    {
7        //声明 JDBC 驱动程序对象
8        String JDriver = "sun.jdbc.odbc.JdbcOdbcDriver";
9        //定义 JDBC 的 URL 对象，TestDB 为数据源
10       String conURL = "jdbc:odbc:TestDB";
11       try {
12               //加载和注册 JDBC-ODBC 桥驱动程序
13               Class.forName(JDriver);
14          }
15       catch(java.lang.ClassNotFoundException e) {
16         System.out.println("ForName :" + e.getMessage());
17          }
18       try {
19          //连接数据库 URL
20            Connection con = DriverManager.getConnection(conURL);
21          //建立 Statement 类对象
22          Statement s = con.createStatement();
23          //创建一个含有 3 个字段的学生表 student
24          String query = "create table student( "
25                        + "id char(10),"
26                        + "name char(15),"
27                        + "score integer"
28                        + ")";
29         s.executeUpdate(query);                  //执行 SQL 命令
30         //释放 Statement 所连接的数据库及 JDBC 资源
31         s.close();
32         //关闭与数据库的连接
33           con.close();
34          }
35       catch(SQLException e){
36           System.out.println("SQLException:" + e.getMessage());
```

```
37        }
38    }
39 }
```

**【程序说明】**

（1）首先创建 TestDB. mdb 数据库，并设置数据源 TestDB，然后再运行程序，这时可以看到，数据库中新增了数据表 student。

（2）create table student(id char(10),name char(15),score integer);
语句表示建立一个名为 student 的表，包含 id(字符型，宽度为 10)、name(字符型，宽度为 15)与 score(数字型)3 个字段。

这段程序的操作结果是创建一个数据库中 student 表的结构，表中还没有记录。

**2. 向数据表中插入数据**

**【例 10-2】** 在例 10-1 创建的数据表 student 中插入 3 条学生的记录。

```
1  / * 创建数据表 */
2  import java.sql.*;
3  public class Example10_2
4  {
5    public static void main(String args[])
6    { //声明 JDBC 驱动程序对象
7      String JDriver = "sun.jdbc.odbc.JdbcOdbcDriver";
8      //定义 JDBC 的 URL 对象,TestDB 为数据源
9      String conURL = "jdbc:odbc:TestDB";
10     try {
11     //加载和注册 JDBC - ODBC 桥驱动程序
12       Class.forName(JDriver);
13     }
14   catch(java.lang.ClassNotFoundException e) {
15       System.out.println("ForName :" + e.getMessage());
16     }
17   try {
18       //连接数据库 URL
19       Connection con = DriverManager.getConnection(conURL);
20       //建立 Statement 类对象
21       Statement s = con.createStatement();
22       //插入一条 id 为 0001,name 为王明,score 为 80 的记录
23       String r1 = "INSERT INTO student VALUES(" + " '0001','王明',80) ";
24       //插入一条 id 为 0002,name 为高强,score 为 94 的记录
25       String r2 = "INSERT INTO student VALUES(" + " '0002','高强',94) ";
26     //插入一条 id 为 0003,name 为李莉,score 为 82 的记录
27       String r3 = "INSERT INTO student VALUES(" + " '0003','李莉',82) ";
28         //使用 SQL 命令 insert 插入 3 条学生记录到表中
29       s.executeUpdate(r1);
30       s.executeUpdate(r2);
31       s.executeUpdate(r3);
32       s.close();
33       con.close();
34     }
35   catch(SQLException e)
36     {
37       System.out.println("SQLException: " + e.getMessage());
38     }
```

```
39    }
40  }
```

程序运行后,打开数据库的 student 数据表,可以看到如图 10-4 所示的结果。

**3. 更新数据**

【例 10-3】 修改上例数据表中的第二条和第三条
记录的学生成绩字段值,并把修改后的数据表的内容输
出到屏幕上。

图 10-4　程序 c15_2 的运行结果

```
1  /* 修改数据 */
2  import java.sql.*;
3  public class Example10_3
4  {
5    public static void main(String args[ ])
6    {
7      String JDriver = "sun.jdbc.odbc.JdbcOdbcDriver";
8      String conURL = "jdbc:odbc:TestDB";
9      String[ ] id = {"0002","0003"};              //将要被修改记录的 id 号数组
10     int[ ] score = {89,60};                      //成绩数组
11     try {
12         Class.forName(JDriver);
13       }
14     catch(java.lang.ClassNotFoundException e) {
15         System.out.println("ForName :" + e.getMessage());
16       }
17     try {
18         Connection con = DriverManager.getConnection(conURL);
19         //修改数据库中数据表的内容
20         PreparedStatement ps = con.prepareStatement(
21             "UPDATE student set score = ? WHERE id = ? ");
22         int i = 0,idlen = id.length;             //i 为在数组中的位置,idlen 为数组长度
23         do{ ps.setInt(1,score[i]);               //设置 ps 中第一个参数的值
24           ps.setString(2,id[i]);                 //设置 ps 中第二个参数的值
25           ps.executeUpdate();                    //执行 SQL 修改命令
26           ++i;
27         }while(i < id.length);
28         ps.close();
29         //查询数据库并把数据表的内容输出到屏幕上
30         Statement s = con.createStatement();
31         ResultSet rs = s.executeQuery("SELECT * FROM student");
32         while(rs.next()) {
33           System.out.println(rs.getString("id") +
34               "\t" + rs.getString("name") +
35               "\t" + rs.getInt("score"));
36         }
37         s.close();
38         con.close();
39       }
40     catch(SQLException e) {
41       System.out.println("SQLException: " + e.getMessage());
42       }
43   }
44 }
```

**【程序说明】**

(1) 在这个程序中使用了 PreparedStatement 类,它提供了一系列的 set 方法来设定位置。请注意程序 PreparedStatement()方法中的参数"?"。程序中的语句:

```
PreparedStatement ps = con.prepareStatement("UPDATE student set score = ? where id = ? ");
ps.setInt(1,score[i]);   //将 score[i]的值作为 SQL 语句中第一个问号所代表参数的值
ps.executeUpdate();
```

其中,"UPDATE student set score＝? where id＝? "这个 SQL 语句中各字段的值并没指定,而是以"?"表示。程序必须在执行 ps.executeUpdate()语句之前指定各个问号位置的字段值。例如,用 ps.setInt(1,score[i])语句中的参数 1 指出这里的 score[i]的值是 SQL 语句中第一个问号位置的值。当前面两条语句执行后,才可执行 ps.executeUpdate()语句,完成对一条记录的修改。

(2) 程序中用到的查询数据库并把数据表的内容输出到屏幕的语句是:

```
ResultSet rs = s.executeQuery("select * from student");
while(rs.next()) {
    System.out.println(rs.getString("id") +
            "\t" + rs.getString("name") +
            "\t" + rs.getInt("score"));
}
```

其中,executeQuery()返回一个 ResultSet 类的对象 rs,代表执行 SQL 查询语句后所得到的结果集,之后再在 while 循环中使用对象 rs 的 next()将返回的结果一条一条地取出,直到 next()为 false。

程序运行结果如下。

```
0001    王明    80
0002    高强    89
0003    李莉    60
```

### 4. 删除记录

**【例 10-4】**　删除表中第二条记录,然后把数据表的内容输出。

```
1  /* 删除记录 */
2  import java.sql.*;
3  public class Example10_4
4  {
5    public static void main(String args[ ])
6    {
7      String JDriver = "sun.jdbc.odbc.JdbcOdbcDriver";
8      String conURL = "jdbc:odbc:TestDB";
9      try {
10       Class.forName(JDriver);
11     }
12     catch(java.lang.ClassNotFoundException e) {
13         System.out.println("ForName :" + e.getMessage());
14     }
15     try {
16       Connection con = DriverManager.getConnection(conURL);
17       Statement s = con.createStatement();
18         //删除第二条记录
```

```
19        PreparedStatement ps = con. prepareStatement(
20              "DELETE FROM student WHERE id = ?");
21        ps. setString(1,"0002");
22        ps. executeUpdate();                    //执行删除
23         //查询数据库并把数据表的内容输出到屏幕上
24        ResultSet rs = s. executeQuery("select * from student");
25        while(rs. next())
26          {  System. out. println(rs. getString("id") + "\t" +
27                rs. getString("name") + "\t" + rs. getString("score"));
28          }
29        s. close();
30        con. close();
31      }
32    catch(SQLException e){
33        System. out. println("SQLException: " + e. getMessage());
34      }
35    }
36 }
```

## 10.4.3  数据库应用

【例 10-5】 在前面例子使用过的数据库 TestDB. mdb 中建立数据表 dic,此表中有两个
字段:单词和解释。在表中输入若干记录。

```
1  /* 英汉小词典 */
2  import java. sql. * ;
3  import java. net. * ;
4  import javax. swing. * ;
5  import java. awt. * ;
6  import java. awt. event. * ;
7  class DataWindow extends JFrame implements ActionListener
8  {
9     JTextField englishtext;              //输入英文单词文本框
10    JTextArea chinesetext;               //显示中文解释文本区
11    JButton button;                      //查询按钮
12    DataWindow()
13    {
14      super("英汉小词典");
15      setBounds(150,150,300,120);
16      setVisible(true);
17      englishtext = new JTextField(16);
18      chinesetext = new JTextArea(5,10);
19      button = new JButton("确定");
20      JPanel p1 = new JPanel(), p2 = new JPanel();
21      p1. add(new Label("输入要查询的英语单词:"));
22       p1. add(englishtext);
23       p2. add(button);
24      add(p1,"North");                    //窗体上方显示输入单词文本框
25      add(p2,"South");                    //窗体下方显示查询按钮
26      add(chinesetext,"Center");          //窗体下边显示查询按钮
27      button. addActionListener(this);    //为查询按钮添加监听器
28      setDefaultCloseOperation(EXIT_ON_CLOSE);//关闭窗体
29    }
30   public void actionPerformed(ActionEvent e)
31    {  if(e. getSource() == button)       //如果是查询按钮就执行查询事件
32       {  chinesetext. setText("查询结果");
```

```
33          try{  Liststudent();  }
34          catch(SQLException ee) {
35              System.out.println("SQLException :" + ee.getMessage());
36          }
37      }
38    }
39    public  void Liststudent() throws SQLException
40    { String cname,ename;                          //cname 为中文解释,ename 为英语单词
41      try{  Class.forName("sun.jdbc.odbc.JdbcOdbcDriver");  }
42      catch(ClassNotFoundException e){
43          System.out.println("ForName :" + e.getMessage());  }
44      String conURL = "jdbc:odbc:Driver = {MicroSoft Access Driver ( ＊ .mdb)}; "
45                                          + "DBQ = TestDB.mdb";
46      Connection Ex1Con = DriverManager.getConnection(conURL);   //与数据库连接
47      Statement Ex1Stmt = Ex1Con.createStatement();
48      ResultSet rs = Ex1Stmt.executeQuery("SELECT ＊ FROM dic"); //查找所有单词
49      boolean boo = false;                          //如果找到单词 boo 为 true,否则为 false
50      while((boo = rs.next()) == true)
51        {  ename = rs.getString("单词");
52          cname = rs.getString("解释");
53          if(ename.equals(englishtext.getText()))   //找到单词,显示其中文解释
54            {
55              chinesetext.append('\n' + cname);
56              break;
57            }
58        }
59      Ex1Con.close();
60      if(boo == false)
61        {  chinesetext.append('\n' + "没有该单词");
62        }
63    }
64  }
65  public class Example10_5
66  {  public static void main(String args[])
67      {
68          DataWindow window = new DataWindow();
69          window.validate();
70      }
71  }
```

**【程序说明】**

在程序的第 44～46 行:

```
String conURL = "jdbc:odbc:Driver = {MicroSoft Access Driver ( ＊ .mdb)}; "
                + "DBQ = TestDB.mdb";
Connection Ex1Con = DriverManager.getConnection(conURL);
```

直接调用 Access 数据库命令,因此不用设置数据源。第 44 行和第 45 行由于一行写不下,故将字符串拆成两行书写。

程序运行结果如图 10-5 所示。

**【例 10-6】** 设计一个简易商品管理系统,具有对商品名称及价格的添加、修改、查询功能。

```
1  / ＊ 简易商品管理 ＊ /
2  import java.awt. ＊ ;
3  import java.sql. ＊ ;
```

图 10-5　英汉小词典

```
4    import java.awt.event.*;
5    import javax.swing.*;
6    class DataWindow extends JFrame implements ActionListener
7    {
8      JTextField    待查商品名称_text, 商品价格_text, 更新商品名称_text,
9                    更新商品价格_text, 新增商品名称_text, 新增商品价格_text;
10     JButton       查询按钮, 更新按钮, 新增按钮;
11     int           查询记录 = 0;
12     Connection    Con = null;
13     Statement     Stmt = null;
14     String        conURL = "jdbc:odbc:Driver = {MicroSoft Access Driver"
15                            + " (*.mdb)};DBQ = TestDB.mdb";
16     DataWindow()
17     { super("简易商品管理系统");
18       setBounds(150, 150, 300, 120);
19       setVisible(true); setLayout(new GridLayout(3,1));
20       try{Class.forName("sun.jdbc.odbc.JdbcOdbcDriver");}
21       catch(ClassNotFoundException e){System.out.println(e.getMessage());}
22       try{
23             Con = DriverManager.getConnection(conURL);
24             Stmt = Con.createStatement();
25           }
26       catch(SQLException ee) {System.out.println(ee.getMessage());}
27       待查商品名称_text = new JTextField(10);
28       商品价格_text = new JTextField(10);
29       更新商品名称_text = new JTextField(10);
30       更新商品价格_text = new JTextField(10);
31       新增商品名称_text = new JTextField(10);
32       新增商品价格_text = new JTextField(10);
33       查询按钮 = new JButton("查询");
34       更新按钮 = new JButton("更新");
35       新增按钮 = new JButton("填加");
36       JPanel p1 = new JPanel(),p2 = new JPanel(),p3 = new JPanel();
37       p1.add(new JLabel("查询的商品名称:"));
38       p1.add(待查商品名称_text);
39       p1.add(new JLabel("显示商品价格:"));
40       p1.add(商品价格_text);
41       p1.add(查询按钮);
42       p2.add(new JLabel("输入商品名称:"));
43         p2.add(更新商品名称_text);
44       p2.add(new JLabel("输入调整价格:"));
45       p2.add(更新商品价格_text);
46       p2.add(更新按钮);
47       p3.add(new JLabel("输入新增商品名称:"));
48         p3.add(新增商品名称_text);
49       p3.add(new JLabel("输入商品价格:"));
50         p3.add(新增商品价格_text);
51       p3.add(新增按钮);
52       add(p1);add(p2);add(p3);
53       查询按钮.addActionListener(this);
54       更新按钮.addActionListener(this);
55       新增按钮.addActionListener(this);
56       setDefaultCloseOperation(EXIT_ON_CLOSE);
57     }
58     public void actionPerformed(ActionEvent e)
```

```
59    {
60      if(e.getSource() == 查询按钮)
61      {
62          查询记录 = 0;
63          try{ 查询();}
64          catch(SQLException ee) {System.out.println(ee.getMessage());}
65      }
66      else if(e.getSource() == 更新按钮)
67      {   try{ 更新();}
68        catch(SQLException ee) {System.out.println(ee.getMessage());}
69      }
70      else if(e.getSource() == 新增按钮)
71      {   try{ 新增();}
72        catch(SQLException ee) {System.out.println(ee.getMessage());}
73      }
74    }
75    public  void 查询() throws SQLException
76    {   String cname, ename;
77        Con = DriverManager.getConnection(conURL);
78        ResultSet rs = Stmt.executeQuery("SELECT * FROM 商品表 ");
79        while (rs.next())
80        {   ename = rs.getString("品名"); cname = rs.getString("单价");
81            if(ename.equals(待查商品名称_text.getText().trim()))
82            {   商品价格_text.setText(cname);查询记录 = 1;
83                break;
84            }
85        }
86      Con.close();
87      if(查询记录 == 0)
88        {商品价格_text.setText("没有该商品");}
89    }
90    public void 更新() throws SQLException
91    {   String s1 = "'" + 更新商品名称_text.getText().trim() + "'",
92        s2 = "'" + 更新商品价格_text.getText().trim() + "'";
93        String temp = "UPDATE 商品表 SET 单价 = " + s2 + " WHERE 品名 = " + s1;
94          Con = DriverManager.getConnection(conURL);
95        Stmt.executeUpdate(temp);   Con.close();
96    }
97    public void 新增() throws SQLException
98    {   String s1 = "'" + 新增商品名称_text.getText().trim() + "'",
99          s2 = "'" + 新增商品价格_text.getText().trim() + "'";
100   String temp = "INSERT INTO 商品表 VALUES (" + s1 + "," + s2 + ")";
101   Con = DriverManager.getConnection(conURL);
102   Stmt.executeUpdate(temp);
103   Con.close();
104   }
105  }
106 public class Example10_6
107   { public static void main(String args[])
108     {
109           DataWindow window = new DataWindow();
110           window.validate();
111   }
112 }
```

程序运行结果如图 10-6 所示。

图 10-6　简易商品管理系统

**【例 10-7】**　利用套接字技术实现网络数据库的查询。

出于安全的考虑,Applet 应用程序不能对本地机文件进行读写操作。在本例中,利用套接字技术实现 Applet 应用程序对数据库的访问。Applet 应用程序只是利用套接字连接向服务器发送一个查询条件,服务器则负责对数据库的查询,然后服务器再将查询的结果利用建立的套接字连接返回客户端。用这种方式访问数据库,在客户端不需要任何数据库驱动程序。

运行时,先启动服务器端,然后在客户端通过浏览器执行 Applet 程序,客户端程序运行结果如图 10-7 所示。

图 10-7　在客户端的浏览器上执行 Applet 程序

（1）客户端程序。

```
1   import java.net. * ;import java.io. * ;
2   import java.awt. * ;import java.awt.event. * ;
3   import java.applet. * ;
4   public class Database_client extends Applet
5   implements Runnable,ActionListener
6   { Button 查询;
7     TextField 商品名称_text,商品价格_text;
8     Socket socket = null;          //客户端连接服务器的 socket
9     DataInputStream in = null;     //输入流
10   DataOutputStream out = null;    //输出流
11   Thread thread;                  //不断监听端口的线程,以读取服务器端发过来的查询结果
12   public void init()
13   { 查询 = new Button("查询");
14     商品名称_text = new TextField(10);
15     商品价格_text = new TextField(10);
16     add(new Label("输入要查询的商品名称"));
17     add(商品名称_text);
18     add(new Label("商品价格: "));
19      add(商品价格_text);
20      add(查询);
21      查询.addActionListener(this);
22   }
23 public void start()
```

```
24  {
25   try{                                                    //与服务器建立连接
26      socket = new Socket(this.getCodeBase().getHost(), 4331);
27      in = new DataInputStream(socket.getInputStream());   //获得输入流
28      out = new DataOutputStream(socket.getOutputStream());//获得输出流
29    }
30   catch (IOException e){System.out.println(e.getMessage());}
31   if (thread == null) {                       //如果还没有线程,就构造一个线程,并启动它
32      thread = new Thread(this);
33      thread.setPriority(Thread.MIN_PRIORITY);            //设置线程为最低等级
34      thread.start();
35    }
36  }
37 public void stop()
38 {
39  try{out.writeUTF("客户离开");}
40    catch(IOException e1){System.out.println(e1.getMessage());}
41  }
42 public void destroy()
43 {
44  try{out.writeUTF("客户离开");}
45    catch(IOException e1){System.out.println(e1.getMessage());}
46  }
47 public void run()
48 { String s = null;                                        //存放服务器发过来的查询结果
49   while(true)
50   { try{s = in.readUTF(); }
51     catch (IOException e)
52       {  商品价格_text.setText("与服务器已断开");
53          break;
54       }
55     商品价格_text.setText(s);
56   }
57 }
58 public void actionPerformed(ActionEvent e)
59 { if (e.getSource() == 查询)
60   { String s = 商品名称_text.getText();
61     if(s!= null)
62      { try{out.writeUTF(s); }                   //向服务器发送将要查询的商品名称
63         catch(IOException e1){System.out.println(e1.getMessage());}
64      }
65    }
66 }
67 /*
68    < APPLET CODE = "Database_client.class" WIDTH = "300" HEIGHT = "300">
69    </APPLET>
70 */
```

(2) 服务器端程序。

```
1  import java.io. * ;import java.net. * ;
2  import java.util. * ;import java.sql. * ;
3  public class Database_server
4  { public static void main(String args[])
5    { ServerSocket server = null;
6        Server_thread thread;                              //处理一个客户端请求的线程
```

```
7        Socket you = null;                                //对应一个客户端的 socket
8        while(true)
9        {
10           try{ server = new ServerSocket(4331); }        //服务器端口为 4331
11           catch(IOException e1) { System.out.println("正在监听"); }
12           try{ you = server.accept(); }                 //接受一个客户端请求
13           catch (IOException e) {System.out.println("正在等待客户"); }
14           if(you!= null)                                //启动一个线程处理客户端请求
15               { new Server_thread(you).start();      }
16           else {   continue;   }
17       }
18    }
19 }
20
21 class Server_thread extends Thread
22 {   Socket socket;
23     Connection Con = null;
24     Statement Stmt = null;
25     DataOutputStream out = null;
26     DataInputStream   in = null;
27     String s = null;
28     String conURL = "jdbc:odbc:Driver = {MicroSoft Access Driver( * .mdb)}; "
29                              + "DBQ = TestDB.mdb";
30     Server_thread(Socket t)
31     { socket = t;
32         try {                                           //获得相应客户端的输出流、输入流
33             in = new DataInputStream(socket.getInputStream());
34             out = new DataOutputStream(socket.getOutputStream());
35             }
36         catch (IOException e) {System.out.println(e.getMessage());}
37         try {                                           //加载数据库驱动程序
38             Class.forName("sun.jdbc.odbc.JdbcOdbcDriver");
39             }
40         catch(ClassNotFoundException e){System.out.println(e.getMessage()); }
41         try {                                           //获得一个与数据库连接的连接对象
42             Con = DriverManager.getConnection(conURL);
43             Stmt = Con.createStatement();
44             }
45         catch(SQLException ee) {System.out.println(ee.getMessage());}
46     }
47     public void run(){
48     while(true) {
49       try{   s = in.readUTF();                         //读取客户端将要查询的商品名称
50             int n = 0;                     //标志位;n = 1 为找到商品价格,n = 0 为找不到
51             ResultSet rs =
52             Stmt.executeQuery("SELECT * FROM 商品表 WHERE 品名 = " + "'" + s + "'" );
53              while (rs.next())
54                 { String 英语单词 = rs.getString("品名");
55                     if(s.equals(英语单词))
56                       { out.writeUTF(rs.getString("价格"));
57                          n = 1;break;
58                       }
59                     if(n == 0) {out.writeUTF("没有此商品");}
60                 }
61                 sleep(45);              //每隔 45ms 处理一次客户端请求,以节省服务器资源
```

```
62              }
63          catch(Exception ee)
64              {
65              System.out.println(ee.getMessage());
66              break;
67              }
68          }
69      }
70  }
```

【例 10-8】 应用 JDBC 连接 SQL Server 数据库。

SQL Server 数据库是目前应用比较广泛的数据库之一。本例介绍在 Java 应用程序中如何连接 SQL Server 数据库。

(1) 使用 SQL Server 数据库前要做好如下准备工作。

① 安装 Microsoft SQL Server 2000 数据库程序。

② 下载并安装 Microsoft SQL Server 2000 Service Pack 4 (SP4)简体中文版,这是 SQL Server 2000 数据库的补丁程序,对 SQL Server 2000 作了许多修正和补充。微软公司的官方网站的免费下载地址为 http://www.microsoft.com/downloads/details.aspx?displaylang=zh-cn&FamilyID=8E2DFC8D-C20E-4446-99A9-B7F0213F8BC5。其文件名为 SQL2000.AS-KB884525-SP4-x86-CHS.EXE。

③ 下载并安装 SQL Server 2000 的 JDBC 驱动。微软公司的官方网站的免费下载地址为 http://download.microsoft.com/download/3/0/f/30ff65d3-a84b-4b8a-a570-27366b2271d8/setup.exe。

安装后,得到 msutil.jar、msbase.jar、mssqlserver.jar 3 个 jar 文件,将它们复制到 Java 的 lib 目录下。假设 Java 安装在目录 D:\jdk1.5 下,则将这 3 个文件复制到 D:\jdk1.5\lib。

④ 设置系统 CLASSPATH 环境变量,在环境变量 CLASSPATH 中加入以下各项。

```
D:\jdk1.5\lib\sqlserver\msutil.jar;
D:\jdk1.5\lib\sqlserver\msbase.jar;
D:\jdk1.5\lib\sqlserver\mssqlserver.jar;
```

(2) 应用 JDBC 连接 SQL Server 数据库。

① Microsoft SQL Server 2000 JDBC 驱动程序的名称为 com.microsoft.jdbc.sqlserver.SQLServerDriver,因此,注册驱动程序的代码为:Class.forName(com.microsoft.jdbc.sqlserver.SQLServerDriver);

② 必须以连接 URL 的形式传递数据库连接信息,其一般形式为:

```
jdbc:microsoft:sqlserver://servername:1433
```

设在数据库中建立了 testDB 数据库,则连接代码如下。

```
con = DriverManager.getConnection("jdbc:microsoft:sqlserver://localhost:1433; DatabaseName =
testDB ", "userName", "password");
```

以下是这个程序的具体代码。

```
1  //JDBC 连接 SQL Server 数据库
2  import java.sql.*;
3  public class Example10_8
4  {
```

```
5    public static void main(String args[ ])
6    {
7    //声明 JDBC 驱动程序对象
8      String JDriver = "com.microsoft.jdbc.sqlserver.SQLServerDriver";
9    //定义 JDBC 的 URL 对象,TestDB 为 SQL Server 数据库
10     String conURL =
11    "jdbc:microsoft:sqlserver://192.168.16.6:1433;DatabaseName = testDB";
12  String USER = "sa";
13    String PWD = "";
14    try {
15         //加载 JDBC - ODBC 桥驱动程序
16         Class.forName(JDriver);
17       }
18    catch(java.lang.ClassNotFoundException e) {
19         System.out.println("ForName :" + e.getMessage());
20       }
21    try {
22       //连接数据库 URL
23        Connection con = DriverManager.getConnection(conURL,USER,PWD);
24       //建立 Statement 类对象
25        Statement s = con.createStatement();
26       //创建一个含有 3 个字段的学生表 student
27        String query = "create table student ( "
28                             + "id char(10),"
29                             + "name char(15),"
30                             + "score integer"
31                             + ")";
32         s.executeUpdate(query);   //执行 SQL 命令
33        //释放 Statement 所连接的数据库及 JDBC 资源
34        s.close();
35        //关闭与数据库的连线
36        con.close();
37       }
38    catch(SQLException e){
39         System.out.println("SQLException:" + e.getMessage());
40       }
41     }
42  }
```

**【例 10-9】** 动态选择加载驱动程序的类型。

前面所举的例子都是在程序代码中预先指定了所要加载的驱动程序以及要连接的数据库等信息。实际上,可以尝试一种形式,既不在程序中固定使用哪一种驱动程序,也不固定 URL 等,而提供一个可视化的用户界面,通过选择不同的 Driver 和 URL 来连接不同的数据库。

以下是这个程序的具体代码。

```
1  /* 动态选择加载驱动程序的类型 */
2  import java.sql. * ;
3  import java.awt. * ;
4  import java.awt.event. * ;
5  import javax.swing. * ;
6  class Example10_9
7  {
8      public static void main(String args[])
9      {
```

```
10          JFrame dataframe = new ConnectFrame();       //构建一个连接数据库的窗体对象
11          dataframe.show();                            //显示窗体对象
12      }
13  }
14  class ConnectFrame extends JFrame implements ActionListener
15  {
16  private Connection con = null;
17  private Statement stmt = null;
18  private JTextField url = new JTextField(10);         //JDBC URL
19  private JTextField driver = new JTextField(10);      //数据库驱动器
20  private JTextField username = new JTextField(10);    //用户名
21  private JTextField password = new JTextField(10);    //密码
22  private JTextArea resultarea = new JTextArea(6,30);  //显示数据库信息
23  private JButton submit = new JButton("连接");         //连接数据库按钮
24  private JLabel statelabel = new JLabel("连接数据库的状态如下",
25                                   SwingConstants.LEFT);
26  private JLabel urllabel = new JLabel("数据库 URL",SwingConstants.LEFT);
27  private JLabel driverlabel = new JLabel("驱动程序",SwingConstants.LEFT);
28  private JLabel userlabel = new JLabel("用户名",SwingConstants.LEFT);
29  private JLabel pwdlabel = new JLabel("密码",SwingConstants.LEFT);
30  public ConnectFrame()
31  {
32      setTitle("数据库连接");
33      setSize(440,300);
34      setDefaultCloseOperation(EXIT_ON_CLOSE);
35      resultarea.setEditable(false);
36      resultarea.setLineWrap(true);
37      Container c = getContentPane();
38      c.setLayout(null);
39      c.add(urllabel);
40      urllabel.setBounds(10,10,80,22);
41      c.add(url);
42      url.setBounds(100,10,240,22);
43      c.add(driverlabel);
44      driverlabel.setBounds(10,40,80,22);
45      c.add(driver);
46      driver.setBounds(100,40,240,22);
47      c.add(userlabel);
48      userlabel.setBounds(10,70,80,22);
49      c.add(username);
50      username.setBounds(100,70,240,22);
51      c.add(pwdlabel);
52      pwdlabel.setBounds(10,100,80,22);
53      c.add(password);
54      password.setBounds(100,100,240,22);
55      c.add(submit);
56      submit.setBounds(355,60,60,25);
57      c.add(statelabel);
58      statelabel.setBounds(140,135,150,22);
59      JScrollPane scrollpane = new JScrollPane(resultarea);
60      c.add(scrollpane);
61      scrollpane.setBounds(100,160,300,100);
62      submit.addActionListener(this);
63      driver.setNextFocusableComponent(username);
64      password.setNextFocusableComponent(submit);
```

```
65         submit.setNextFocusableComponent(url);
66   }
67   public void actionPerformed(ActionEvent evt)
68   {
69       try{
70           resultarea.setText("");
71           Class.forName(driver.getText().trim());
72           resultarea.append("驱动程序已加载,即将连接数据库" + "\n");
73           con = DriverManager.getConnection(url.getText().trim(),
74                                       username.getText().trim(),
75                                       password.getText().trim()  );
76           DatabaseMetaData dmd = con.getMetaData();      //获得数据库信息
77           resultarea.append("已连接到数据库:" + dmd.getURL() + "\n");
78           resultarea.append("所用的驱动程序:" + dmd.getDriverName() + "\n");
79       }
80       catch(Exception ex)
81       {
82           resultarea.append(ex.getMessage());
83       }
84   }
85 }
```

【程序说明】

(1) 连接 Access 数据库,设数据库文件为 TestDB. mdb。

① 在"数据库 URL"项中输入 jdbc:odbc:Driver={MicroSoft Access Driver ( * . mdb)};DBQ =TestDB. mdb。

② 在"驱动程序"项中输入 sun. jdbc. odbc. JdbcOdbcDriver。

③ 单击"连接"按钮后,在文本区中显示连接数据库的状态,如图 10-8 所示。

图 10-8　连接 Access 数据库

(2) 连接 SQL Server 2000 数据库。

① 在"数 据 库 URL"项 中 输 入 jdbc：microsoft：sqlserver：//192. 168. 16. 6：1433；DatabaseName=testDB。

② 在"驱动程序"项中输入 com. microsoft. jdbc. sqlserver. SQLServerDriver。

③ 在"用户名"和"密码"项中分别填写相应的数据值。

④ 单击"连接"按钮后,在文本区中显示连接数据库的状态,如图 10-9 所示。

图 10-9  连接 SQL Server 2000 数据库

# 实验 10

【实验目的】

(1) 了解 JDBC 的概念和工作原理。

(2) 掌握使用 JDBC 实现简单的数据库管理。

【实验内容】

(1) 运行下列程序,并写出其输出结果。

```java
import java.sql. * ;
public class Ex10_1
{   public static void main(String args[])
    {   Connection con;Statement sql; ResultSet rs;
        try {   Class.forName("sun.jdbc.odbc.JdbcOdbcDriver");
            }
        catch(ClassNotFoundException e)
            {   System.out.println("" + e);
            }
        try
            {
            con = DriverManager.getConnection("jdbc:odbc:redsun","snow","ookk");
            sql = con.createStatement();
            rs = sql.executeQuery("SELECT * FROM chengjibiao");
            while(rs.next())
            { String   number = rs.getString(1);
              String   name = rs.getString(2);
              Date     date = rs.getDate(3);
              int      math = rs.getInt("数学");
              int   physics = rs.getInt("物理");
              int   english = rs.getInt("英语");
              System.out.println("学号: " + number);
              System.out.print("  姓名: " + name);
              System.out.print("  出生: " + date);
              System.out.print("  数学: " + math);
              System.out.print("  物理: " + physics);
              System.out.print("  英语: " + english);
            }
```

```
            con.close();
        }
    catch(SQLException e1) {}


    }
}
```

（2）运行下列程序，并写出其输出结果。

```
import javax.swing. * ;
import java.awt. * ;
import java.net. * ;
import java.sql. * ;
import java.awt.event. * ;
class DataWindow extends JFrame implements ActionListener
{
    JTextField englishtext;JTextArea chinesetext; JButton button;
    DataWindow()
    {   super("英汉小词典");
        setBounds(150,150,300,120);
        setVisible(true);
        englishtext = new JTextField(16);
        chinesetext = new JTextArea(5,10);
        button = new JButton("确定");
        JPanel p1 = new JPanel(),p2 = new JPanel();
        p1.add(new Label("输入要查询的英语单词:"));
        p1.add(englishtext);
        p2.add(button);
        add(p1,"North");add(p2,"South");add(chinesetext,"Center");
        button.addActionListener(this);
        setDefaultCloseOperation(EXIT_ON_CLOSE);
    }
    public void actionPerformed(ActionEvent e)
    {   if(e.getSource() == button)
        {   chinesetext.setText("查询结果");
            try{   Liststudent();
                }
            catch(SQLException ee) {}
        }
    }
    public   void Liststudent() throws SQLException
    { String cname,ename;
      try{   Class.forName("sun.jdbc.odbc.JdbcOdbcDriver");
          }
      catch(ClassNotFoundException e){}
      Connection Ex1Con = DriverManager.getConnection("jdbc:odbc:test","gxy","ookk");
      Statement Ex1Stmt = Ex1Con.createStatement();
      ResultSet rs = Ex1Stmt.executeQuery("SELECT *   FROM 表1 ");
      boolean boo = false;
      while((boo = rs.next()) == true)
        {   ename = rs.getString("单词");
            cname = rs.getString("解释");
            if(ename.equals(englishtext.getText()))
              {
                chinesetext.append('\n' + cname);
                break;
```

```
                }
            }
        Ex1Con.close();
      if(boo == false)
        {   chinesetext.append( '\n' + "没有该单词");
        }
    }
}
public class Ex10_2
{   public static void main(String args[])
    {   DataWindow window = new DataWindow();
        window.pack();
    }
}
```

（3）编写一个用户登录的应用程序，要求当用户名及密码与数据库中的记录相匹配时，弹出对话框，显示此用户登录成功。

# 习题 10

1. JDBC 提供了哪几种连接数据库的方法？
2. SQL 语言包括哪几种基本语句来完成数据库的基本操作？
3. Statement 接口的作用是什么？
4. ExecuteQuery()的作用是什么？
5. DverManager 对象建立数据库连接有几种不同的方法？
6. 编写一个应用程序，实现可以从一个数据库的某个表中查询一个列的所有信息。
7. 编写一英汉字典程序，具有查询、添加、修改、删除等功能。

第**11**章

综合应用设计实例

本章主要介绍如何运用所学的 Java 基础知识,进行综合应用设计。

## 11.1  "推箱子"游戏程序设计

### 11.1.1  键盘监听接口和击键事件类

#### 1. 键盘监听接口 KeyListener

在 awt 类库中,有一个键盘监听接口 KeyListener,利用它可以实现控制键盘操作。KeyListener 接口中定义了以下 3 种方法。
- keyPressed(KeyEvent e):按下某个键时调用此方法。
- keyReleased(KeyEvent e):释放某个键时调用此方法。
- keyTyped(KeyEvent e):键入某个键时调用此方法。

在实现 KeyListener 接口时,必须重写这 3 种方法。

#### 2. 指示发生击键事件的类 KeyEvent

当按下或释放或键入某个键时,由 KeyEvent 类指示所引发的事件。在本例中,用到了 KeyEvent 类的如下常量。
- int VK_DOWN:用于键盘向下方向键的常量。
- int VK_LEFT:用于键盘向左方向键的常量。
- int VK_RIGHT:用于键盘向右方向键的常量。
- int VK_UP:用于键盘向上方向键的常量。

图 11-1  用键盘方向键控制图形块移动

### 11.1.2  用键盘方向键控制图形移动

【例 11-1】  用键盘的方向键控制图形块移动,如图 11-1 所示。

```
/******************************************
 * 移动矩形块
 ******************************************/
1   import java.awt. * ;
2   import java.awt.event. * ;
3   import javax.swing. * ;
```

```
4   public class Example11_1 extends JFrame implements KeyListener
5   {
6     MovePanel drawing = new MovePanel();
7     int x,y;                                              //记录坐标位置
8     public Example11_1()
9     {
10      super("移动方块");
11      setSize(400,400);
12      setVisible(true);
13      setDefaultCloseOperation(EXIT_ON_CLOSE);
14      add(drawing,BorderLayout.CENTER);
15      drawing.requestFocus();
16      drawing.addKeyListener(this);
17      validate();
18    }
19    public void keyPressed(KeyEvent e)        ◄─── 设置键盘事件
20    {
21      if(e.getKeyCode() == KeyEvent.VK_UP)     ◄─── 按向上方向键
22        { drawing.moveUp(); }
23      else if(e.getKeyCode() == KeyEvent.VK_DOWN)   ◄─── 按向下方向键
24        { drawing.moveDown(); }
25      else if(e.getKeyCode() == KeyEvent.VK_LEFT)   ◄─── 按向左方向键
26        { drawing.moveLeft(); }
27      else if(e.getKeyCode() == KeyEvent.VK_RIGHT)  ◄─── 按向右方向键
28        { drawing.moveRight(); }
29    }
30    public void keyTyped(KeyEvent e){   }
31    public void keyReleased(KeyEvent e){   }     ◄─── 实现接口的方法,即使是空的也要重写
32    public static void main(String args[])
33    {
34      JFrame.setDefaultLookAndFeelDecorated(true);
35      new Example11_1();
36    }
37  }
38  class MovePanel extends Panel     ◄─── 创建一个绘制可移动方块的面板
39  {
40    int WIDTH = 30, HEIGHT = 30;
41    int x = 50, y = 50;
42    int step = 10;     ◄─── step为每次移动的像素
43    public void paint(Graphics g)
44    {
45      g.setColor(Color.black);
46      g.fillRect(x + 2, y + 2, WIDTH + 2, HEIGHT + 2);
47      g.setColor(Color.red);                              ◄─── 绘制带黑色阴影的红色矩形块
48      g.fillRect(x, y, WIDTH, HEIGHT);
49    }
50    public void moveUp()
51    {
52      if(y > 0) y -= step;
53      else    y = getSize().height – step;     ◄─── 矩形块向上移动
54      repaint();
55    }
```

```
56    public void moveDown()
57    {
58      if(y < getSize().height - step)
59        y += step;
60      else   y = 0;
61      repaint();
62    }
63    public void moveLeft()
64    {
65      if(x > 0)   x -= step;
66      else x = getSize().width - step;
67      repaint();
68    }
69    public void moveRight()
70    {
71      if(x < getSize().width - step)   x += step;
72      else x = 0;
73      repaint();
74    }
75  }
```

矩形块向下移动

矩形块向左移动

矩形块向右移动

## 11.1.3 推着另一图形移动

【例 11-2】 用键盘的方向键控制一个图形推着另一个图形移动,如图 11-2 所示。

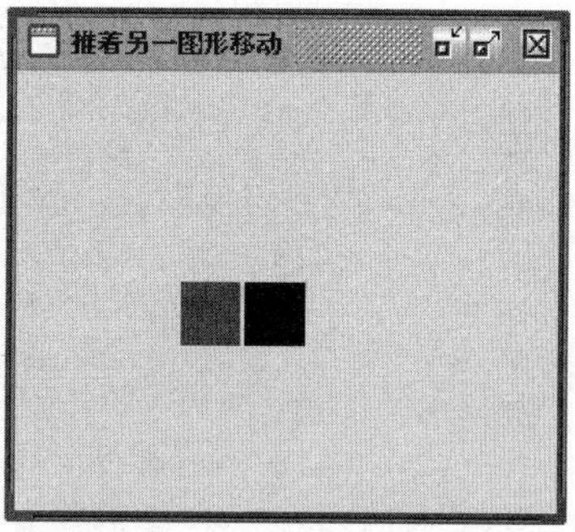

图 11-2 一个图形推着另一个
图形移动

```
/********************************************
 * 一个图形推着另一个图形移动
 ******************************************** /
1    import java.awt.*;
2    import java.awt.event.*;
3    import javax.swing.*;
4    public class Example11_2 extends JFrame
5    {
6      public Example11_2()
7      {   super("推着另一图形移动");
8          setSize(400,400);
9          setVisible(true);
10         setDefaultCloseOperation(EXIT_ON_CLOSE);
11         MovePanel m1 = new MovePanel();
12         add(m1,BorderLayout.CENTER);
13         m1.requestFocus();
14         validate();
15       }
16     public static void main(String args[])
17     {
18         JFrame.setDefaultLookAndFeelDecorated(true);
19         new  Example11_2();
20     }
21   }
22
23   class MovePanel extends Panel implements KeyListener
24     {
25       int   step = 1;
26       int   x1 = 50,  y1 = 50, x2 = 100, y2 = 100;
```

创建一个可控制方向键的面板,并
在面板中放置两个图形对象

```
27        draw_red draw1;
28        draw_black draw2;
29        MovePanel()
30        {
31            setBounds(0,0,400,400);
32            draw1 = new draw_red();
33            draw2 = new draw_black();
34            addKeyListener(this);        ← 设置键盘监听
35         }
36        public void paint(Graphics g)
37        {
38            draw1.draw(g, x1, y1);       ← 画两个图形块
39            draw2.draw(g, x2, y2);
40        }
41        public void keyPressed(KeyEvent e)  ← 设置键盘事件处理
42        {
43            if(e.getKeyCode() == KeyEvent.VK_UP)
44              { moveUp();}
45            else if(e.getKeyCode() == KeyEvent.VK_DOWN)
46              { moveDown(); }
47            else if(e.getKeyCode() == KeyEvent.VK_LEFT)
48              { moveLeft();  }
49            else if(e.getKeyCode() == KeyEvent.VK_RIGHT)
50              { moveRight(); }
51        }
52        public void keyTyped(KeyEvent e) {  }
53        public void keyReleased(KeyEvent e) {  }
54        public void moveUp()        ← 移动图形向上运动
55        {
56            if((draw1.y - 1) == (draw2.y + draw2.HEIGHT) && draw1.x == draw2.x)
57            {
58              draw1.y -= step;       ← 图形1从下方靠近图形2,则
59              draw2.y -= step;          图形1、图形2都向上移动
60            }
61            else  draw1.y -= step;   ← 仅图形1向上移动
62            y1 = draw1.y;
63            y2 = draw2.y;            ← 将图形的坐标值赋给坐标参数
64            repaint();
65        }
66        public void moveDown()
67        {
68            if((draw1.y + 1 + draw1.HEIGHT) == draw2.y && draw1.x == draw2.x)
69            {
70              draw1.y += step;       ← 图形1从上方靠近图形2,则
71              draw2.y += step;          图形1、图形2都向下移动
72            }
73            else  draw1.y += step;   ← 仅图形1向下移动
74            y1 = draw1.y;
75            y2 = draw2.y;
76            repaint();
77        }
78        public void moveLeft()
79        {
80            if((draw1.x - 1) == (draw2.x + draw2.WIDTH) && draw1.y == draw2.y)
```

```
81      {
82          draw1.x -= step;                图形1从右方靠近图形2，则
83          draw2.x -= step;                图形1、图形2都向左移动
84      }
85      else draw1.x -= step;      仅图形1向左移动
86      x1 = draw1.x;
87      x2 = draw2.x;
88      repaint();
89   }
90   public void moveRight()
91   {
92      if((draw1.x + 1 + draw1.WIDTH) == draw2.x && draw1.y == draw2.y)
93      {
94          draw1.x += step;                图形1从左方靠近图形2，则
95          draw2.x += step;                图形1、图形2都向右移动
96      }
97      else  draw1.x += step;      仅图形1向右移动
98      x1 = draw1.x;
99      x2 = draw2.x;
100     repaint();
101  }
102 }
103
104 class draw_red      创建红色图形块
105  {
106     int WIDTH = 30, HEIGHT = 30;
107     int x, y;
108     public void draw(Graphics g, int _x, int _y)
109     {
110         x = _x;
111         y = _y;
112         g.setColor(Color.red);
113         g.fillRect(x,y,WIDTH,HEIGHT);
114     }
115  }
116
117 class draw_black      创建黑色图形块
118 {
119    int WIDTH = 30, HEIGHT = 30;
120    int x, y;
121    public void draw(Graphics g, int _x, int _y)
122    {
123       x = _x;
124       y = _y;
125       g.setColor(Color.black);
126       g.fillRect(x,y,WIDTH,HEIGHT);
127    }
128  }
```

## 11.1.4　由地图文件安排游戏画面

### 1. 地图文件

在设计游戏程序时，通常都是把游戏的画面布局数据存放在一个地图文件中。程序通过

读取地图文件中的数据来获取画面的布局安排。例如,如图 11-3 所示的游戏画面,就是从一个地图文件中读取的画面数据。

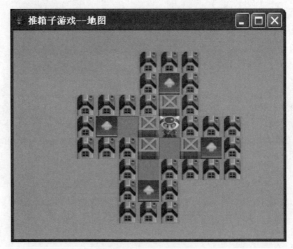

图 11-3　游戏画面

在该游戏画面中,使用了 9 种小图形块,每一种小图形定义一个编号,如图 11-4 所示。

0　1　2　3　4　5　6　7　8

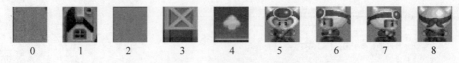

图 11-4　给小图形块编号

图 11-4 中,编号 0 代表未定义的区域;编号 1 代表障碍物;编号 2 代表草地;编号 3 代表箱子;编号 4 代表目的地;编号 5 代表搬运工。编号 6～8 分别代表搬运工向左、向右、向后的运动方向。

把这些小图形块根据游戏剧情要求组合成一个大图形,其各小图形块所对应的编号构成一组数据,如图 11-5 所示。把这组数据保存到一个文本文件中,该文件就称为地图文件。

```
0 0 0 0 0 0 0 0 0 0 0 0 0
0 0 0 0 0 0 1 1 1 0 0 0 0
0 0 0 0 0 0 1 4 1 0 0 0 0
0 0 0 1 1 1 1 3 1 0 0 0 0
0 0 0 1 4 2 3 5 1 1 1 0 0
0 0 0 1 1 1 3 2 3 4 1 0 0
0 0 0 0 0 1 2 1 1 1 1 0 0
0 0 0 0 0 1 4 1 0 0 0 0 0
0 0 0 0 0 1 1 1 0 0 0 0 0
0 0 0 0 0 0 0 0 0 0 0 0 0
```

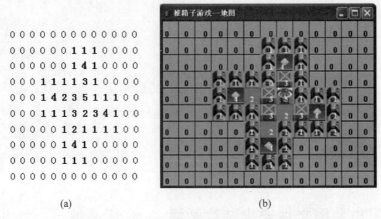

(a)

(b)

图 11-5　把组成大图形的小图形块所对应的编号保存到地图文件中

### 2. 从地图文件中读取数据

【例 11-3】 设有地图文件 0. map，其数据如图 11-6(a)所示，各数据为图 11-4 中的小图形块的编号（用记事本或其他文本编辑工具，按图 11-6(a)的格式，将数据输入到文本文件 0. map 中）。

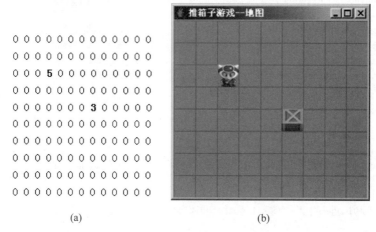

图 11-6 按地图文件设计游戏画面

现按地图文件要求设计一个"推箱子"游戏。

```
/*********************************************
 *  推箱子游戏程序——使用地图文件
 *********************************************/
1    import javax.swing. * ;
2    import java.awt.event. * ;
3    import java.awt. * ;
4    import java.io. * ;
5    public class Example11_3
6    {
7       public static void main(String[] args)
8       {
9         new mainFrame();
10      }
11   }
12
13   class mainFrame extends JFrame
14   {
15     mainpanel panel;
16     mainFrame()
17     {
18       super("推箱子游戏——地图");
19       setSize(600, 600);
20       setVisible(true);
21       setLocation(300, 20);
22       setDefaultCloseOperation(EXIT_ON_CLOSE);
23       panel = new mainpanel();          ←── 装载游戏画面的面板
24       add(panel);
25       panel.play();
```

```
26        panel.requestFocus();          ← 获得焦点
27        validate();
28      }
29    }
30
31    class mainpanel extends JPanel implements KeyListener  ← 图形的面板
32      {
33        int[][] map;                                  //图片坐标数组
34        int manX, manY;                               //搬运工的坐标
35        Image[] myImage;                              //图片数组
36        Readmap Levelmap;                             //读取地图文件类对象
37        int len = 30;                                 //图片大小为 30×30 像素
38        mainpanel()
39        {
40          setBounds(15, 50, 600, 600);
41          addKeyListener(this);
42          myImage = new Image[10];                    //共有 10 张图片
43          for(int i = 0; i < 10; i++)
44          {
45            myImage[i] = Toolkit.getDefaultToolkit().getImage("pic\\" + i + ".gif");
46          }
47        }
48        void play()   ← 开始游戏
49        {
50          Levelmap = new Readmap();
51          map = Levelmap.getmap();
52          manX = Levelmap.getmanX();
53          manY = Levelmap.getmanY();
54          repaint();
55        }
56        public void paint(Graphics g)   ← 绘图
57        {
58          for(int i = 0; i < 10; i++)
59          for(int j = 0; j < 10; j++)
60          {
61            g.drawImage(myImage[map[j][i]], i * len, j * len, this);
62          }
63        }
64        public void keyPressed(KeyEvent e)   ← 键盘事件,控制图形移动方向
65        {
66          if(e.getKeyCode() == KeyEvent.VK_UP){moveup();}
67          else if(e.getKeyCode() == KeyEvent.VK_DOWN){movedown();}
68          else if(e.getKeyCode() == KeyEvent.VK_LEFT){moveleft();}
69          else if(e.getKeyCode() == KeyEvent.VK_RIGHT){moveright();}
70        }
71        public void keyTyped(KeyEvent e){ }
72        public void keyReleased(KeyEvent e){ }
73        void moveup()   ← 搬运工向上移动位置
74        {
75          if(map[manY - 1][manX] == 2)   ← 上一格是草地
76          {
77            map[manY][manX] = 2;
78            map[manY - 1][manX] = 8;     ← 原位置用草地填补,上一格使用
                                               人物背面图像,以表示向上运动
79            repaint(); manY -- ;
```

```
80              }
81          else if(map[manY - 1][manX] == 3)     ←—— 上一格是箱子
82            {
83                map[manY][manX] = 2;
84                map[manY - 1][manX] = 8;          ←—— 原位置用草地填补,上一格使用人物背面图像,
85                map[manY - 2][manX] = 3;               将上二格设为箱子,达到向上推动箱子的效果
86                repaint();manY -- ;
87            }
88        }
89      void movedown()      ←—— 搬运工向下移动位置
90        {
91          if(map[manY + 1][manX] == 2)     ←—— 下一格是草地
92            {
93                map[manY][manX] = 2;
94                map[manY + 1][manX] = 5;          ←—— 原位置用草地填补,下一格使用
95                repaint(); manY++;                     人物正面图像,以表示向下运动
96            }
97          else if(map[manY + 1][manX] == 3)    ←—— 下一格是箱子
98            {
99                map[manY][manX] = 2;
100               map[manY + 1][manX] = 5;          ←—— 原位置用草地填补, 下一格使用
101               map[manY + 2][manX] = 3;               人物正面图像,将下二格设为箱子,
102               repaint();manY++;                      达到向下推动箱子的效果
103           }
104       }
105     void moveleft()      ←—— 搬运工向左移动位置
106       {
107         if(map[manY][manX - 1] == 2)     ←—— 左一格是草地
108           {
109             map[manY][manX] = 2;
110             map[manY][manX - 1] = 6;           ←—— 原位置用草地填补,左一格使用人
111             repaint(); manX -- ;                    物左侧面图像,以表示向左运动
112           }
113         else if(map[manY][manX - 1] == 3)    ←—— 左一格是箱子
114           {
115             map[manY][manX] = 2;
116             map[manY][manX - 1] = 6;           ←—— 原位置用草地填补,左一格使用人物
117             map[manY][manX - 2] = 3;                左侧面图像,将左二格设为箱子,达
118             repaint(); manX -- ;                    到向左推动箱子的效果
119           }
120       }
121     void moveright()      ←—— 搬运工向右移动位置
122       {
123        if(map[manY][manX + 1] == 2)     ←—— 右一格是草地
124          {
125          map[manY][manX] = 2;
126          map[manY][manX + 1] = 7;             ←—— 原位置用草地填补,右一格使用人
127          repaint(); manX++;                        物右侧面图像,以表示向右运动
128          }
129        else if(map[manY][manX + 1] == 3)    ←—— 右一格是箱子
130          {
131          map[manY][manX] = 2;
132          map[manY][manX + 1] = 7;             ←—— 原位置用草地填补,右一格使用
133          map[manY][manX + 2] = 3;                  人物右侧面图像,将右二格设为
134          repaint(); manX++;                        箱子,达到向右推动箱子的效果
```

```
135          }
136       }
137  }
138
139  class Readmap    ◄—— 通过输入流读取地图文件
140  {
141      int level,mx,my;
142      int[][] mymap = new int[20][20];
143      FileReader r;
144      BufferedReader br;
145      String mapstr = "";
146      int[] x;
147      Readmap()
148      {
149        String s;
150        try
151         {
152            File f = new File("maps\\0.map");
153            r = new FileReader(f);
154            br = new BufferedReader(r);
155            while ((s = br.readLine()) != null)
156              {mapstr = mapstr + s;}
157         }
158        catch (IOException e)
159          { System.out.println(e); }
160        byte[] d = mapstr.getBytes();    ◄—— 生成字节数组
161        int len = mapstr.length();
162        int[] x = new int[len];
163        for(int i = 0; i < mapstr.length(); i++)
164        {
165           x[i] = d[i] - 48;    ◄—— 字节数组中存放的是ASCII码值，转换为数字要减48
166        }
167        int k = 0;
168        for(int i = 0; i < 10; i++)    ◄—— 将地图中的数据与图片编号对应
169        {
170          for(int j = 0; j < 10; j++)
171          {
172             mymap[i][j] = x[k];
173             if(mymap[i][j] == 5)
174               {  mx = j; my = i;  }    ◄—— 确定人物正面图像的坐标位置
175             k++;
176          }
177        }
178      }
179      int[][] getmap(){   return mymap;   }
180      int getmanX(){   return mx;   }
181      int getmanY(){   return my;   }    ◄—— 输出人物正面图像的坐标位置
182  }
```

将存放在maps目录下的地图文件0.map的数据读取到二维数组mapstr中

## 11.1.5　障碍物的处理方法

在游戏设计中，经常会设置一些障碍物，运动体如果遇到障碍物就不能通过。因此，需要检测运动体的前方是否有障碍物。

下面继续以"推箱子"游戏为例，说明障碍物的处理方法。

【例 11-4】 设有地图文件 1.map，其数据及显示的游戏界面如图 11-7 所示。其中的数据为图 11-4 中小图形块的编号。

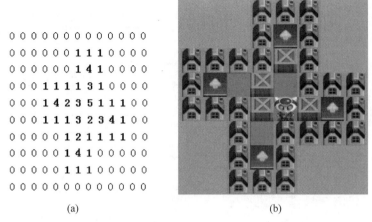

```
0 0 0 0 0 0 0 0 0 0 0 0
0 0 0 0 0 0 1 1 1 0 0 0
0 0 0 0 0 0 1 4 1 0 0 0
0 0 0 1 1 1 1 3 1 0 0 0
0 0 0 1 4 2 3 5 1 1 1 0
0 0 0 1 1 1 3 2 3 4 1 0
0 0 0 0 0 1 2 1 1 1 1 0
0 0 0 0 0 1 4 1 0 0 0 0
0 0 0 0 0 1 1 1 0 0 0 0
0 0 0 0 0 0 0 0 0 0 0 0
```

(a)                           (b)

图 11-7　地图文件数据及有障碍物的游戏界面

图 11-7(a)中，编号 0 代表未定义的区域；编号 1 代表障碍物；编号 2 代表草地；编号 3 代表箱子；编号 4 代表目的地；编号 5 代表搬运工向前(向下)运动。

程序基本与例 11-3 相同，只需修改其中 mainpanel 类中的方向键控制方法，增加对障碍物的判断检测。

```
1    class mainpanel extends JPanel implements KeyListener      //绘图的面板
2    {
3        ⋮                        ← 与例11-3相同,省略
4        ⋮
5        void moveup()            ← 搬运工向上移动位置
6        {
7          if(map[manY - 1][manX] == 2)        ← 上一格是草地
8           {
9            map[manY][manX] = 2;              ← 原位置用草地填补,上一格使用
10           map[manY - 1][manX] = 8;            人物背面图像,以表示向上运动
11           repaint(); manY -- ;
12          }
13         else if(map[manY - 1][manX] == 3)    ← 上一格是箱子
14          {
15           map[manY][manX] = 2;              ← 原位置用草地填补,上一格使用人物
16           map[manY - 1][manX] = 8;            背面图像,将上二格设为箱子,达到向
17           map[manY - 2][manX] = 3;            上推动箱子的效果
18           repaint();manY -- ;
19          }
20         else if(map[manY - 1][manX] == 1)    ← 上一格是障碍物
21          {
22          map[manY][manX] = 8; repaint();     ← 原地不动
23          }
24        }
25        void movedown()          ← 搬运工向下移动位置
26        {
27           if(map[manY + 1][manX] == 2)       ← 下一格是草地
28             {
```

```
29              map[manY][manX] = 2;                      原位置用草地填补,下一格使用
30              map[manY + 1][manX] = 5;                  人物正面图像,以表示向下运动
31              repaint(); manY++;
32          }
33        else if(map[manY + 1][manX] == 3)        下一格是箱子
34          {
35              map[manY][manX] = 2;                      原位置用草地填补,下一格使用人
36              map[manY + 1][manX] = 5;                  物正面图像,将下二格设为箱子,
37              map[manY + 2][manX] = 3;                  达到向下推动箱子的效果
38              repaint();manY++;
39          }
40        else if(map[manY + 1][manX] == 1)        下一格是障碍物
41          {
42              map[manY][manX] = 5; repaint();       原地不动
43          }
44      }
45    void moveleft()        搬运工向左移动位置
46    {
47        if(map[manY][manX - 1] == 2)        左一格是草地
48         {
49          map[manY][manX] = 2;                       原位置用草地填补, 左一格使用人物
50          map[manY][manX - 1] = 6;                   左侧面图像,以表示向左运动
51          repaint(); manX -- ;
52         }
53        else if(map[manY][manX - 1] == 3)        左一格是箱子
54         {
55          map[manY][manX] = 2;                       原位置用草地填补,左一格使用人物
56          map[manY][manX - 1] = 6;                   左侧面图像,将左二格设为箱子,达
57          map[manY][manX - 2] = 3;                   到向左推动箱子的效果
58          repaint(); manX -- ;
59         }
60        else if(map[manY][manX - 1] == 1)        左一格是障碍物
61          {
62              map[manY][manX] = 6; repaint();       原地不动
63          }
64      }
65    void moveright()        搬运工向右移动位置
66    {
67      if(map[manY][manX + 1] == 2)        右一格是草地
68       {
69        map[manY][manX] = 2;                         原位置用草地填补,右一格使用
70        map[manY][manX + 1] = 7;                     人物右侧面图像,以表示向右运动
71        repaint(); manX++;
72       }
73      else if(map[manY][manX + 1] == 3)        右一格是箱子
74       {
75        map[manY][manX] = 2;                         原位置用草地填补,右一格使用
76        map[manY][manX + 1] = 7;                     人物右侧面图像,将右二格设为
77        map[manY][manX + 2] = 3;                     箱子,达到向右推动箱子的效果
78        repaint(); manX++;
79       }
80        else if(map[manY][manX + 1] == 1)        右一格是障碍物
81          {
82              map[manY][manX] = 7;repaint();        原地不动
83          }
```

```
84          }
85     }
```

## 11.2　远程桌面控制系统设计

这是一个用于局域网的远程桌面控制系统,在控制端(客户端程序)输入被控端(服务器端程序)的 IP 地址,就可以抓取被控端的桌面屏幕图像,并对被控端进行远程操作。下面介绍一个引例,说明如何捕获本机桌面屏幕图像。

### 11.2.1　引例——捕获桌面屏幕图像

捕获屏幕图像是比较接近操作系统底层的操作,该项功能在 Java 应用程序中实现起来非常简单,核心代码只有几行。

Java 提供了一个机器人 Robot 类。该类用于产生与本地操作系统有关的底层输入、测试应用程序运行或自动控制应用程序运行。利用机器人 Robot 类捕获屏幕图像的设计思想为,Robot 类有一个 createScreenCapture()方法,可以直接将全屏幕或某个屏幕区域的像素复制到 BufferedImage 对象中,然后将这个 BufferedImage 对象写入一个图像文件中,就完成了屏幕到图像的复制过程。

在下面的示例中,使用了 Robot 提供的两个方法。

(1) BufferedImage createScreenCapture(Rectangle screenRect)这个方法提供类似于键盘上的 PrintScreen 键的功能,将指定矩形区域内的屏幕像素复制下来产生一个 BufferedImage。

(2) void delay(int ms)用来将当前的线程休眠若干毫秒(ms)。可用来控制程序的延时。

【例 11-5】　桌面屏幕图像捕获程序。

```
/***********************************************************
 *   程序文件名称: MakeJPEG.java
 *   功能: 捕获桌面屏幕图像
 ***********************************************************/
1     import java.awt. * ;
2     import java.awt.image. * ;
3     import java.awt.event. * ;
4     import java.io. * ;
5     import javax.imageio. * ;
6     import javax.swing. * ;
7
8     class MakeJPEG extends JFrame implements ActionListener
9     {
10      BufferedImage     image;
11      Frame             window;
12      Button            捕获屏幕,保存文件;
13      Panel             pCenter,pSouth,pNorth;
14
15    public MakeJPEG()
16    {
17        super("生成 JPEG 图像");
18        setVisible(true);
19        setBounds(0,0,750,580);
```

```
20        捕获屏幕 = new Button("捕获屏幕");
21        捕获屏幕.addActionListener(this);
22        保存文件 = new Button("保存文件");
23        保存文件.addActionListener(this);
24        setBackground(Color.white);
25        pCenter = new Panel();              ◀── 面板pCenter用于显示抓下来的图像
26        pCenter.setLayout(null);
27        pCenter.setBackground(Color.gray);
28        pNorth = new Panel();
29        pNorth.add(捕获屏幕);
30        pNorth.add(保存文件);
31        add(pNorth,BorderLayout.NORTH);
32        setDefaultCloseOperation(EXIT_ON_CLOSE);
33        validate();
34    }
35
36    public void paint(Graphics g)
37    {
38        g.drawImage(image,0,0,800,600,this);
39    }
40
41     public void actionPerformed(ActionEvent e)
42     {
43       if(e.getSource() == 捕获屏幕)
44        {
45          Robot robot = null;
46          try{ robot = new   Robot(); }        ◀── 创建Robot对象
47          catch(Exception er){     }
48          Rectangle screenRect = null;
49          int width = getToolkit().getScreenSize().width;    //获得屏幕尺寸
50          int height = getToolkit().getScreenSize().height;
51          screenRect = new Rectangle(0,0,width,height);  ◀── 创建抓取图像的矩形区域对象
52          this.setVisible(false);  ◀── 隐藏窗体对象，以免遮挡屏幕
53          robot.delay(500);  ◀── 延时，以免抓到本程序的窗体
54          image = robot.createScreenCapture(screenRect); ◀── 捕获屏幕图像
55          this.setVisible(true);
56          repaint();
57        }
58      if(e.getSource() == 保存文件)
59        {
60          String fileName = "test.jpg";
61          File file = new File(fileName);
62         try{ ImageIO.write(image, "JPEG", file); }  ◀── 将图像保存为JPEG文件
63          catch(IOException es){     }
64        }
65    }
66 }
67
68 public class Example11_5
69 {
70  public static void main(String args[])
71   {
72       new MakeJPEG();
```

```
73     }
74   }
```

程序运行结果如图 11-8 所示。

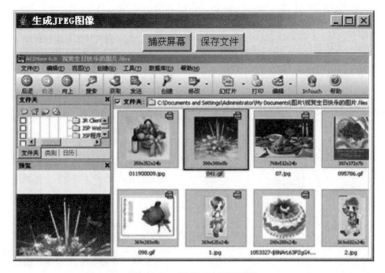

图 11-8 捕获的屏幕图像

## 11.2.2 系统结构设计

### 1. 系统总体结构

远程桌面控制系统是一个客户/服务器系统,程序分为服务器端和客户端两部分,其总体结构如图 11-9 所示。

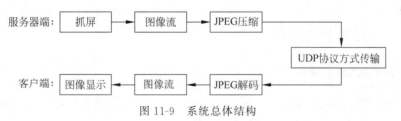

图 11-9 系统总体结构

### 2. 服务器端程序功能

(1) 发送自己的屏幕图像。

(2) 接收客户端传来的控制命令,并执行相应的操作。

### 3. 服务器端程序结构

服务器端程序结构如图 11-10 所示。

### 4. 客户端程序功能

客户端接收被控端计算机(服务器端)传来的屏幕图像,向被控端计算机发送鼠标操作或键盘操作指令。

**5．客户端程序结构**

(1) 客户端程序总体结构如图 11-11 所示。

(2) 客户端程序的构造函数 ClientTest() 的结构如图 11-12 所示。

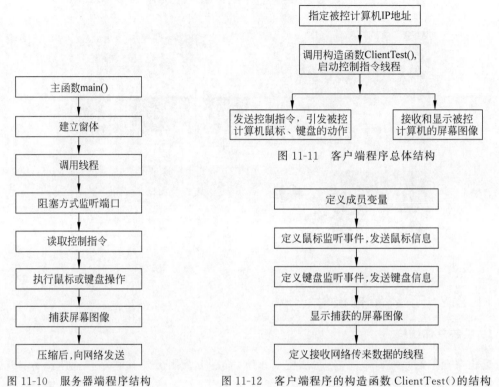

图 11-11　客户端程序总体结构

图 11-10　服务器端程序结构　　　图 11-12　客户端程序的构造函数 ClientTest() 的结构

## 11.2.3　需要使用的类

**1．生成 JPEG 压缩图像编码的类**

生成 JPEG 压缩图像编码的类在 com. sun. image. codec. jpeg 类包中，该包主要有以下类。

(1) JPEGCodec：执行 JPEG 图像编码的类。

(2) JPEGDecodeParam：对压缩的 JPEG 数据流进行解码的类。

(3) JPEGEncodeParam：生成 JPEG 数据流的压缩编码类，并可对其实例化后的对象设置压缩的品质系数。品质系数对压缩后生成图像的质量有很大影响，品质系数越小，压缩率越高，图像质量越差；反之，品质系数越大，压缩率越低，图像质量越好。

JPEGEncodeParam 类的主要方法为：

```
void setQuality(float quality, boolean forceBaseline);
```

其中，quality 为品质系数，取值为 0~1。当 quality 取值在 0.25 以下时，图像的品质很差，模糊不清；当 quality 取值在 0.75 以上时，图像的品质很高，非常清晰。ForceBaseline 一般为 false。

(4) JPEGImageDecoder：从一个输入流 InputStream 中将压缩的 JPEG 图像解压到图像

缓冲区 BufferedImage 中。

（5）JPEGImageEncoder：将图像压缩为 JPEG 数据流并将其写入一个输出流 OutputStream。

### 2．获取屏幕的分辨率

在 Java 中，Toolkit 类是 java.awt 包中提供实现与操作平台相关功能的一个类。由于它是抽象类，因此要调用它的 getDefaultToolkit()方法才能得到其默认的工具包。下面用 Toolkit 类的 getScreenSize()方法来得到屏幕的分辨率（即屏幕图像的大小）。

```
Dimension screen = Toolkit.getDefaultToolkit().getScreenSize();
```

然后，用下面的语句获取应用程序窗体的大小。

```
Dimension a = frame.getSize();
```

这样，就可以让应用程序窗体自动居中。

```
frame.setLocation((screen.width - a.width)/2,(screen.height - a.height)/2);
```

其中，setLocation()是 Frame 类继承其父类 Component 确定容器位置的方法。

### 3．"机器人"Robot 类及其控制鼠标和键盘事件的方法

"机器人"Robot 类是用于产生与本地操作系统有关的底层输入自动控制应用程序运行的。在这里应用由"机器人"Robot 类控制鼠标和键盘事件的方法：

```
robot.mousePress(button);      //被控 PC 端触发按下鼠标的动作事件
robot.mouseRelease(button);    //被控 PC 端触发释放鼠标的动作事件
robot.mouseMove(x,y);          //被控 PC 端触发移动鼠标的动作事件
robot.mouseWheel(button);      //被控 PC 端触发鼠标滚轮的动作事件
robot.keyPress(x);             //被控 PC 端触发按下键盘的动作事件
robot.keyRelease(x);           //被控 PC 端触发释放键盘的动作事件
```

这里，robot 是 Robot 类的实例化对象。

## 11.2.4 服务器端程序的实现

### 1．服务器端程序 ServerTest 所用的方法

服务器端程序所用的方法及其功能如表 11-1 所示。

表 11-1 服务器端程序方法的功能说明

| 方 法 名 | 功 能 说 明 |
| --- | --- |
| main(); | 主函数，建立窗口并安排界面布局 |
| ServerTest(); | 构造函数，建立 UDP 数据报对象 |
| sendScreen(); | 按 UDP 协议发送压缩的屏幕图像数据包 |
| run(); | 多线程，按指令系统，接收和执行控制命令 |

### 2．主函数 main()

主函数 main()用于建立只有一个退出按钮的窗口。如果将该窗口的 setVisible()设为 false，则本程序就是一个"木马"程序了。

### 3. 发送屏幕图像方法 sendScreen()

本程序应用 robot 对象,抓取屏幕图像:

```
robot.createScreenCapture(new Rectangle(toolkit.getScreenSize()));
```

其中,Rectangle(toolkit.getScreenSize())为获取屏幕的矩形区域。

然后,将放置在图像缓冲区中的数据压缩为 JPEG 格式的图像数据:

```
JPEGEncodeParam param = JPEGCodec.getDefaultJPEGEncodeParam
(image);
//设置 JPEG 格式的压缩率
param.setQuality(0.3f, false);
```

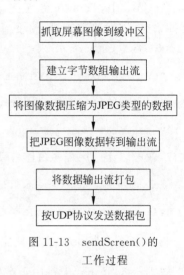

图 11-13　sendScreen()的
工作过程

发送屏幕图像方法 sendScreen()的工作过程如图 11-13 所示。

### 4. 接受和执行控制指令的多线程方法 run()

多线程方法 run()用于接收远程控制者发来的控制指令数据包,并开包检查数据内容,根据控制指令系统的规定,按接收到的指令执行相应的动作。在控制端发出的指令及被控端所执行的动作如表 11-2 所示。

表 11-2　控制指令系统

| 控制端(客户端)发出的指令 | 被控端(服务器端)执行的动作 |
| --- | --- |
| GETSCREEN | 调用 sendScreen()方法,抓取自己的屏幕图像发送给控制端 |
| MousePressed | 执行"按下鼠标左键"的动作 |
| MouseReleased | 执行"释放鼠标左键"的动作 |
| MouseMoved | 执行"移动鼠标"的动作 |
| MouseWheel | 执行"滚动鼠标滚轮"的动作 |
| KeyPressed | 执行"按下按键"的动作,按键由控制端指定 |
| KeyReleased | 执行"释放按键"的动作 |

run()的工作过程及执行的动作如图 11-14 所示。

### 5. 设定通信协议,构造控制指令系统结构

通信协议,即通信双方都必须遵循的一种约定。现在控制端要向被控端发送控制指令,故必须构造一个控制指令系统,双方都按该指令系统执行相应的操作。

现设定通信协议如下:指令的字长为 50 字节,前 20 位数据是指令类型,后 30 位数据是操作指令,如图 11-15 所示。

run()在读取数据包指令内容时,按客户端发出来的数据的结构顺序还原指令。

- 当判断是键盘指令时,其数据的前 20 位数据是指令类型;第 20 位~第 30 位数据是按键相对应的 Unicode 码;第 30 位~第 40 位数据是按键值;第 40 位~第 50 位数据是部分键的左、右键位置。

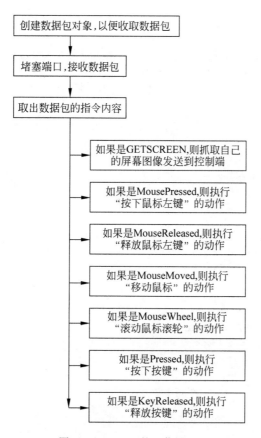

图 11-14  run()的工作过程

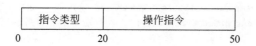

图 11-15  设定通信协议,构造控制指令的结构

- 当判断是鼠标指令时,其数据的前 20 位数据是指令类型;第 20~30 位数据是鼠标 x 坐标值;第 30~40 位数据是鼠标 y 坐标值;第 40~50 位数据是左、右键的键值。

### 6. 服务器端应用程序的实现

【例 11-6】  设计一个实现远程屏幕图像控制的服务器程序。

```
/*****************************************
 *   程序文件名称:  ServerTest.java
 *   功能:     服务器应用程序
 *****************************************/
1    import java.awt.*;
2    import java.awt.event.*;
3    import java.awt.image.BufferedImage;
4    import java.io.ByteArrayOutputStream;
5    import java.net.*;
6    import javax.swing.*;
7    import com.sun.image.codec.jpeg.*;
```

```
8
9    public class ServerTest extends Thread
10     {
11     private DatagramSocket      socket;          //UDP 协议的数据报套接字
12     public static final int     PORT = 5000;     //端口号
13     public static final int     MAX = 409600;    //数据大小
14     public boolean              end;
15     private Robot               robot;
16     private Toolkit             toolkit;
17     int i = 0;
18
19     /* 1.构造方法 ServerTest() */
20     public ServerTest() throws Exception
21     {
22       robot = new Robot();
23       toolkit = Toolkit.getDefaultToolkit();
24       this.socket = new DatagramSocket(PORT);
25       socket.setSendBufferSize(MAX);
26       end = false;
27     }
28
29     /* 2.发送屏幕图像方法 sendScreen() */
30     private void sendScreen(SocketAddress address)
31     {
32       BufferedImage image;
33       ByteArrayOutputStream output;
34       JPEGEncodeParam param;
35       JPEGImageEncoder encoder;
36       DatagramPacket packet;
37       try {
38         image =  robot.createScreenCapture(        建立图像缓冲区,并利用robot
39             new Rectangle(toolkit.getScreenSize())); 抓取屏幕图像到缓冲区中
40       output = new ByteArrayOutputStream();       //建立字节数组输出流
41       param =
42           JPEGCodec.getDefaultJPEGEncodeParam(image); 将图像数据压缩为 JPEG码的图像数据
43       param.setQuality(0.3f, false);  设置压缩率
44       encoder =
45       JPEGCodec.createJPEGEncoder(output, param);  将JPEG码的图像数据转到输出流
46       encoder.encode(image);
47       encoder.getOutputStream().close();
48       packet = new DatagramPacket(output.toByteArray(),
49                       output.size(), address);   将数据输出流打包
50       this.socket.send(packet);   按UDP将数据发送出去
51       System.out.println(++i + "\n");
52       }
53       catch (Exception e) { e.printStackTrace();}
54     }
55     /* 3.线程方法 RUN(),用于接受控制者发来的动作指令 */
56     public void run()
57     {
58       byte[] bytes = new byte[4096];   定义字节数组,放置接收到的数据
59       DatagramPacket packet;
60       while(!end) {
61         try {
```

```
62         packet = new DatagramPacket(bytes, bytes.length);
63         this.socket.receive(packet);
64         String command = new String(packet.getData(),
65                     packet.getOffset(), 20).trim();
66    if(command.equalsIgnoreCase("GETSCREEN "))
67    {
68         sendScreen(packet.getSocketAddress());
69    }
70      else {
71        byte[] the = packet.getData();
72        int n = packet.getOffset();
73
74        int x = Integer.parseInt(new String(the, n + 20, 10).trim());
75        int y = Integer.parseInt(new String(the, n + 30, 10).trim());
76        int button = Integer.parseInt(new String(the, n + 40, 10).trim());
77        if(command.equalsIgnoreCase("MousePressed"))
78        {
79                robot.mousePress(button);
80        }
81      else if(command.equalsIgnoreCase("MouseReleased"))
82      {
83                robot.mouseRelease(button);
84      }
85      else if(command.equalsIgnoreCase("MouseMoved"))
86      {
87                robot.mouseMove(x, y);
88      }
89      else if(command.equalsIgnoreCase("MouseWheel"))
90      {
91                robot.mouseWheel(button);
92      }
93      else if(command.equalsIgnoreCase("KeyPressed"))
94      {
95          robot.keyPress(x);
96      }
97      else if(command.equalsIgnoreCase("KeyReleased"))
98      {
99          robot.keyRelease(x);
100     }
101       } /* end else */
102   }  /* end try  */
103   catch (Exception e) {        }
104   }  /* end while */
105 }  /* end run */
106
107 /* 4. CLOSE() 方法  */
108  public void close()
109  {
110     end = true;
111     this.socket.close();
112  }
113
114   /* 5. main() */
115   public static void main(String args[])
116   {
```

创建数据包对象
接收数据包

取出数据包前20位数据

按通信协议,接收到的指令中前20位包含"GETSCREEN ",则抓取屏幕图像发送出去

从客户端发来的数据包中获取其IP地址

若指令前20位中不包含" GETSCREEN ",则是鼠标或键盘的动作指令,按指令的数据结构取出相应的指令

n为数据包中指令的起始位置

String(the,n+20,10)为从数组the中第n+20位开始,取10个字符

指令为"MousePressed", robot对象执行"按下鼠标左键"的动作

指令为"MouseReleased",robot对象执行"释放鼠标左键"的动作

指令为"MouseMoved", robot对象执行"移动鼠标"的动作

指令为"MousePressed",则执行"滚动鼠标滚轮"的动作

指令为"KeyPressed", robot对象执行"按下按键"的动作

指令为"KeyReleased", robot对象执行"释放按键"的动作

完成界面布局

```
117      ServerTest one = null;
118      try {
119        UIManager.setLookAndFeel(UIManager.getSystemLookAndFeelClassName());
120        JFrame frame = new JFrame("受监控中……");
121        frame.getContentPane().setLayout(new BorderLayout());
122        frame.setSize(240,80);
123        JButton exit = new JButton("退出");
124        frame.getContentPane().add(exit,BorderLayout.CENTER);
125        Dimension screen = Toolkit.getDefaultToolkit().getScreenSize();
126        Dimension a = frame.getSize();
127        frame.setLocation((screen.width－a.width)/2,
128        (screen.height－a.height)/2);
129        one = new ServerTest();
130        one.start();
131        final ServerTest the = one;
132        frame.setDefaultCloseOperation(EXIT_ON_CLOSE);
133        frame.setVisible(true);
134      }
135      catch (Exception e)
136      {
137        e.printStackTrace();
138        if(one!= null) { one.close(); }
139        System.exit(0);
140      }
141    }
142 }
```

## 11.2.5　客户端程序的实现

### 1. 客户端程序 ClientTest 所用的方法

客户端程序所用的方法及其功能如表 11-3 所示。

表 11-3　客户端程序方法的功能说明

| 方 法 名 | 功 能 说 明 |
|---|---|
| main() | 主函数,建立输入被控端 IP 地址的窗口及显示被控端屏幕图像窗口,并设置键盘监听 |
| ClientTest() | 构造函数,设置传送 UDP 数据报指令的参数 |
| run() | 接收被控端传来的屏幕图像数据 |
| showScreen() | 将接收到的屏幕图像数据进行解压,还原成图像 |
| sendKey() | 构造并发送键盘指令 |
| sendMouse() | 构造并发送鼠标指令 |
| paint() | 绘制被控端的屏幕图像 |
| getScreenThread | 内部类,实现向被控端发出截取屏幕图像指令的线程 |
| mouseOpration | 内部类,实现对鼠标动作监听 |

图 11-16　输入被控端 IP 地址信息的窗体

### 2. 主函数 main()

在主函数中创建了一个输入被控端 IP 地址信息的窗体,如图 11-16 所示。

```
JFrame ip = new JFrame("请输入 IP:");
```

窗口中安排了一个"确定"按钮,单击该按钮后,输入 IP 地址信息窗体将被隐藏,然后弹出显示被控端屏幕图像的窗口,并通过线程 ClientTest()向被控端发出截取屏幕图像的指令,从而在窗口中显示被控端的屏幕图像。

### 3. 构造方法 ClientTest()

该方法首先向被控端发送"GETSCREEN"字符串,其实就是向被控端发出截取屏幕图像的指令:

```
DatagramPacket packetsign = new  DatagramPacket("GETSCREEN ".getBytes(),20);
socket.send(packetsign);
```

然后,调用线程 run()来接收被控端传来的屏幕图像数据。

### 4. 线程 run()

线程 run()用于接收被控端传来的屏幕图像数据。

### 5. 还原屏幕图像方法 showScreen()

showScreen()用于对接收到的屏幕图像数据进行解压,还原成图像:

```
JPEGImageDecoder decoder = JPEGCodec.createJPEGDecoder(input);
BufferedImage image = decoder.decodeAsBufferedImage();
this.image = image;
this.setPreferredSize(new Dimension(image.getWidth(),image.getHeight()));
```

在上述代码中,JPEGImageDecoder 为 JPEG 数据流解码器;createJPEGDecoder(InputStream)方法创建可用来解码 JPEG 数据流的实例对象;decodeAsBufferedImage()为解码 JPEG 数据流。

输入数据流 InputStream 经解码后其结果是图像数据 BufferedImage,从而获取到图像对象。

最后,通过 paint()将 image 图像显示出来。

### 6. 发送键盘指令方法 sendKey()

发送键盘指令的方法为:

```
void sendKey(int type,int code,char c,int location)
```

其中,定义了 4 个参数:
- int type 为指令类型,判断是按下键还是释放键;
- int code 为按键相对应的 Unicode 码;
- char c 为按键值;
- int location 为按键所在(左键、右键)位置。

在 sendKey()中,构造了一个用于发送指令数据的字节数组 bytes:

```
byte[] bytes = new byte[50];
```

该数组有 50 个数组元素,前 20 位元素存放指令类型;第 20~30 位元素存放按键相对应的 Unicode 码;第 30~40 位元素存放按键值;第 40~50 位元素存放左、右键位置。键盘指令的结构如图 11-17 所示。

| 指令类型 | 按键的Unicode码 | 键值 | 按键位置 |
|---|---|---|---|
| 0 | 20　　　30 | 40 | 50 |

图 11-17　键盘指令的数据排列结构

### 7. 发送控制鼠标事件的方法 sendMouse()

发送控制鼠标事件的方法为：

```
void sendMouse(int type, int x, int y, int button)
```

其中,定义了 4 个参数：

- int type 为指令类型,表示单击鼠标、释放鼠标、移动鼠标、滚动鼠标滚轮等动作；
- int x、int y 为鼠标坐标位置；
- int button 为单击鼠标左键或右键的键值。

在 sendMouse()中构造的字节数组 bytes,其数组有 50 个数组元素,前 20 位元素存放指令类型；第 20～30 位元素存放鼠标 x 坐标值；第 30～40 位元素存放鼠标 y 坐标值；第 40～50 位元素存放左、右键的键值。鼠标指令的结构如图 11-18 所示。

| 指令类型 | x坐标 | y坐标 | 左、右键 |
|---|---|---|---|
| 0 | 20　　　30 | 40 | 50 |

图 11-18　鼠标指令的数据排列结构

### 8. 客户端程序实现

【例 11-7】　设计一个实现远程屏幕图像控制的客户端程序。

```
/*********************************************
 * 程序文件名称:　ClientTest.java
 * 功能:　　　　客户端应用程序
 *********************************************/
1    import java.awt. * ;
2    import java.awt.event. * ;
3    import javax.swing. * ;
4    import java.awt.image.BufferedImage;
5    import java.io. * ;
6    import java.net. * ;
7    import com.sun.image.codec.jpeg.JPEGCodec;
8    import com.sun.image.codec.jpeg.JPEGImageDecoder;
9
10   public class ClientTest extends JLabel implements Runnable
11   {
12     DatagramSocket socket;
13     boolean ended;
14     long delay = 1000;
15     InetAddress server;
16     BufferedImage image;
17     static  String ipstr = "";        ← 存放输入的被控端IP地址
18     int ServerPORT = 5000;
19     JPopupMenu menu;
```

```
20
21    /* 构造方法 */
22    public ClientTest(String ip) throws Exception
23    {
24     super();
25     image = null;
26     ended = false;
27     socket = new DatagramSocket(4000);          设置端口,若在同一台计算机上测试,则设为5000
28     socket.setReceiveBufferSize(409600);        //设置存放接收数据缓冲区的大小
29     server = InetAddress.getLocalHost();        //存放被控端 IP 地址
30     menu = new JPopupMenu();
31     JMenuItem target = new JMenuItem("监控目的地址"); //定义弹出式菜单
32     JLabel oneLabel = this;
33     this.setPreferredSize(new Dimension(640,480));
34     InetAddress address = InetAddress.getByName(ip);
35     server = address;
36     menu.add(target);
37     getScreenThread getscr = new getScreenThread();     调用发出截取屏幕图
38     getscr.start();                                     像指令的线程对象
39     mouseOpration mouse = new mouseOpration(oneLabel);  调用鼠标指令对象
40    }
41
42  /* 定义内部类,实现按通信协议构造并发送截取屏幕图像指令的线程 */
43  class getScreenThread extends Thread
44  {
45    public void run()
46    {
47      String refresh = "GETSCREEN           ";      注意, GETSCREEN后面有11个
48      DatagramPacket packetsign = new               空格,以构造20位的指令
49      DatagramPacket(refresh.getBytes(), 20);
50      while(!ended)
51      {
52       try {
53         packetsign.setAddress(server);
54         packetsign.setPort(5000);              构造UDP数据报包,发送后
55         socket.send(packetsign);               延时,以方便图像传输
56         Thread.sleep(delay);
57       }
58      catch (Exception e) {}
59      }
60    }
61  }
62
63    /* 定义内部类,实现对鼠标监听 */        使用了3个监听鼠标动作的接口
64    class mouseOpration
65     implements MouseListener,MouseMotionListener,MouseWheelListener
66    {
67     JLabel oneLabel;
68      mouseOpration(JLabel oneLabel)
69      {
70        this.oneLabel = oneLabel;
71        addMouseListener(this);                //设置鼠标按键监听
72        addMouseMotionListener(this);          //设置鼠标移动监听
73        addMouseWheelListener(this);           //设置鼠标滚轮监听
```

```
74        }
75      public void mouseClicked(MouseEvent e) { process(e);}
76      public void mouseEntered(MouseEvent e) { process(e);}
77      public void mouseExited(MouseEvent e) { process(e); }
78
79      public void mousePressed(MouseEvent e)          单击鼠标按键事件
80      {
81         process(e);
82         sendMouse(MouseEvent.MOUSE_PRESSED,e.getX(),e.getY(),e.getButton());
83      }
84
85      public void mouseReleased(MouseEvent e)         释放鼠标按键事件
86      {
87         process(e);
88         sendMouse(MouseEvent.MOUSE_RELEASED,e.getX(),e.getY(),e.getButton());
89      }
90
91      private void process(MouseEvent e)          侦测鼠标指针的坐标位置事件
92      {
93        if(e.isPopupTrigger())
94           { menu.show(oneLabel, e.getX(), e.getY());}
95      }
96
97      public void mouseDragged(MouseEvent e)          侦测鼠标的拖曳事件
98      {
99        sendMouse(MouseEvent.MOUSE_MOVED,e.getX(),e.getY(),e.getButton());
100      }
101
102     public void mouseMoved(MouseEvent e)          侦测鼠标的移动事件
103      {
104       sendMouse(MouseEvent.MOUSE_MOVED,e.getX(),e.getY(),e.getButton());
105      }
106
107     public void mouseWheelMoved(MouseWheelEvent e)          监听鼠标滚轮动作事件
108      {
109 sendMouse(MouseEvent.MOUSE_WHEEL,e.getX(),e.getY(),e.getUnitsToScroll());
110      }
111  }
112
113  /* 构造并发送键盘指令 */
114  private void sendKey(int type, int code, char c, int location)
115  {
116    byte[] bytes = new byte[50];          设一字节数组,容量为50字节,存放指令
117    for(int i = 0; i < bytes.length; i++)
118    { bytes[i] = ''; }
119    String command;
120    if(type == KeyEvent.KEY_PRESSED)
121    { command = "KeyPressed"; }
122    else if(type == KeyEvent.KEY_RELEASED)          对键盘操作类型变量command赋值
123    { command = "KeyReleased"; }
124    else
125    { command = ""; }
126    byte[] the = command.getBytes();
127    for(int i = 0; i < the.length; i++)          构造指令结构:从0位开始存放
128    { bytes[i] = the[i]; }                        键盘操作类型变量
```

```
129    the = String.valueOf(code).getBytes();
130    for(int i = 0;i < the.length;i++)
131    {   bytes[20 + i] = the[i]; }
132    the = String.valueOf(Character.getNumericValue(c)).getBytes();
133    for(int i = 0;i < the.length;i++)
134    {   bytes[30 + i] = the[i];    }
135    the = String.valueOf(location).getBytes();
136    for(int i = 0;i < the.length;i++)
137    {   bytes[40 + i] = the[i];    }
138    try {
139     DatagramPacket packet = new DatagramPacket(
140             bytes, bytes.length, server, ServerPORT);
141     socket.send(packet);
142     }
143    catch (Exception e){ e.printStackTrace(); }
144    }
145
146    /* 构造并发送鼠标指令 */
147    private void sendMouse(int type, int x, int y, int button)
148    {
149    byte[] bytes = new byte[50];
150    for(int i = 0;i < bytes.length;i++)
151    { bytes[i] = ' ';   }
152    String command;
153    if(type == MouseEvent.MOUSE_PRESSED)
154        { command = "MousePressed"; }
155    else if(type == MouseEvent.MOUSE_RELEASED)
156        { command = "MouseReleased"; }
157    else if(type == MouseEvent.MOUSE_MOVED)
158        { command = "MouseMoved"; }
159    else if(type == MouseEvent.MOUSE_WHEEL)
160        { command = "MouseWheel";   }
161    else {command = ""; }
162    if(button == MouseEvent.BUTTON1)
163        {   button = MouseEvent.BUTTON1_MASK;   }
164    else if(button == MouseEvent.BUTTON2)
165        {   button = MouseEvent.BUTTON2_MASK;   }
166    else if(button == MouseEvent.BUTTON3)
167        {   button = MouseEvent.BUTTON3_MASK;   }
168    byte[] the = command.getBytes();
169    for(int i = 0;i < the.length;i++)
170        {bytes[i] = the[i]; }
171    the = String.valueOf(x).getBytes();
172    for(int i = 0;i < the.length;i++)
173    {   bytes[20 + i] = the[i];   }
174    the = String.valueOf(y).getBytes();
175    for(int i = 0;i < the.length;i++)
176    {   bytes[30 + i] = the[i];   }
177    the = String.valueOf(button).getBytes();
178    for(int i = 0;i < the.length;i++)
179    {   bytes[40 + i] = the[i];   }
180    try {
181      DatagramPacket packetmouse = new
182      DatagramPacket(bytes, bytes.length, server, 5000);
183      socket.send(packetmouse);
```

从第20位开始存放按键对应的Unicode码

从第30位开始存放按键的键值

从第40位开始存放按键所在(左、右)位置

将键盘指令打包发送

设一字节数组,容量为50字节,存放指令

指令类型为按下鼠标

指令类型为释放鼠标

指令类型为移动鼠标

指令类型为滚动鼠标滚轮

判断鼠标操作按键为左键

判断鼠标操作按键为中键

判断鼠标操作按键为右键

构造指令结构: 从0位开始存放鼠标操作类型变量

从20位开始存放鼠标x坐标值

从30位开始存放鼠标y坐标值

从40位开始存放鼠标左右按键的值

将构造的鼠标指令打包发送

```
184        }
185     catch (Exception e)
186     {   e.printStackTrace();      }
187   }
188
189   /* 将接收到的屏幕图像数据进行解压,还原成图像 */
190   private void showScreen(InputStream input)
191   {
192     try{          .
193       JPEGImageDecoder decoder;
194       decoder = JPEGCodec.createJPEGDecoder(input);        创建可用来解码 JPEG数据流
                                                              的JPEGImageDecoder 实例
195       BufferedImage image;
196       image = decoder.decodeAsBufferedImage();         生成BufferedImage对象
197       this.image = image;
198       this.setPreferredSize(new Dimension(
199           image.getWidth(),image.getHeight()));
200       this.updateUI();        updateUI( )为JPanel的刷新面板方法
201     }
202   catch (Exception e) {e.printStackTrace();}
203        }
204
205   /* 显示图像 */
206   public void paint(Graphics g)
207   {
208     super.paint(g);
209     if(image!= null)
210       {
211         g.drawImage(image, 0, 0, this);        绘制接收到的经解码的屏幕图像
212       }
213   }
214
215   /* 线程 run(),接收传来的屏幕图像数据 */
216   public void run()
217   {
218     byte[] bytes = new byte[409600];
219     while(!ended)
220     {
221       try {
222       DatagramPacket packet;
223       packet = new DatagramPacket(bytes,bytes.length);
224       socket.receive(packet);        接收数据包
225       ByteArrayInputStream input;
226       input = new ByteArrayInputStream(
227         packet.getData(),packet.getOffset(),packet.getLength());
228       showScreen(input);        调用还原并显示图像方法，input为接收到的数据输入流
229       }
230     catch (Exception e){System.out.println("不能还原图像。"); }
231     }
232   }
233
234   /* CLOSE 方法 */
235   public void close()
236   {
237     ended = true;
238     System.exit(0);
```

```
239    }
240
241    /* MAIN方法 */
242    public static void main(String[] args)
243    {
244      ClientTest one = null;
245      JFrame ipwin = new JFrame("请输入 IP:");         ← 建立输入IP地址窗体
246      ipwin.getContentPane().setLayout(new BorderLayout());
247      ipwin.setSize(240,80);
248      JButton btnOK = new JButton("确定");
249      JTextField text = new JTextField();
250      ipwin.getContentPane().add(text,BorderLayout.SOUTH);
251      ipwin.getContentPane().add(btnOK,BorderLayout.CENTER);
252      Dimension screen1 = Toolkit.getDefaultToolkit().getScreenSize();
253      Dimension a1 = ipwin.getSize();
254      ipwin.setLocation((screen1.width – a1.width)/2,      ← 居中窗体
255        (screen1.height – a1.height)/2);
256      final JFrame del_ipwin = ipwin;
257      final JTextField iptxt = text;
258
259      /* 输入 IP 地址窗体—"确定"按钮的事件监听 */
260      btnOK.addActionListener(new ActionListener() {
261        public void actionPerformed(ActionEvent e) {
262            ipstr = iptxt.getText();                ← 当单击"确定"按钮后,
263          del_ipwin.setVisible(false);              保存IP地址并关闭窗体
264        }
265      });
266      ipwin.setDefaultCloseOperation(JFrame.EXIT_ON_CLOSE); //关闭 IP 地址窗体
267      ipwin.setVisible(true);
268      while(ipstr == ""){     }           ← 如果没有输入IP,
269      System.out.println(ipstr);            则始终显示IP窗体
270      try {                                    //显示图像窗口
271        UIManager.setLookAndFeel(UIManager.getSystemLookAndFeelClassName());
272        JFrame frame = new JFrame("监视中……");
273        frame.getContentPane().setLayout(new BorderLayout());
274        Dimension screen = Toolkit.getDefaultToolkit().getScreenSize();
275        frame.setSize(640,480);
276        Dimension thesize = frame.getSize();
277        frame.setLocation((screen.width – thesize.width)/2,
278                          (screen.height – thesize.height)/2);
279        one = new ClientTest(ipstr);
280        new Thread(one).start();              ← 启动接收图像的线程
281        final ClientTest the = one;
282        JScrollPane scroll = new JScrollPane(one);
283        frame.getContentPane().add(scroll,BorderLayout.CENTER);   ← 安排显示图像面板
284        frame.setDefaultCloseOperation(JFrame.EXIT_ON_CLOSE);
285
286        /* 对被控端显示窗口的键盘进行监听 */
287        Toolkit.getDefaultToolkit().addAWTEventListener(new AWTEventListener(){
288        public void eventDispatched(AWTEvent event) {
289          KeyEvent e = (KeyEvent)event;        ← 定义发送给被控端的键盘事件
290          if(e.getID() == KeyEvent.KEY_PRESSED)
291            {
292              the.sendKey(KeyEvent.KEY_PRESSED,e.getKeyCode(),
293                      e.getKeyChar(),e.getKeyLocation());   ← 按下键盘
```

```
294            }
295        else if(e.getID() == KeyEvent.KEY_RELEASED)
296        {
297            the.sendKey(KeyEvent.KEY_RELEASED,e.getKeyCode(),
298                    e.getKeyChar(),e.getKeyLocation()); ┌──────┐
299        }                                              │释放按键│
300        }                                              └──────┘
301    },AWTEvent.KEY_EVENT_MASK);
302    frame.setVisible(true);
303    }//end try
304 catch (Exception e) {
305    e.printStackTrace();
306    if(one!= null) {one.close();}
307    System.exit(0);
308    }
309 }
310
311 }
```

## 11.3　基于分布模式的云计算系统设计

云计算系统是一个庞大和综合的系统,本节将用一个简单的例子来说明基于分布模式云计算的基本特点和技术开发方式。这个示例并不是一个完善的系统,但它具备了云计算的一些基本特点,如计算和存储的整合、计算向存储的迁移、文件的分布式存储、计算的并行化等,以使大多数读者能从中体会到云计算技术的核心理念。

Java 为构造基于分布模式的云计算应用提供了多种机制。这些应用可以分解成多个客户和多个服务器,分布在网络中的不同的计算机上。一个客户程序向服务程序发出服务申请,并等待回应;在另一端,服务器程序收到请求后,对它进行处理,然后把结果发送给客户程序。

### 11.3.1　分布模式的云计算

在传统的客户/服务环境中,一般有一个功能强大的计算机作为服务器为多个客户提供服务。例如,数据库系统采用这种客户/服务器方式。下面讨论一种现在较为流行、一个以客户端为核心、多个服务器为其提供服务的计算模式。这种客户/服务器方式的云计算非常适合分布式系统模型下实现,该模型可以分为三个角色:管理节点、子节点和客户端。管理节点和子节点构成了云计算的服务器端,客户端通过对 API 的调用实现对云计算系统的访问,并通过 API 整合为不同的应用程序。

在这种分布模型下,一个并行应用很容易使用这种客户/服务器模式来设计:一个客户可以将一个大的应用分成若干小的问题,这些小的问题可以由多个服务器程序(子节点)同时处理,所以服务器程序对相应问题求得解答后,再发送给客户机。客户机汇集所有从服务器程序发来的结果,然后再输出给用户。

在具体实现这个模型的过程中,要将多个可用服务器(子节点)和它们的 Internet 域名保存在一个 node.txt 文件中,这个文件称为子节点配置文件,由客户程序存取它。

客户机同时还要读取另一个文件 root.txt,称为用户配置文件,它包括用户定义的应用参数。

子节点配置文件 node.txt 和用户配置文件 root.txt 构成管理节点。这种用 C/S 结构实现的云计算系统如图 11-19 所示。

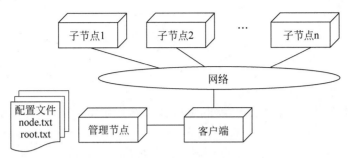

图 11-19 基于分布模式的云计算系统

## 11.3.2 简易云计算系统设计

下面设计一个简易云计算系统,该系统实现由多台服务器共同完成 n 阶矩阵的乘法运算任务。

### 1. 系统结构

简易云计算系统程序的流程结构如图 11-20 所示。

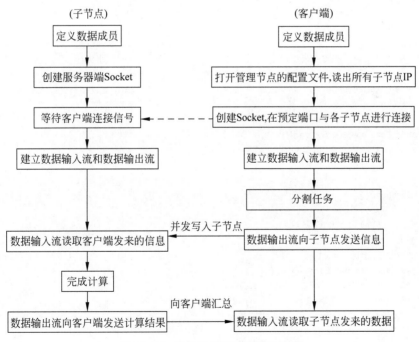

图 11-20 简易云计算系统程序流程

### 2. 设计示例

现在用 C/S 结构求解矩阵乘法问题。假定有多台计算机处于 WAN 中并使用 TCP/IP 进行通信。使用一个客户和几个服务器求解 n×n 的"大型"矩阵乘法问题。客户通过子节点配置文件 node.txt 中获取所有的服务器程序必要的信息,如服务器的个数、IP 地址或主机名。

例如,node. txt 文件中的内容为:

```
3
192.168.1.1
192.168.1.2
192.168.1.3
```

表示有 3 个子节点及相应的 IP 地址。

　　然后建立与所有服务的 Socket 连接和 I/O 流。客户从用户配置文件 root. txt 获得矩阵维数 N 的值,再创建 3 个矩阵 A、B、C,并输入 A、B 的值,在客户端对任务进行分解,并向每个节点发送一个子任务。这个任务要求每个服务程序收到这个请求之后,完成计算并把结果返回客户。客户等待各子节点的回复,并将计算结果拼接起来,组成矩阵 C。最后,客户将得到结果矩阵 C 返回给用户。

　　【例 11-8】 简易云计算系统计算矩阵乘法。

　　(1) 客户机程序。

```
1   /* 客户机端程序 */
2   import java.net. * ;
3   import java.io. * ;
4   import java.awt. * ;
5   import java.lang. * ;
6   import javax. swing. * ;
7   public class Netc extends JFrame
8   {
9     static   sock[];                           //定义 Socket 数组
10    static InetAddress Serveraddr[ ];          //定义 IP 地址数组,存放所有子节点 IP 地址
11    static DataInputStream datain[ ];          //定义输入流数组
12    static DataOutputStream dataout[ ];        //定义输出流数组
13    static int NumServers;                     //存放子节点数目
14    static String Servernames[ ];
15    static TextArea txtServerIP;
16    static TextArea txtOutData;
17    static TextArea txtInData;
18
19    public Netc()
20     {
21       super("简易云计算系统");
22       setSize(320,500);
23        setVisible(true);
24        setLayout(new FlowLayout());
25       txtServerIP = new TextArea(2,30);
26        txtOutData = new TextArea(16,30);
27        txtInData = new TextArea(10,30);
28        add(txtServerIP);
29        add(txtOutData);
30        add(txtInData);
31        setDefaultCloseOperation(EXIT_ON_CLOSE);
32        validate();
33     }
34
35    public static void main(String args[ ]) throws IOException
36    {
37      new Netc();
```

```
38      int    i;
39      DataInputStream ServerConfigFile;
40      String IntString = null,Servernames[ ];
41      //读取子节点配置文件
42      FileInputStream fileIn  =  new FileInputStream("node.txt");
43      ServerConfigFile = new DataInputStream(fileIn);
44      try { IntString = ServerConfigFile.readLine();}
45      catch   (IOException ioe)
46       {
47           System.out.println("Error reading the ♯ servers");
48           System.exit(1);
49        }
50    try{
51           NumServers = Integer.parseInt(IntString);
52        }
53    catch (NumberFormatException nfe)
54       {
55           System.out.println("r servers is not an integer");
56           System.exit(1);
57        }
58
59     //通过配置文件取得子节点数目后,实例化定义的各个数组
60    Servernames = new String[NumServers];
61    sock = new Socket[NumServers];
62    Serveraddr = new InetAddress[NumServers];
63    datain = new DataInputStream[NumServers];
64    dataout = new DataOutputStream[NumServers];
65    for(i = 0;i < NumServers; i++)                  //通过循环将所有子节点名称读出
66      {
67        try
68        { Servernames[i] = ServerConfigFile.readLine();}
69         catch(IOException e)
70       {    System.out.println("读取子节点名称错误");
71            System.exit(1);
72         }
73        Servernames[i] = Servernames[i].trim();
74      }
75    try
76      {
77       ServerConfigFile.close();
78      }
79    catch(IOException e)
80    {
81        System.out.println("读取子节点名称错误");
82        System.exit(1);
83    }
84    //建立套接字对象和建立输入输出流
85    try
86      {
87      for (i = 0;i < NumServers;i++)                  //通过循环为所有子节点创建套接字
88        {                                          //获取 IP 地址
89          Serveraddr[i] = InetAddress.getByName(Servernames[i]);
90          sock[i] = new Socket(Serveraddr[i],1237);  //约定端口为 1237
91          datain[i] = new DataInputStream(new
92                  BufferedInputStream(sock[i].getInputStream()));
```

```
93              dataout[i] = new DataOutputStream(new
94                  BufferedOutputStream(sock[i].getOutputStream()));
95          };
96      }
97   catch(IOException E)
98   {
99       System.out.println("I/O Error,建立套接字连接不成功");
100      System.exit(1);
101   }
102  ClientBody();
103  try{
104      for(i = 0;i < NumServers;i++){
105      dataout[i].close();
106      datain[i].close();
107      sock[i].close();
108      }
109   }
110  catch(IOException E){
111      System.out.println("关闭连接不成功");
112      System.exit(1);
113   }
114 }
115
116 public static void ClientBody() throws IOException
117 {
118   int i,j,k;
119   int TotNum = 0, NumRows = 0;
120   int A[ ][ ], B[ ][ ], C[ ][ ];
121   DataInputStream ClientConfigFile;
122   String IntString = null;
123   //读取任务分配等技术参数的用户配置文件
124   ClientConfigFile = new DataInputStream(new FileInputStream("root.txt"));
125   //读取配置文件中矩阵 N×N 的参数 N
126   try{IntString = ClientConfigFile.readLine();}
127   catch(IOException ioe)
128      {
129          System.out.println("读取配置文件中的参数 N 时发生错误");
130          System.exit(1);
131      }
132   try{TotNum = Integer.parseInt(IntString); }
133   catch(NumberFormatException nfe){
134          System.out.println("配置文件中的参数 N 不是整型数值.");
135          System.exit(1);
136   }
137  try{ ClientConfigFile.close(); }
138  catch(IOException e){
139          System.out.println("I/O error closing config file.");
140          System.exit(1);
141   }
142   NumRows = TotNum/NumServers;
143   A = new int[TotNum][TotNum];
144   B = new int[TotNum][TotNum];
145   C = new int[TotNum][TotNum];
146   for(i = 0;i < TotNum;i++)                      //通过双重循环生成待运算的矩阵
147     for(j = 0;j < TotNum;j++)
```

```
148         {
149            A[i][j] = i;
150            B[i][j] = j;
151            C[i][j] = 0;
152         }
153 try
154    {
155     for(i = 0;i < NumServers;i++)                    //把各子节点要处理的数据传给它们
156        {
157        dataout[i].write(TotNum);                      //先传矩阵维数
158        dataout[i].write(NumRows);                     //再传每个分块的行数
159        dataout[i].flush();
160        txtOutData.append("正在发送数据给子节点" + Servernames[i] + " …\n");
161        txtOutData.append("发送矩阵 A[ ]数据: \n");
162        for(j = NumRows * i;j < NumRows * (i + 1);j++)   //接着传第一个矩阵中对应矩阵块
163           {
164            for(k = 0;k < TotNum;k++)
165             {
166                dataout[i].writeInt(A[j][k]);
167                txtOutData.append("    " + A[j][k]);
168              }
169            txtOutData.append("\n");
170           }
171        dataout[i].flush();
172        txtOutData.append("\n 发送矩阵 B[]数据: \n");
173        for(j = 0;j < TotNum;j++)                       //最后传第二个矩阵的对应矩阵块
174           {
175           for (k = 0;k < TotNum;k++)
176            {
177                dataout[i].writeInt(B[j][k]);
178                txtOutData.append("    " + B[j][k]);
179             }
180            txtOutData.append("\n");
181           }
182        dataout[i].flush();
183       }
184   }
185 catch(IOException ioe){
186     System.out.println("I/O error,发送数据至子节点不成功");
187     System.exit(1);
188  }
189 txtInData.append("接收子节点传回的数据……");
190 try
191  {
192   for(i = 0;i < NumServers;i++)                       //组合各子节点的结果矩阵
193     {
194        txtInData.append("\n 正在接收 " + Servernames[i] + " 传回的数据……\n");
195        for(j = NumRows * i;j < NumRows * (i + 1);j++)  ←  每个子节点传回的结果矩阵是个
196           for(k = 0;k < TotNum;k++)                         NumRows行 × TotNum列矩阵
197            {
198                C[j][k] = datain[i].readInt();
199                txtInData.append("    " + C[j][k]);
200             }
201      }
202  }
```

```
203  catch(IOException ioe){
204    System.out.println("I/O error 接收子节点返回数据不成功");
205    System.exit(1);
206  }
207  txtInData.append(" \n 矩阵运算结果:   \n");
208  for(i = 0;i < TotNum;i++)                        //将最终结果矩阵打印出来
209  {
210    for(j = 0;j < TotNum;j++)
211      txtInData.append(C[i][j] + "   ");
212    txtInData.append("\n");
213  }
214  }
215 }
```

/ * 客户端程序第 119 行的整型变量 TotNum 存放矩阵的维数,在第 142 行 NumRows = TotNum/子节点个数,通过分块矩阵原理,将原来 A(TotNum)(TotNum) × B(TotNum)(TotNum)中的 A 分解成"子节点个数"块;每个服务器只需计算 A(NumRows)(TotNum) × B(TotNum)(TotNum) * /

(2) 子节点(服务器端)程序。

```
1  / * 子节点 (服务器端)程序 * /
2  import java.net. * ;
3  import java.io. * ;
4  import java.awt. * ;
5  public class Nets
6  {
7   static Socket mySocket;
8   static ServerSocket SS;
9   static DataInputStream datain;
10  static DataOutputStream dataout;
11  static int NumServers;
12 public static void main(String args[]) throws IOException
13  {
14    System.out.println("子节点正在等待连接……");
15    try{
16        SS = new ServerSocket(1237);
17      }
18    catch(IOException eos){
19        System.out.println("打开子节点 socket 错误。");
20        System.exit(1);
21      }
22   while(true)
23     {
24      try{
25         mySocket = SS.accept();
26       }
27     catch(IOException e)
28       {
29          System.out.println("I/O error waiting.Exiting.");
30          System.exit(1);
31       }
32    datain = new DataInputStream(
33         new BufferedInputStream(mySocket.getInputStream()));
34    dataout = new DataOutputStream(
35          new BufferedOutputStream(mySocket.getOutputStream()));
36    ServerBody();                              //进行矩阵运算的方法
```

```
37    }
38  }
39
40  public static void ServerBody() throws IOException
41  {
42   int i,j,k,sum;
43   int TotNum = 0,NumRows = 0;
44   int A[ ][ ],B[ ][ ],Result[ ][ ];
45   try{
46       TotNum = datain.read();                      //先读矩阵维数
47       }
48   catch (IOException e){
49       System.out.println("I/O error,客户机已经断开连接");
50       System.exit(1);
51       }
52   try{
53       NumRows = datain.read();                      //再读每个分块的行数
54       }
55   catch(IOException e){
56       System.out.println("I/O error,客户机已经断开连接");
57       System.exit(1);
58       }
59   A = new int[NumRows][TotNum];                      //根据读取的维数和行数,创建处理空间
60   B = new int[TotNum][TotNum];
61   Result = new int [NumRows][TotNum];               //根据读取的维数和行数,创建处理空间
62   System.out.println("接收客户机发送来的矩阵 A[ ]:");
63   for(i = 0;i < NumRows;i++)                        //再读取矩阵 A 中所需处理的矩阵分块
64   {
65     for(j = 0;j < TotNum;j++)
66       try{
67         A[i][j] = datain.readInt();
68           System.out.print( A[i][j] + "  ");
69       }
70     catch(IOException e){
71         System.out.println("I/O error,客户机已经断开连接");
72         System.exit(1);
73       }
74     System.out.println();
75   }
76  System.out.println("接收客户机发送来的矩阵 B[ ]:");
77  for(i = 0;i < TotNum;i++)                          //再读取矩阵 B
78  {
79    for(j = 0;j < TotNum;j++)
80      try{
81        B[i][j] = datain.readInt();
82        System.out.print( B[i][j] + "  ");
83        }
84      catch(IOException e){
85          System.out.println("I/O Error,客户机已经断开连接");
86          System.exit(1);
87          }
88    System.out.println();
89  }
90  for(i = 0;i < NumRows;i++)                         //进行矩阵运算,结果放进 Result
91    for(j = 0;j < TotNum;j++){
92        sum = 0;
```

```
93          for(k = 0;k < TotNum;k++)
94              sum += A[i][k] * B[k][j];
95          Result[i][j] = sum;
96      }
97    for(i = 0;i < NumRows;i++)                          //将结果发回给客户机
98      for(j = 0;j < TotNum;j++)
99        try{
100            dataout.writeInt(Result[i][j]);
101          }
102        catch(IOException e)
103        {
104            System.out.println("I/O error,客户机已经断开连接");
105            System.exit(1);
106        }
107    dataout.flush();
108    System.out.println("计算结果发回给客户机。");
109  }    //ServerBody()_end
110 }
```

本例在两台联网的计算机上模拟演示,故其 node.txt 为:

```
2
192.168.1.2
192.168.1.3
```

其 root.txt 为:

```
4
```

表示对一个 4 行 4 列的矩阵进行计算。

程序运行结果如图 11-21 所示(先运行子节点程序)。

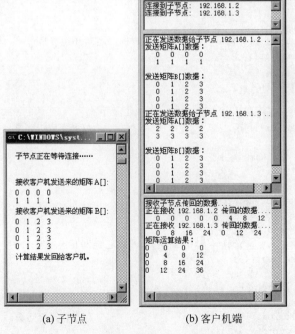

(a) 子节点                    (b) 客户机端

图 11-21    简易云计算系统计算矩阵乘法

# 11.4 网络爬虫及数据分析

网络爬虫(又称网页蜘蛛,网络机器人),是一种按照一定的规则,自动抓取网络信息的程序。

网络爬虫可以理解为在网络上爬行的一只蜘蛛,互联网就像一张大网,爬虫在这张网上爬来爬去,当它遇到资源,就会把资源抓取下来。让网络爬虫抓取什么内容,则由编写的程序控制。

Java 可以很方便地爬取网页信息。下面具体介绍 Java 爬取网页信息的方法。

## 11.4.1 网络爬虫利器 jsoup

"工欲善其事,必先利其器",jsoup 框架是一个很好使用的爬虫利器,可以方便、快捷地爬取网络信息。

### 1. jsoup 下载与安装

下载 jsoup 包的网址为 https://jsoup.org/download,如图 11-22 所示。

图 11-22  下载 jsoup

下载 jsoup-1.13.1.jar,将其复制到 Java jdk 的 lib 目录下。

### 2. 设置环境变量

安装完毕 jsoup 后,还需要配置 jsoup 的运行环境变量。设置 classpath 的值为".;％javahome％\lib\jsoup-1.13.1.jar",这里的％javahome％是 Java jdk 路径。

### 3. jsoup API 的文档

jsoup 提供了非常完善的 jsoup API 文档,这是进行网络爬虫程序设计的好工具,其网址为 https://tool.oschina.net/apidocs/apidoc?api=jsoup-1.6.3,如图 11-23 所示。

### 4. jsoup API 解析数据

1) 创建 Document 文档对象

```
Document doc = Jsoup. connect(url).get();   //get 请示方式,url 为网站网址
```

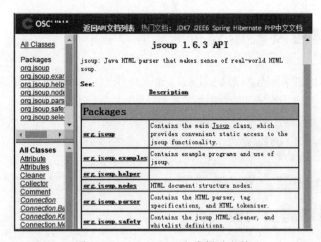

图 11-23　jsoup API 在线帮助文档

或：

```
Document doc = Jsoup. connect(url).post();  //post 请示方式,url 为网站网址
```

2）获取 Element 元素对象的集合

* getElementById(String id)：根据 id 属性值获取唯一的 element 对象。

* getElementsByTag(String tagName)：根据标签名称获取元素对象集合。

* getElementsByClass(String className)：根据 class 属性值获取 element 对象。

3）获取属性值

* String attr(String key)：根据属性名称获取属性值。

4）获取文本内容

* String text()：获取文本内容。

* String html()：获取标签体的所有内容(包括字标签的字符串内容)。

## 11.4.2　网络爬虫示例 1──爬取网络页面文档代码

【例 11-9】　应用 Jsoup 包爬取页面文档代码。

编写程序代码如下：

```
1   import org. jsoup. Jsoup;
2   import org. jsoup. nodes. Document;

3   class ex12_9
4   {
5     public static void main(String[ ] args)
6     {
7       try{
8           Document doc = Jsoup.connect("http://www.baidu.com").get();
9           System. out. println(doc);
10          } catch (Exception e) { e.printStackTrace(); }
11    }
12  }
```

运行程序，如图 11-24 所示。

```
<!doctype html><!-- STATUS OK -->
<html>
 <head>
  <meta http-equiv="Content-Type" content="text/html;charset=utf-8">
  <meta http-equiv="X-UA-Compatible" content="IE=edge,chrome=1">
  <meta content="always" name="referrer">
  <meta name="theme-color" content="#2932e1">
  <meta name="description" content="全球最大的中文搜索引擎,致力于让网民更便捷地获取信息,找到所
求.百度超过千亿的中文网页数据库,可以瞬间找到相关的搜索结果。">
  <link rel="shortcut icon" href="/favicon.ico" type="image/x-icon">
  <link rel="search" type="application/opensearchdescription+xml" href="/content-search.xml"
title="百度搜索">
  <link rel="dns-prefetch" href="//dss0.bdstatic.com">
  <link rel="dns-prefetch" href="//dss1.bdstatic.com">
  <link rel="dns-prefetch" href="//ss1.bdstatic.com">
  <link rel="dns-prefetch" href="//sp0.baidu.com">
  <link rel="dns-prefetch" href="//sp1.baidu.com">
  <link rel="dns-prefetch" href="//sp2.baidu.com">
  <title>百度一下,你就知道</title>
```

图 11-24  抓取的网页内容

## 11.4.3  网络爬虫示例 2——爬取写字楼租赁信息

【例 11-10】  爬取某网站的写字楼租赁信息。

打开某房屋租赁信息网站 http://sz.diandianzu.com/listing/p,其页面如图 11-25 所示。

图 11-25  某房屋租赁信息网站

### 1．页面代码分析

在浏览器按 F12 键，打开页面代码调试窗口，找到关键代码，如图 11-26 所示。

```
▶<div class="filter-wrap ">…</div>
▼<div class="listing-wrap clearfix">
    ::before
  ▼<div class="list fl">
    ▶<div class="list-top clearfix">…</div>
    ▼<div class="list-main clearfix">
        ::before
      ▼<div class="list-item-link " data-id="4119">
        ▼<div class="list-item list-item-height item-0 clearfix " data-href="/
        listing/detail-i4119.html">
            ::before
          ▶<div class="img fl">…</div>
          ▼<div class="info info-width fl">
            ▼<div class="part1 clearfix">
                ::before
              ▶<a href="/listing/detail-i4119.html" class="fl tj-pc-listingList-
              title-click" target=" blank">…</a>
              ▶<div class="tagInfoItem">…</div>
              ▶<div class="price fr">…</div>
```

图 11-26　写字楼出租信息的关键代码

从图 11-26 中可以看到，租赁写字楼的名称信息存放在< a href＝"/listing/detail－i4119.html" class＝"fl tj-pc-listingList-title-click">的标签中，而< a >标签又存放在< div class＝"list-main clearfix">标签区域块中。

### 2．应用 jsoup 解析数据步骤

1）创建 Document 对象

```
doc = Jsoup.connect(url).get();
```

2）使用语句

```
data = doc.getElementsByClass("list-main clearfix");
```

此语句将定位到< div class＝"list-main clearfix"> ⋯ </div > 的区域块元素存放到 data 中。

3）再使用语句

```
dataIdList = data.select("[data-id]");
```

此语句进一步从 data 定位到具有"data-id"属性的区域块< div data-id＝"⋯">，将其存放到元素集 dataIdList 中。

4）应用循环

```
for (Element dataIdElement : dataIdList) {
    String class_str = "fl tj-pc-listingList-title-click";
    String data_a = dataIdElement.getElementsByClass(class_str).text();
    System.out.println("写字楼：" + data_a);
}
```

此语句从元素集 dataIdList 中取出< a class＝"fl tj-pc-listingList-title-click">的文本内容。

5）统计租赁写字楼的楼盘总数

```
List < String > buildingIdList = new ArrayList <>();
buildingIdList.add(data_a);
System.out.println("一共有写字楼" + buildingIdList.size());
```

完整程序代码如下：

```
1   import org.jsoup.Jsoup;
2   import org.jsoup.nodes.Document;
3   import org.jsoup.nodes.Element;
4   import org.jsoup.select.Elements;
5   import java.io.IOException;
6   import java.util.ArrayList;
7   import java.util.List;
8   public class ex12_10
9   {
10    public static void main(String[] args)
11    {
12      List < String > buildingIdList = new ArrayList <>();
13      try{
14        String url = "http://sz.diandianzu.com/listing/p";
15        Document doc = Jsoup.connect(url).get();
16        Elements data = doc.getElementsByClass("list - main clearfix");
17        Elements dataIdList = data.select("[data - id]");
18        for (Element dataIdElement : dataIdList) {
19          String dataId = dataIdElement.attr("data - id");
20          String class_str = "fl tj - pc - listingList - title - click";
21          String data_a = dataIdElement.getElementsByClass(class_str).text();
22          System.out.println("写字楼:  " + data_a);
23          buildingIdList.add(dataId);
24        }
25      } catch (Exception e) { e.printStackTrace(); }
26      System.out.println("一共有写字楼" + buildingIdList.size());
27    }
28  }
```

程序运行结果如图 11-27 所示。

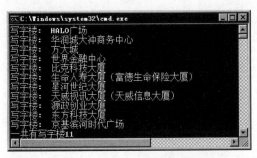

图 11-27  爬取的写字楼出租信息

## 11.4.4  网络爬虫示例 3——数据图表显示小说点击排行榜

【例 11-11】 爬取某小说网站的电子小说点击排行信息。

打开某小说网站：https://book.tiexue.net，其页面如图 11-28 所示。

图 11-28　某小说网站

1）分析代码，找出关键标签及属性

在浏览器按下 F12 键，打开页面代码调试窗口，找到关键代码，如图 11-29 所示。

```
▼<div class="main">
  ▶<div id="Baidu_Book_TopAD2" class="adBox">…</div>
  ▶<div class="row_1">…</div>
  ▶<div class="row_2">…</div>
  ▼<div class="row_4 block">
    ▶<div class="bigTitle">…</div>
    ▶<div class="rowCel_1 float_L styleL">…</div>
    ▶<div class="rowCel_2 float_L styleC">…</div>
    ▼<div class="rowCel_3 float_R styleR" onmouseover="tabLayer2(this)">
      ▶<div class="tabTitle">…</div>
      ▼<div class="tabLayer">
        ▼<ul class="textList2">
          ▼<li>
            ▼<p>
              <a href="https://book.tiexue.net/Book32257/" onclick=
              "_gaq.push(['_trackEvent', 'www2013', 'clicked', ' VIP小说-点击榜']);
              TX.Log_AdClick(2300,'jss_index'); " target="_blank" title="逆天明末三十年">
              逆天明末三十年</a>
            </p>
            <span>5441</span>
          </li>
          ▼<li>
            ▼<p>
              <a href="https://book.tiexue.net/Book32178/" onclick=
              "_gaq.push(['_trackEvent', 'www2013', 'clicked', ' VIP小说-点击榜']);
              TX.Log_AdClick(2301,'jss_index'); " target="_blank" title="山巅之墟">山巅之
              墟</a>
            </p>
            <span>4542</span>
          </li>
          ▶<li>…</li>
          ▶<li>…</li>
```

图 11-29　找出关键标签及属性

从图 11-29 中可以看到，小说名称等信息放在< div class ＝ "tabLayer">区域块中，其中，标签< ul class＝"textList2">显示具体信息内容。

2）创建解析对象

```
Document doc = Jsoup.connect(url).get();
```

3）查找包含小说名称及点击数的区域块

从网页代码分析知道，小说的点击数在< div class＝"rowCel_3 float_R styleR">区域块中。因此，下列语句得到包含该区域块代码的元素集合：

```
Elements data_div = doc.getElementsByClass("rowCel_3 float_R styleR");
```

4）进一步缩小区域

从上面元素集合中进一步选择包含关键标签及属性的列表< ul >及列表项< li >元素集。元素集中有 3 个< ul >标签，分别为日、月、年的点击榜，这里，仅取其中的第一个< ul >标签（即日点击榜数据）。

```
Element data_ul = data_div.select("ul").first();
Elements data_List = data_ul.select("li");
```

5）取得元素中< a >标签的文本内容

```
String data_title = data_Element.getElementsByTag("a").text();
```

6）取得元素中< span >标签的文本内容

```
String data_a = data_Element.getElementsByTag("span").text();
```

爬取数据的完整程序代码如下：

```
1   import org.jsoup.Jsoup;
2   import org.jsoup.nodes.Document;
3   import org.jsoup.nodes.Element;
4   import org.jsoup.select.Elements;
5   import java.util.*;
6   public class ex12_11
7   {
8     void soup()
9     {
10    long startTime = System.currentTimeMillis();
11    try {
12     String url = "https://book.tiexue.net/";
13    Document doc = Jsoup.connect(url).get();    //创建 Document 对象
14    Elements data_div = doc.getElementsByClass("row_4 block");
15    Element data_ul = data_div.select("ul").first();   //限取日点击榜数据
16    Elements data_List = data_div.select("li");
17    //System.out.println("list: " + data_List);
18    for (Element data_Element : data_List) {
19      String data_title = data_Element.getElementsByTag("a").text();
20      String data_a = data_Element.getElementsByTag("span").text();
21      System.out.println("小说名称: " + data_title + "  \t 点击数: " + data_a);
22    }
23    } catch (Exception e) { e.printStackTrace(); }
24    long endTime = System.currentTimeMillis();
25    System.out.println("查找时间:" + (endTime - startTime)/1000 + "秒");
26  }

27 public static void main(String[] args)
28 {
29    ex12_11 ex = new ex12_11();
30    ex.soup();
```

```
31    }
32  }
```

程序运行结果如下：

```
小说名称：逆天明末三十年          点击数：5321
小说名称：石油咽喉保卫战          点击数：4784
小说名称：山巅之墟              点击数：3642
小说名称：明越坡               点击数：3038
小说名称：明末混球              点击数：2475
小说名称：南宋游记              点击数：2444
小说名称：灰刃                点击数：2415
小说名称：雷霆反击              点击数：2275
小说名称：朝战之中国军魂          点击数：2083
小说名称：抗战之太行战神          点击数：1976
小说名称：最后一毫米             点击数：1904
小说名称：改变                点击数：1799
小说名称：我的抗美援朝           点击数：1754
小说名称：冀东十年抗战           点击数：1746
14
查找时间：1 秒
```

用数据图表表示数据，又称为数据可视化，是数据分析常用的方法。

【例 11-12】　用数据图表显示小说点击排行榜。

1）创建一个 Application 子类

绘制数据图表，可以创建一个 javafx. application 包的 Application 子类，并实现此类的 start()方法。

```
public class ex12_12 extends Application {
    @Override
    public void start(Stage sage) {
    }
}
```

2）定义图表的数轴

定义条形图的 X 轴和 Y 轴并为其设置标签。在此例中，X 轴表示比较的类别(这里为小说名称)，Y 轴表示比较的数值(这里为点击数)。

```
CategoryAxis xAxis = new CategoryAxis();
String[] data_x = new String[14];
xAxis.setCategories(
    FXCollections.<String> observableArrayList(
    Arrays.asList(data_x)));
```

3）创建柱状数据图表

通过 javafx. scene. chart 包的名为 BarChart 的类来创建数据图表的图形。

```
BarChart<String, Number> barChart = new BarChart<>(xAxis, yAxis);
barChart.setTitle("小说每日点击排行榜");
```

4）采集数据

```
XYChart.Series<String, Number> series1 = new XYChart.Series<>();
series1.getData().add(new XYChart.Data<>("比较的类别", 数值));
```

5）将数据添加到柱状图表中

```
barChart.getData().addAll(series1, series2, series3);
```

6）创建组对象

```
Group root = new Group(barChart);
```

7）创建场景对象

```
Scene scene = new Scene(root, 600, 300);
```

8）将场景添加到舞台

```
stage.setScene(scene);
```

9）显示图表（显示舞台）

```
stage.show();
```

显示数据图表的完整程序代码如下：

```
1  import javafx.application.Application;
2  import javafx.scene.Group;
3  import javafx.scene.Scene;
4  import javafx.stage.Stage;
5  import javafx.scene.chart.LineChart;
6  import javafx.scene.chart.NumberAxis;
7  import javafx.scene.chart.XYChart;
8  import javafx.scene.chart.BarChart;
9  import javafx.scene.chart.CategoryAxis;
10 import javafx.collections.FXCollections;
11 import java.util.Arrays;
12 import java.util.List;

13 public class ex12_12 extends Application
14 {
15   @Override
16   @SuppressWarnings("unchecked")
17   public void start(Stage stage)
18   {
19     CategoryAxis xAxis = new CategoryAxis();
20     NumberAxis yAxis = new NumberAxis(1000, 5500, 500);
21     yAxis.setLabel("点击数");
22     //创建柱状图对象
23     BarChart < String, Number > barChart = new BarChart<>(xAxis, yAxis);
24     barChart.setTitle("小说每日点击排行榜");
25     XYChart.Series series = new XYChart.Series();
26     //series.setName("小说点击量");

27     ex12_11 ex = new ex12_11();    //获取网站爬取的小说点击数据
28     ex.soup();
29     List < String > list_x = ex.get_data_title();
30     List < String > list_y = ex.get_data_a();
31     String[] data_x = new String[14];
32     int data_y;
33     for(int i = 0; i < ex.list_title.size(); i++){
34     data_x[i] = ex.list_title.get(i);
35     data_y = Integer.parseInt(ex.list_a.get(i));   //字符转换成数值
```

```
36      series.getData().add(new XYChart.Data<>(data_x[i], data_y));
37    }

38    xAxis.setCategories(
39    FXCollections.<String> observableArrayList(
40    Arrays.asList(data_x)));
41    barChart.getData().add(series);
42    Group root = new Group(barChart);
43    Scene scene = new Scene(root, 600, 300);
44    stage.setTitle("柱状图");
45    stage.setScene(scene);
46    stage.show();
47    }
48 }
```

程序运行结果如图 11-30 所示。

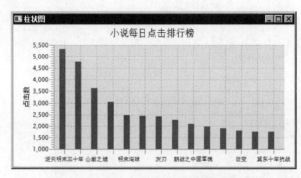

图 11-30　用数据图表(柱状图)显示数据

# 习题 11

1. 在例 11-3 和例 11-4 程序的基础上,再增加"进入下一关"的功能。下一关的地图文件 2.map 数据和游戏界面如图 11-31 所示。

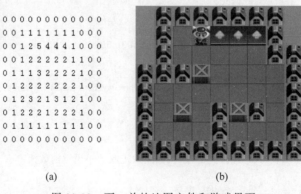

(a)                                         (b)

图 11-31　下一关的地图文件和游戏界面

2. 设计一个网络教学系统,即把教师的屏幕画面发送到局域网,并控制其他计算机接收。

3. 编写简易云计算程序,一个客户同时有多个服务器为他提供 10 个 100 以内随机整数的服务。

# 第 12 章

# JavaFX 图形用户界面设计

## 12.1 JavaFX 基础

### 12.1.1 JavaFX 程序的基本结构

JavaFX 是 Sun 公司于 2007 年开发的一个新的图形用户界面框架,用于与 Flash 竞争,且在一定程度上成为了 Swing 等 Java 图形用户界面框架的替代者。在 Java 7 update 6 版本中,JavaFX 与 JDK 集成在一起,成为 Java 真正的一部分。JavaFX 融入了更加现代的设计思想,并对显示效果进行了优化,可以展示更加绚丽的效果。

例 12-1 展示了一个 JavaFX 程序的基本结构。

【例 12-1】 一个简单的 JavaFX 程序示例。

```
1    import javafx.application.Application;
2    import javafx.stage.Stage;
3    import javafx.scene.Scene;
4    import javafx.scene.control.Label;
5    import javafx.scene.control.TextField;
6    import javafx.scene.control.Button;
7    import javafx.scene.layout.FlowPane;
8    import javafx.geometry.Insets;
9
10   public class Example12_1 extends Application
11   {
12     public void start(Stage s)
13     {
14       Label label = new Label("这是一个标签");
15       TextField field = new TextField("这是一个文本框");
16       Button button = new Button("这是一个按钮");
17
18       FlowPane pane = new FlowPane();
19       pane.setPadding(new Insets(10, 20, 30, 40));
20       pane.setHgap(5);
21       pane.setVgap(5);
22       pane.getChildren().addAll(label, field, button);
23
24       Scene scene = new Scene(pane, 368, 150);
25       s.setTitle("组件示例");
```

```
26        s.setScene(scene);
27        s.show();
28    }
29 }
```

**【程序说明】**

(1) 该程序涉及标签(Label)、文本框(TextField)和按钮(Button)3 个基本的组件。注意,运行这个程序并不需要 main 方法。

(2) 第 12 行所定义的 start()方法的参数是一个 Stage 对象,表示一个窗体,JavaFX 将其称为一个"舞台"。

(3) 第 18 行的 FlowPane 是一个流式布局面板,它按照添加的顺序将组件从左到右、从上到下放置在界面上。

(4) 第 19 行采用了一个 Insets 对象设置了面板边距的大小(距离顶部 10 个像素,距离右边 20 像素,距离底部 30 像素,距离左边 40 像素)。第 20 行的 setHgap()方法和第 21 行的 setVgap()方法分别设置了面板中两个相邻组件间的水平距离和垂直距离。

(5) 面板最后被放置于第 24 行所创建的 Scene 对象中。Scene 对象表示一个场景,其构造函数的后两个参数指定了场景的宽度和高度。

程序运行结果如图 12-1 所示。

在 JavaFX 中,舞台、场景和具体组件之间的关系如图 12-2 所示。

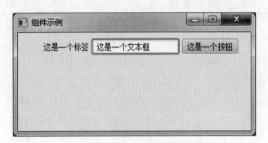

图 12-1　标签、文本框和按钮

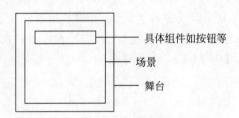

图 12-2　舞台、场景与具体组件之间的关系

## 12.1.2　事件处理

可以为组件添加事件处理器,使得操作组件时能获得一定的反馈。

**【例 12-2】** 事件处理应用示例。

```
1    import javafx.application.Application;
2    import javafx.stage.Stage;
3    import javafx.scene.Scene;
4    import javafx.scene.control.Label;
5    import javafx.scene.control.TextField;
6    import javafx.scene.control.Button;
7    import javafx.scene.layout.FlowPane;
8    import javafx.geometry.Insets;
9    import javafx.event.ActionEvent;
10   import javafx.event.EventHandler;
11
12   public class Example12_2 extends Application
13   {
```

```
14      public void start(Stage s)
15      {
16        Label label = new Label("这是一个标签");
17        TextField field = new TextField("这是一个文本框");
18        Button button = new Button("这是一个按钮");
19
20        ButtonHandler handler = new ButtonHandler();
21        button.setOnAction(handler);
22
23        FlowPane pane = new FlowPane();
24        pane.setPadding(new Insets(10, 20, 30, 40));
25        pane.setHgap(5);
26        pane.setVgap(5);
27        pane.getChildren().addAll(label, field, button);
28
29        Scene scene = new Scene(pane, 368, 150);
30        s.setTitle("组件示例");
31        s.setScene(scene);
32        s.show();
33      }
34    }
35
36  class ButtonHandler implements EventHandler<ActionEvent>
37  {
38      public void handle(ActionEvent e)
39      {
40        System.out.println("单击了一次按钮");
41      }
42  }
```

**【程序说明】**

该程序在例 12-1 的基础上增加了第 20 行和第 21 行,并增加了一个用于处理按钮事件的类 ButtonHandler。当单击该按钮时,将产生一个 ActionEvent 类型的事件,handle()方法会被调用以处理这一事件。在这个例子中,仅在控制台输出一行文字用于检验按钮被单击时产生的效果。可以根据实际需要在 handle()方法中添加响应按钮单击的代码。

## 12.1.3　lambda 表达式

Java 8 中引入了 lambda 表达式语法。这一改进能够极大地简化编程,在事件处理的场合尤为明显。

例 12-3 是例 12-2 的简化写法。

**【例 12-3】** lambda 表达式应用示例。

```
1   import javafx.application.Application;
2   import javafx.stage.Stage;
3   import javafx.scene.Scene;
4   import javafx.scene.control.Label;
5   import javafx.scene.control.TextField;
6   import javafx.scene.control.Button;
7   import javafx.scene.layout.FlowPane;
```

```
8      import javafx.geometry.Insets;
9
10     public class Example12_3 extends Application
11     {
12       public void start(Stage s)
13       {
14         Label label = new Label("这是一个标签");
15         TextField field = new TextField("这是一个文本框");
16         Button button = new Button("这是一个按钮");
17
18         button.setOnAction(e -> {
19           System.out.println("单击了一次按钮");
20         });
21
22         FlowPane pane = new FlowPane();
23         pane.setPadding(new Insets(10, 20, 30, 40));
24         pane.setHgap(5);
25         pane.setVgap(5);
26         pane.getChildren().addAll(label, field, button);
27
28         Scene scene = new Scene(pane, 368, 150);
29         s.setTitle("组件示例");
30         s.setScene(scene);
31         s.show();
32       }
33     }
```

**【程序说明】**

程序的第 18～20 行 setOnAction()方法的参数就是一个 lambda 表达式,其作用相当于一个实现了 EventHandler < ActionEvent >接口的匿名内部类的实例。由于 EventHandler 中包含一个带 ActionEvent 类型参数的 handle()方法,编译器会将 e 自动识别为 ActionEvent 类型参数,并将第 19 行的语句视为 handle()方法的内容。

可以明显看到采用 lambda 表达式语法后,代码更简洁、清晰。

lambda 表达式的基础语法是:

> ( 类型 1  参数 1,  类型 2  参数 2,  … ) -> { 语句 }

如果只有一个参数,箭头左侧的圆括号乃至整个参数类型都可以省略;如果语句只有一行,箭头右侧的花括号乃至语句结尾的分号都可以省略(如例 12-3 所示)。

## 12.2  JavaFX 设计

### 12.2.1  JavaFX 的 UI 组件

JavaFX 提供了非常丰富的图形用户界面组件供开发者使用。例 12-1 展示了 JavaFX 的 3 个最基本的组件。本节再介绍一些常用的图形用户界面组件,并结合事件处理的实例说明它们的用法。

## 1. 复选框

【例 12-4】 复选框应用示例。

```
1    import javafx.application.Application;
2    import javafx.stage.Stage;
3    import javafx.scene.Scene;
4    import javafx.scene.control.Label;
5    import javafx.scene.control.CheckBox;
6    import javafx.scene.layout.FlowPane;
7    import javafx.geometry.Insets;
8    import javafx.event.ActionEvent;
9    import javafx.event.EventHandler;
10   import javafx.scene.text.Font;
11   import javafx.scene.text.FontWeight;
12   import javafx.scene.text.FontPosture;
13
14   public class Example12_4 extends Application
15   {
16     Label label = new Label("JavaFX Programming");
17     CheckBox box1 = new CheckBox("粗体");
18     CheckBox box2 = new CheckBox("斜体");
19
20     FontWeight fw = FontWeight.NORMAL;
21     FontPosture fp = FontPosture.REGULAR;
22     Font font = Font.font("Times New Roman", fw, fp, 20);
23
24     public void start(Stage s)
25     {
26       label.setFont(font);
27
28       box1.setOnAction(e -> {
29         handle();
30       });
31       box2.setOnAction(e -> {
32         handle();
33       });
34
35       FlowPane pane = new FlowPane();
36       pane.setPadding(new Insets(10, 20, 30, 40));
37       pane.setHgap(5);
38       pane.setVgap(5);
39       pane.getChildren().addAll(label, box1, box2);
40
41       Scene scene = new Scene(pane, 368, 150);
42       s.setTitle("组件示例");
43       s.setScene(scene);
44       s.show();
45     }
46
47     public void handle()
48     {
49       if(box1.isSelected())
50       {
51         fw = FontWeight.BOLD;
```

```
52        }
53        else
54        {
55          fw = FontWeight.NORMAL;
56        }
57        if(box2.isSelected())
58        {
59          fp = FontPosture.ITALIC;
60        }
61        else
62        {
63          fp = FontPosture.REGULAR;
64        }
65        font = Font.font("Times New Roman", fw, fp, 20);
66        label.setFont(font);
67      }
68  }
```

**【程序说明】**

（1）第 17 行和第 18 行创建了两个 CheckBox 类型的复选框对象，分别用于设置标签对象 label 的字体是否加粗和是否倾斜。

（2）FontWeight. NORMAL、FontPosture. REGULAR、FontWeight. BOLD 和 FontPosture . ITALIC 都是常量，分别表示不加粗、不倾斜、加粗和倾斜 4 种字型设置。第 22 行和第 65 行 都通过调用 Font 类的 font()方法得到相应的字体对象。第 26 行和第 66 行通过调用 setFont() 方法为 label 设置字体效果。

（3）程序使用 lambda 表达式创建两个复选框的事件处理器，相应的操作被写入 handle() 方法以简化代码。

程序运行结果如图 12-3 所示。

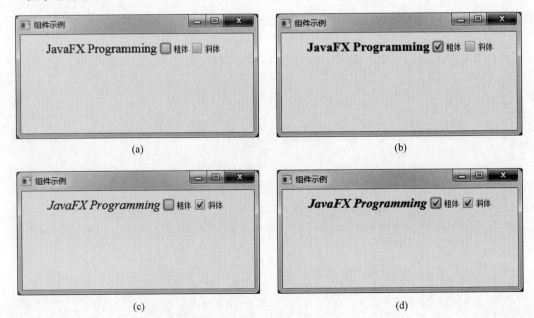

(a)　　　　　　　　　　　　　　(b)

(c)　　　　　　　　　　　　　　(d)

图 12-3　用复选框改变字型

### 2. 单选按钮

【例 12-5】 单选按钮应用示例。

```
1    import javafx.application.Application;
2    import javafx.stage.Stage;
3    import javafx.scene.Scene;
4    import javafx.scene.paint.Color;
5    import javafx.scene.control.RadioButton;
6    import javafx.scene.control.ToggleGroup;
7    import javafx.scene.layout.FlowPane;
8    import javafx.scene.shape.Circle;
9    import javafx.geometry.Insets;
10   import javafx.event.ActionEvent;
11   import javafx.event.EventHandler;
12
13   public class Example12_5 extends Application
14   {
15     public void start(Stage s)
16     {
17       Circle circle = new Circle();
18       circle.setRadius(50);
19       circle.setFill(Color.BLUE);
20       RadioButton button1 = new RadioButton("蓝色");
21       RadioButton button2 = new RadioButton("红色");
22       ToggleGroup group = new ToggleGroup();
23       button1.setToggleGroup(group);
24       button2.setToggleGroup(group);
25       button1.setSelected(true);
26
27       button1.setOnAction(e -> {
28         circle.setFill(Color.BLUE);
29       });
30       button2.setOnAction(e -> {
31         circle.setFill(Color.RED);
32       });
33
34       FlowPane pane = new FlowPane();
35       pane.setPadding(new Insets(10, 20, 30, 40));
36       pane.setHgap(5);
37       pane.setVgap(5);
38       pane.getChildren().addAll(circle, button1, button2);
39
40       Scene scene = new Scene(pane, 368, 150);
41       s.setTitle("组件示例");
42       s.setScene(scene);
43       s.show();
44     }
45   }
```

【程序说明】

(1) 程序的第 17 行创建了一个 Circle 类型的对象,这个对象可以被直接添加至面板中,用以在界面上显示一个圆。程序的第 8 行调用 setRadius()方法将圆的半径设为 50 像素。程序的第 9 行调用 setFill()方法将圆的初始填充色设为蓝色。

（2）程序的第 20 行和第 21 行创建了两个 RadioButton 类型的单选按钮对象，分别用于将圆的填充色设为蓝色或红色。

（3）程序的第 22 行创建的 ToggleGroup 对象用于将单选按钮分组，以形成组内按钮间的互斥关系。

图 12-4　用单选按钮改变圆的颜色

（4）程序同样使用 lambda 表达式创建两个单选按钮的事件处理器。

程序运行结果如图 12-4 所示。

### 3．文本域

文本域（TextArea）不同于文本框（TextField），后者用于单行文本的输入，前者允许用户输入多行文本。

【例 12-6】　文本域应用示例。

```
1    import javafx.application.Application;
2    import javafx.stage.Stage;
3    import javafx.scene.Scene;
4    import javafx.scene.control.TextArea;
5    import javafx.scene.control.ScrollPane;
6    import javafx.scene.layout.FlowPane;
7    import javafx.geometry.Insets;
8    import javafx.event.ActionEvent;
9    import javafx.event.EventHandler;
10
11   public class Example12_6 extends Application
12   {
13     public void start(Stage s)
14     {
15       TextArea area =   new TextArea();
16       area.setPrefRowCount(10);
17       area.setPrefColumnCount(40);
18       ScrollPane scrollPane = new ScrollPane(area);
19
20       FlowPane pane = new FlowPane();
21       pane.setPadding(new Insets(10, 20, 30, 40));
22       pane.setHgap(5);
23       pane.setVgap(5);
24       pane.getChildren().addAll(scrollPane);
25
26       Scene scene = new Scene(pane, 526, 200);
27       s.setTitle("组件示例");
28       s.setScene(scene);
29       s.show();
30     }
31   }
```

**【程序说明】**

（1）程序的第 15 行创建了一个 TextArea 对象/实例，这个对象被放置于第 18 行所创建的 ScrollPane 对象中，后者用于在文本域的输入超过显示的高度时提供一个滚动条效果。

（2）程序的第 16 行和第 17 行分别设置了文本域的高度和宽度。

程序运行结果如图 12-5 所示。

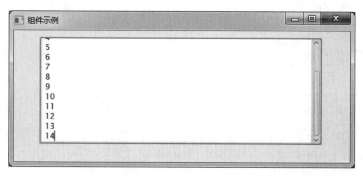

图 12-5　带有滚动条的文本域

## 12.2.2　JavaFX 的布局管理

除了流式布局面板 FlowPane 以外，还有几个常用的布局面板。它们都可以帮助程序设计者自动完成界面中组件的布局。

### 1. 边界布局面板

边界布局面板 BorderPane 将界面划分为上、下、左、右、中 5 个区域，分别采用 setTop()、setBottom()、setLeft()、setRight()和 setCenter()5 个方法将组件设置在相应的区域中。

例 12-7 是对例 12-4 的改进。

【例 12-7】　边界布局面板示例。

```
1    import javafx.application.Application;
2    import javafx.stage.Stage;
3    import javafx.scene.Scene;
4    import javafx.scene.control.Label;
5    import javafx.scene.control.CheckBox;
6    import javafx.scene.layout.FlowPane;
7    import javafx.scene.layout.BorderPane;
8    import javafx.geometry.Insets;
9    import javafx.event.ActionEvent;
10   import javafx.event.EventHandler;
11   import javafx.scene.text.Font;
12   import javafx.scene.text.FontWeight;
13   import javafx.scene.text.FontPosture;
14
15   public class Example12_7 extends Application
16   {
17     Label label = new Label("JavaFX Programming");
18     CheckBox box1 = new CheckBox("粗体");
19     CheckBox box2 = new CheckBox("斜体");
20
21     FontWeight fw = FontWeight.NORMAL;
22     FontPosture fp = FontPosture.REGULAR;
23     Font font = Font.font("Times New Roman", fw, fp, 20);
24
25     public void start(Stage s)
26     {
27       label.setFont(font);
28
```

```
29        box1.setOnAction(e -> {
30          handle();
31        });
32        box2.setOnAction(e -> {
33          handle();
34        });
35
36        BorderPane pane = new BorderPane();
37        pane.setCenter(label);
38        FlowPane boxPane = new FlowPane();
39        boxPane.getChildren().addAll(box1, box2);
40        boxPane.setPadding(new Insets(10, 20, 10, 40));
41        boxPane.setHgap(20);
42        boxPane.setVgap(5);
43        pane.setBottom(boxPane);
44
45        Scene scene = new Scene(pane, 368, 150);
46        s.setTitle("组件示例");
47        s.setScene(scene);
48        s.show();
49      }
50
51    public void handle()
52    {
53      if(box1.isSelected())
54      {
55        fw = FontWeight.BOLD;
56      }
57      else
58      {
59        fw = FontWeight.NORMAL;
60      }
61      if(box2.isSelected())
62      {
63        fp = FontPosture.ITALIC;
64      }
65      else
66      {
67        fp = FontPosture.REGULAR;
68      }
69      font = Font.font("Times New Roman", fw, fp, 20);
70      label.setFont(font);
71    }
72  }
```

**【程序说明】**

该程序对界面整体采用边界布局,只划分为中部和底部两个区域。程序的第 37 行通过调用 setCenter()方法将标签 label 放置于中部,程序的第 43 行通过调用 setBottom()方法将另一个流式布局面板 boxPane 放置于底部,boxPane 用于收纳两个 CheckBox 组件。

程序运行结果如图 12-6 所示。

图 12-6　边界布局

## 2. 网格布局面板

网格布局面板 GridPane 将组件放在一个网格中。例 12-8 是对例 12-7 所做的进一步修改。

**【例 12-8】** 网格布局面板应用示例。

```java
1   import javafx.application.Application;
2   import javafx.stage.Stage;
3   import javafx.scene.Scene;
4   import javafx.scene.control.Label;
5   import javafx.scene.control.CheckBox;
6   import javafx.scene.layout.GridPane;
7   import javafx.scene.layout.BorderPane;
8   import javafx.geometry.Insets;
9   import javafx.geometry.Pos;
10  import javafx.event.ActionEvent;
11  import javafx.event.EventHandler;
12  import javafx.scene.text.Font;
13  import javafx.scene.text.FontWeight;
14  import javafx.scene.text.FontPosture;
15
16  public class Example12_8 extends Application
17  {
18    Label label = new Label("JavaFX Programming");
19    CheckBox box1 = new CheckBox("粗体");
20    CheckBox box2 = new CheckBox("斜体");
21
22    FontWeight fw = FontWeight.NORMAL;
23    FontPosture fp = FontPosture.REGULAR;
24    Font font = Font.font("Times New Roman", fw, fp, 20);
25
26    public void start(Stage s)
27    {
28      label.setFont(font);
29
30      box1.setOnAction(e -> {
31        handle();
32      });
33      box2.setOnAction(e -> {
34        handle();
35      });
36
37      BorderPane pane = new BorderPane();
38      pane.setCenter(label);
39      GridPane boxPane = new GridPane();
40      boxPane.setPadding(new Insets(0, 0, 10, 0));
41      boxPane.setAlignment(Pos.CENTER);
42      boxPane.setHgap(80);
43      boxPane.setGridLinesVisible(true);
44      boxPane.add(box1, 0, 0);
45      boxPane.add(box2, 1, 0);
```

```
46          pane.setBottom(boxPane);
47
48          Scene scene = new Scene(pane, 368, 150);
49          s.setTitle("组件示例");
50          s.setScene(scene);
51          s.show();
52      }
53
54      public void handle()
55      {
56          if(box1.isSelected())
57          {
58              fw = FontWeight.BOLD;
59          }
60          else
61          {
62              fw = FontWeight.NORMAL;
63          }
64          if(box2.isSelected())
65          {
66              fp = FontPosture.ITALIC;
67          }
68          else
69          {
70              fp = FontPosture.REGULAR;
71          }
72          font = Font.font("Times New Roman", fw, fp, 20);
73          label.setFont(font);
74      }
75  }
```

**【程序说明】**

（1）该程序将例 12-7 程序中用于放置两个 CheckBox 组件的流式布局面板替换为格式布局面板。

（2）程序的第 41 行将 boxPane 的对齐方式设为居中。

（3）程序的第 43 行用于将格子的边界显示出来，这样有助于开发者观察界面运行的效果，在界面设计完成时可删除此行代码。

图 12-7　格式布局

（4）程序的第 44 行将第一个 CheckBox 组件放置在 boxPane 面板的第 0 列第 0 行，第 45 行将第二个 CheckBox 组件放置在 boxPane 面板的第 1 列第 0 行（列标在前，行标在后，索引从 0 开始）。注意，并不是网格中的每个格子都需要被填充。

程序运行结果如图 12-7 所示。

**3. 水平布局面板和垂直布局面板**

水平布局面板 HBox 将组件在一行中依次排列，垂直布局面板 VBox 将组件在一列中依次排列。这两个布局与 FlowPane 的做法相似，不同之处在于仅在一行或一列中放置组件。

【例 12-9】 水平布局面板示例。

```
1    import javafx.application.Application;
2    import javafx.stage.Stage;
3    import javafx.scene.Scene;
4    import javafx.scene.control.Button;
5    import javafx.scene.layout.HBox;
6    import javafx.geometry.Insets;
7
8    public class Example12_9 extends Application
9    {
10     public void start(Stage s)
11     {
12       HBox hBox = new HBox(15);
13       hBox.setPadding(new Insets(10, 10, 10, 10));
14       hBox.getChildren().add(new Button("1"));
15       hBox.getChildren().add(new Button("2"));
16       hBox.getChildren().add(new Button("3"));
17       hBox.getChildren().add(new Button("4"));
18       hBox.getChildren().add(new Button("5"));
19
20       Scene scene = new Scene(hBox, 368, 150);
21       s.setTitle("组件示例");
22       s.setScene(scene);
23       s.show();
24     }
25   }
```

【程序说明】

该程序展示了 HBox 的基本用法，第 12 行构造方法中的参数 15 表示组件间的水平间隔。

程序运行结果如图 12-8 所示。

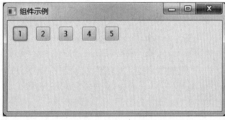

图 12-8  水平布局

【例 12-10】 垂直布局面板示例。

```
1    import javafx.application.Application;
2    import javafx.stage.Stage;
3    import javafx.scene.Scene;
4    import javafx.scene.control.Button;
5    import javafx.scene.layout.VBox;
6    import javafx.geometry.Insets;
7
8    public class Example12_10 extends Application
9    {
10     public void start(Stage s)
11     {
12       VBox vBox = new VBox(15);
13       vBox.setPadding(new Insets(10, 10, 10, 10));
14       vBox.getChildren().add(new Button("1"));
15       vBox.getChildren().add(new Button("2"));
16       vBox.getChildren().add(new Button("3"));
17
18       Scene scene = new Scene(vBox, 368, 150);
```

```
19        s.setTitle("组件示例");
20        s.setScene(scene);
21        s.show();
22    }
23 }
```

**【程序说明】**

该程序展示了 VBox 的基本用法,第 12 行构造方法中的参数 15 表示组件间的垂直间隔。

程序运行结果如图 12-9 所示。

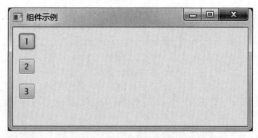

图 12-9　垂直布局

## 12.3　JavaFX 中的绘图

Java FX 针对各种形状设计了多个类,如直线类 Line、矩形类 Rectangle、圆形类 Circle、椭圆形类 Ellipse 等。借助于这些类,可以在界面上绘制各种形状。这些类都是 Shape 类的子类,包括一个用于表示文本的类 Text。

**【例 12-11】** 简单图形示例。

```
1  import javafx.application.Application;
2  import javafx.stage.Stage;
3  import javafx.scene.Scene;
4  import javafx.scene.layout.Pane;
5  import javafx.scene.text.Text;
6  import javafx.scene.shape.Line;
7  import javafx.scene.shape.Rectangle;
8  import javafx.scene.shape.Circle;
9  import javafx.scene.paint.Color;
10
11 public class Example12_11 extends Application
12 {
13   public void start(Stage s)
14   {
15     Pane pane = new Pane();
16
17     Text text = new Text(50, 50, "JavaFX");
18     Line line = new Line(50, 50, 300, 100);
19     Rectangle rectangle = new Rectangle(50, 50, 300, 100);
20     rectangle.setStroke(Color.BLACK);
21     rectangle.setFill(Color.WHITE);
22     Circle circle = new Circle(325, 125, 25);
23     pane.getChildren().addAll(text, rectangle, line, circle);
24
25     Scene scene = new Scene(pane, 400, 170);
26     s.setTitle("绘图示例");
27     s.setScene(scene);
28     s.show();
29   }
30 }
```

**【程序说明】**

(1) 该程序直观地展示了几个形状类构造函数的参数的含义。程序的第 17 行的 Text 类表示一个字符串,第 18 行的 Line 类表示一条直线,第 19 行的 Rectangle 类表示一个矩形,第 22 行的 Circle 类表示一个圆。程序运行结果如图 12-10 所示。其中,矩形左上角的坐标为(50,50),宽度为 300,高度为 100。这样,其他形状类构造函数的参数所表示的位置和尺寸信息可以清楚地从图 12-10 中获知。注意,JavaFX 中绘图采用的坐标系统与 Swing 一致,如图 6-1 所示。

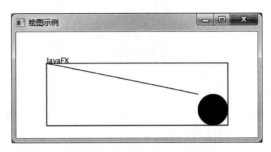

图 12-10  绘制图形

(2) 程序第 20 行的 setStroke()方法用于设置矩形边框的颜色。第 21 行的 setFill()方法用于设置圆的填充色。

JavaFX 还提供了弧类 Arc、多边形类 Polygon 和折线类 PolyLine 等,在更复杂的绘图场景中可以灵活选用。

## 12.4  鼠标和键盘事件处理

JavaFX 中鼠标、键盘事件处理与 Swing 中的做法很相似。

### 12.4.1  鼠标事件处理

在一个组件或者场景上进行鼠标的相关操作时,将会触发一个 MouseEvent 事件。鼠标事件的处理方法如表 12-1 所示。

表 12-1  鼠标事件的注册方法

| 注 册 方 法 名 | 功 能 说 明 | 注 册 方 法 名 | 功 能 说 明 |
|---|---|---|---|
| setOnMouseClicked | 处理鼠标单击事件 | setOnMouseReleased | 处理鼠标释放事件 |
| setOnMouseEntered | 处理鼠标进入事件 | setOnMouseDragged | 处理鼠标拖动事件 |
| setOnMouseExited | 处理鼠标离开事件 | setOnMouseMoved | 处理鼠标移动事件 |
| setOnMousePressed | 处理鼠标按下事件 | | |

在例 12-12 中,可以用鼠标将一个黑色实心矩形拖动至需要的位置。

【例 12-12】  用鼠标拖动一个矩形。

```
1    import javafx.application.Application;
2    import javafx.stage.Stage;
3    import javafx.scene.Scene;
4    import javafx.scene.layout.Pane;
5    import javafx.scene.shape.Rectangle;
6
7    public class Example12_12 extends Application
8    {
9      public void start(Stage s)
10     {
11       Pane pane = new Pane();
12       Rectangle rectangle = new Rectangle(10, 10, 20, 20);
13       pane.getChildren().add(rectangle);
14       pane.setOnMouseDragged(e -> {
15         rectangle.setX(e.getX());
```

```
16          rectangle.setY(e.getY());
17      });
18
19      Scene scene = new Scene(pane, 368, 150);
20      s.setTitle("组件示例");
21      s.setScene(scene);
22      s.show();
23    }
24  }
```

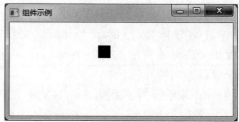

**【程序说明】**

当拖动鼠标时,通过 MouseEvent 的 getX()
和 getY()方法获取鼠标当前的坐标位置,然后通
过 setX()和 setY()方法设置 Rectangle 类实例显
示的位置。

程序运行结果如图 12-11 所示。

图 12-11　用鼠标拖动一个实心矩形

## 12.4.2　键盘事件处理

在一个组件或者场景上按下、释放或者点击键盘上的按键,将会触发一个 KeyEvent 事
件。键盘事件的处理方法如表 12-2 所示。

表 12-2　键盘事件的注册方法

| 注 册 方 法 名 | 功 能 说 明 |
| --- | --- |
| setOnKeyPressed | 处理键盘按下事件 |
| setOnKeyReleased | 处理键盘释放事件 |
| setOnKeyTyped | 处理键盘点击事件 |

键盘上的每一个按键都有一个对应的按键码,这些按键码在 KeyCode 类中以常量定义,
可以通过 KeyEvent 的 getCode()方法获取键盘事件发生时对应按键的按键码。表 12-3 给出
了部分常用按键的常量名。

表 12-3　KeyCode 类中的部分常量

| 常 量 名 | 对 应 按 键 | 常 量 名 | 对 应 按 键 |
| --- | --- | --- | --- |
| LEFT | 左方向键 | SPACE | 空格键 |
| RIGHT | 右方向键 | DIGIT0 | 数字 0 键 |
| UP | 上方向键 | NUMPAD0 | 小键盘上的数字 0 键 |
| DOWN | 下方向键 | A | 字母 A 键 |
| ENTER | 回车键 | | |

在例 12-13 中,可以通过方向键控制一个黑色实心矩形上下左右移动。

**【例 12-13】** 用方向键控制矩形移动。

```
1   import javafx.application.Application;
2   import javafx.stage.Stage;
3   import javafx.scene.Scene;
4   import javafx.scene.layout.Pane;
5   import javafx.scene.shape.Rectangle;
6   import javafx.scene.input.KeyCode;
```

```
7
8    public class Example12_13 extends Application
9    {
10     public void start(Stage s)
11     {
12       Pane pane = new Pane();
13       Rectangle rectangle = new Rectangle(10, 10, 20, 20);
14       pane.getChildren().add(rectangle);
15       pane.setOnKeyPressed(e -> {
16         if(e.getCode() == KeyCode.UP)
17         {
18           rectangle.setY(rectangle.getY() - 5);
19         }
20         else if(e.getCode() == KeyCode.DOWN)
21         {
22           rectangle.setY(rectangle.getY() + 5);
23         }
24         else if(e.getCode() == KeyCode.LEFT)
25         {
26           rectangle.setX(rectangle.getX() - 5);
27         }
28         else if(e.getCode() == KeyCode.RIGHT)
29         {
30           rectangle.setX(rectangle.getX() + 5);
31         }
32       });
33
34       Scene scene = new Scene(pane, 368, 150);
35       s.setTitle("组件示例");
36       s.setScene(scene);
37       s.show();
38
39       rectangle.requestFocus();
40     }
41   }
```

**【程序说明】**

第 39 行的 requestFocus()方法用于将焦点设置在所要移动的矩形上,才可以让其接收键盘输入产生移动效果。这个方法必须在第 37 行代码后调用。

程序运行结果与例 12-12 相似,如图 12-11 所示。

## 习题 12

1. 采用 JavaFX 实现习题 5 第(4)题的加法计算器。
2. 编写程序,显示一个国际象棋的棋盘。
3. 编写程序,实现"贪食蛇"游戏。

# 图 书 资 源 支 持

感谢您一直以来对清华版图书的支持和爱护。为了配合本书的使用，本书提供配套的资源，有需求的读者请扫描下方的"书圈"微信公众号二维码，在图书专区下载，也可以拨打电话或发送电子邮件咨询。

如果您在使用本书的过程中遇到了什么问题，或者有相关图书出版计划，也请您发邮件告诉我们，以便我们更好地为您服务。

**我们的联系方式：**

地　　址：北京市海淀区双清路学研大厦 A 座 714

邮　　编：100084

电　　话：010-83470236　　010-83470237

客服邮箱：2301891038@qq.com

QQ：2301891038（请写明您的单位和姓名）

**资源下载：** 关注公众号"书圈"下载配套资源。

资源下载、样书申请

书 圈

图书案例

清华计算机学堂

观看课程直播